哈尔滨师范大学　黑龙江省黑河市林业局

黑河市珍稀濒危野生动植物

主　编　赵文阁
副主编　王　臣　杨文亮　李显达　刘　鹏

科学出版社
北　京

内 容 简 介

本书第一作者参加了1996~1999年开展的全国陆生野生动物资源调查和2011~2014年开展的第二次全国陆生野生动物资源调查，参考2011年黑龙江省野生植物资源调查、2012年黑河市药用植物资源普查和2013年黑龙江省森林资源二类调查等工作的成果，对黑河市野生动植物资源调查的成果进行了整理和归纳。分别记述了黑河市珍稀濒危野生动植物59科119属165种，其中动物122种，植物43种。对各物种的分类地位、识别特征、分布、濒危状况、保护及利用进行了总结，并配以彩图。

本书可供相关研究人员、农林渔业行政管理人员、保护区工作人员和环保人士阅读参考。

图书在版编目（CIP）数据

黑河市珍稀濒危野生动植物/赵文阁主编. —北京：科学出版社，2018.8
ISBN 978-7-03-053144-5

Ⅰ. ①黑… Ⅱ. ①赵… Ⅲ. ①野生动物–濒危动物–介绍–黑河 ②野生植物–濒危植物–介绍–黑河 Ⅳ. ① Q958.523.53 ② Q948.523.53

中国版本图书馆CIP数据核字（2017）第128105号

责任编辑：李 迪 侯彩霞 / 责任校对：郑金红
责任印制：肖 兴 / 封面设计：北京图阅盛世文化传媒有限公司

科学出版社 出版
北京东黄城根北街16号
邮政编码：100717
http://www.sciencep.com

中国科学院印刷厂 印刷
科学出版社发行 各地新华书店经销

*

2018年8月第 一 版　开本：889×1194　1/16
2018年8月第一次印刷　印张：18 1/4
字数：540 000

定价：298.00元

（如有印装质量问题，我社负责调换）

《黑河市珍稀濒危野生动植物》
组织委员会

主　任： 鲁　铭　房敏杰

副主任： 赵文阁　高裕民　杨月平

委　员（以姓氏笔画为序）：

　　　　　　王自东　王旭东　邓福鑫　任兆春

　　　　　　齐贵臣　李守忠　李明文　李景学

　　　　　　杨文亮　杨月平　邵　锋　庞海涛

　　　　　　房敏杰　赵文阁　段晓光　高传东

　　　　　　高裕民　鲁　铭　谢孝坤　衡　军

　　　　　　魏建义

《黑河市珍稀濒危野生动植物》编辑委员会

主　编： 赵文阁

副主编： 王　臣　杨文亮　李显达　刘　鹏

编　委（以姓氏笔画为序）：

卜学刚	于　东	于海军	马珍珍	王　臣	王　苒	王　勇
王　皓	王思佳	王紫耀	牛海滨	方克艰	邓　菲	石津玮
田广江	由志国	邢昭然	朱　翔	朱力国	朱玉军	朱蕴超
任　贺	刘　佳	刘　城	刘　洋	刘　鹏	刘玉龙	刘玉军
刘志涛	刘昊源	刘明峰	刘建勋	关　剑	孙孝文	孙晓波
苏晓莉	杜鹏飞	李　垚	李玉洁	李传恒	李忠政	李金龙
李显达	杨凤全	杨文亮	杨志波	杨学海	杨锐芳	吴　迪
吴　穹	何冶军	谷世尧	辛　瑶	张　良	张　钧	张　晋
张中遥	张兆玮	张林山	陈　健	陈　辉	陈安琪	陈建男
陈福元	苑凌惠	范　兢	周宪东	郑洲泉	房　放	赵中南
赵文阁	赵丽园	赵利民	赵明亮	祝　贺	祝宏嘉	骆媛媛
秦绍洲	顾佳佳	高兆勋	高智晟	徐　震	陶媛媛	黄云峰
曹　亮	曹福贵	崔德明	梁立东	寇俊哲	隋琨博	彭　巍
彭一良	韩小冰	程　瀚	程立超	焦　峰	谢孝坤	蔡彬彬
翟静羽	滕申虹	潘　瑞	薛立强	霍　铨	魏浩亮	

《黑河市珍稀濒危野生动植物》编写分工

赵文阁： 总论、圆口纲 2 种、鱼纲 8 种、两栖纲 2 种、爬行纲 4 种

高智晟： 鸟纲 22 种

于 东： 鸟纲 22 种

刘 鹏： 鸟纲 19 种

陈 辉： 鸟纲 22 种

刘志涛： 哺乳纲 18 种

杨文亮： 总论、保护利用情况

李显达： 部分物种照片、鸟纲鸡形目松鸡科 3 种

王 臣： 总论、植物 43 种

序

回归大自然生态之美

黑河市是我国北方重要的生态屏障，是大小兴安岭的重要组成部分，也是黑龙江省最大的地方国有林区所在地。

历史上，这里山林密集，野生动植物资源丰富。《黑龙江述略》等文献记载："其中林木翳天，白昼犹暗，鄂伦春人栖息其间，从事游猎……山岭坡陀间，皆有美荫之森林覆之。""大木环蔽天日，号称树海，力伐亦无出路，兼系诸部落采捕游猎之场。"兴安巍峨，龙江浩荡，这里曾是名副其实的"棒打狍子瓢舀鱼"的渔猎之乡，这里也曾是肃慎、邑娄、女真等古民族和满、达斡尔、鄂伦春、鄂温克等少数民族的繁衍生息之所。人与大自然在黑河市和谐相处，富饶的森林资源孕育了灿烂的黑龙江流域文明和兴安岭山林文化。

清朝以前，本地区的森林资源一直处于相对原始的封禁状态。清末，沙俄入侵、封禁制度被解除和农业、矿业、商业的兴起，对本地区的森林资源产生了重大影响。《瑷珲县志》称："惟庚子之役，俄人侵占江右，任意采伐森林，损失甚巨。""瑷珲处于重山叠稠，树木翁蔚，沿江田野未辟，兽蹄鸟迹交于遍山，而今金矿繁兴，野兽远扬，所以鄂民捕猎维艰，生计堪虞。"

民国期间，政事更迭频繁，森林资源管理混乱，尤其日本侵略者入侵本地区后，取消了自由买卖，由其控制的东蒙公司等独揽，挑选采伐，不留母树，大肆掠夺破坏本地区的森林资源。

1945年8月黑河市解放后，在政府带领下，黑河市科学开展森林资源保护和开发利用工作。随着植树造林、采伐抚育、林政管理和森林防火工作的开展，以及《中华人民共和国森林法》《中华人民共和国野生动物保护法》等法律的颁布实施，黑河市的森林资源为社会主义经济建设和生态文明建设做出了巨大贡献。

目前的资料显示，黑河市是我国天然红松分布的最北端，也是驼鹿、貂熊、黑嘴松鸡等环北极珍稀濒危野生动物分布的最南缘，分布着东方白鹳、白头鹤、黑鹳、红松等大小兴安岭旗舰物种。黑河市已记录脊椎动物400余种，野生植物1000余种。但随着农牧业等生产规模的扩大，黑河市正面临着野生动物栖息地逐渐减少，野生动植物资源不同程度遭受破坏等问题。保护好现有的森林、湿地资源，是目前刻不容缓的重任和经济社会发展的战略选择。

保护好黑河市的野生动植物资源和生态环境就是要牢固树立绿色发展理念，扎扎实实贯彻习近平总书记提出的"绿水青山就是金山银山""生态就是资源，生态就是生产力"的指示精神；就是要妥善地处理林农交错等各方利益关系，加快实施"生态修复工程"；就是要积极开展国际科考合作，加强跨境自然保护区等保护网络体系建设；就是要创新管理机制，深入探索国际生物圈保护模式和建立国家公园体制。《黑河市珍稀濒危野生动植物》一书的编撰，为做好黑河市野生动植物资源保护，尤其是做好珍稀濒危野生动植物保护工作迈出了重要一步。2011年，国家启动第二次全国陆生野生动物资源调查，我们以此为契机，又深入地开展了野生中草药等专项调查，比较系统地掌握了黑河市野生动植物资源的本底情况。"认知自然，尊重自然，才能够实现人与自然和谐发展"正是我们有所思、有所为和编者的初衷。

该书资料翔实，富有特色和针对性，详细地介绍了黑河市珍稀野生动植物资源，是黑河市近年来野生动植物保护工作的阶段性成果，同时也是专业技术人员的工具书和黑河市的科普书。在该书付梓之际，我谨代表黑河市林业战线的工作者向以赵文阁先生带领的编者团队致以由衷的谢意。

保护黑河市的野生动植物资源和生态环境是功在当代、利在千秋的大事，更是我们林业工作者义不容辞的责任。回归大自然生态之美，努力做到天人合一，道法自然，和谐共荣共生，我们任重道远！

鲁 铭

2016年11月15日

前言

黑河市位于黑龙江省西北部，小兴安岭北麓，东南与伊春市、绥化市相接，西南与齐齐哈尔市毗邻，西部与内蒙古自治区隔嫩江相望，北部与大兴安岭地区相连，东北与俄罗斯阿穆尔州隔黑龙江相望。黑河市下辖北安市、五大连池市、嫩江县、逊克县、孙吴县和爱辉区共2市3县1区。在生物地理区划上，黑河市属古北界东北区，处于大兴安岭亚区和长白山亚区的过渡地带，其南部边缘地带又属松嫩平原亚区。独特的地理位置和自然环境使得黑河市蕴藏着较为丰富的生物多样性，拥有众多珍稀濒危动植物物种。但是，在过去的几十年，经济和社会的快速发展、森林的急剧减少和农田的不断开垦致使野生动植物的栖息地及适栖生境大量丧失。近年来，随着我国生态文明建设的进程推进，大小兴安岭生态功能区建设战略、中俄全面战略协作伙伴关系中生物多样性保护及跨境自然保护区建设的不断推进，进一步摸清黑河市珍稀濒危动植物的种类、分布、生物学及生态学特性，对于更有效地保护这些物种及其赖以生存的栖息环境具有十分重要而深远的意义。

本书是在1996~1999年开展的全国陆生野生动物资源调查、2011年黑龙江省野生植物资源调查、2011~2014年第二次全国陆生野生动物资源调查、2012年黑河市药用植物资源普查和2013年黑龙江省森林资源二类调查等工作成果的基础上，参考前人有关黑河市野生动植物的研究成果进行整理并归纳而成的。共记载珍稀濒危野生动植物59科119属165种，其中动物122种，植物43种。

黑河市珍稀濒危野生动植物确定的依据：①《国家重点保护野生动物名录》；②《国家重点保护野生植物名录（第一批和第二批）》；③《国家重点保护野生药材物种名录》；④《中国濒危动物红皮书》；⑤《中国珍稀濒危保护植物名录》；⑥《黑龙江省地方重点保护野生动物名录》；⑦《黑龙江省野生药材资源保护管理条例》。以上材料中在本地区有分布的物种列入本书。

本书的编写分工：总论由赵文阁、杨文亮和王臣编写；珍稀濒危野生动物由赵文阁、高智晟、于东、刘鹏、李显达、陈辉和刘志涛编写（具体见文中标注）；珍稀濒危野生植物由王臣编写。照片由李显达、杨文亮、王臣和赵文阁等完成。全书由赵文阁统稿。

限于编者水平，不足之处在所难免，敬请读者批评指正。

编 者
2015年10月1日

Preface

Located in the North of Xiao Hinggan Ling, Heihe lies in the Northwest of Heilongjiang Province, being bounded on the Southeast by Yichun and Suihua, on the Southwest by Qiqihar and on the north by Da Hinngan Ling Prefecture. Heihe is also located at the left bank of the Nen River, opposite to Inner Mongolia, and at the right bank of the Amur River, opposite to Amur Oblast in Russia. According to the administrative division, there are two cities, three counties and one district in Heihe, which are Bei'an City, Wudalianchi City, Nenjiang County, Xunke County, Sunwu County and Aihui District, respectively. According to the bio-geographic division, Heihe belongs to Palearctic Realm and Northeastern Area. Specifically, Heihe is located in the transition zone of Da Hinggan Ling Subregion and Changbai Mountain Subregion, whose south borderland is part of Songnen Plain Subregion. Heihe is relatively rich in biodiversity and full of rare and endangered species because of its unique geographical location as well as natural environment. However, due to the rapid development of economy and society, deforestation and the farmland reclamation, wildlife habitats and their living environment have been compromised over the past decades. In recent years, thanks to the ecological civilization construction in China, many projects have been promoted and advanced, including the development strategies of ecological function region in Da Hinggan Ling and Xiao Hinggan Ling, the China-Russia comprehensive strategic partnership of coordination in biodiversity conservation and cross-border nature reserve construction. Therefore, in order to protect these species and their living environment more effectively, it is quite essential and important to further investigate the rare and endangered species in Heihe as well as their distribution and their biological and ecological characteristics.

This book is analyzed and summed up according to the former study on wild animals and plants in Heihe. Also it is based on the results and data of several other sources, including The National Terrestrial Wildlife Resources Survey (1996-1999), The Wild Plants Investigation in Heilongjiang Province (2011), The Second National Terrestrial Wildlife Survey (2011-2014), The Survey on Medicinal Plants in Heihe (2012), The Secondary Forest Resources Inventory in Heilongjiang Province (2013) and other reputable articles. This book records 165 species of rare and endangered species in Heihe, belonging to 59 families and 119 genera. Among these 165 species, there are 122 species of animals and 43 species of plants respectively.

The followings are the basis for determining the rare and endangered species in Heihe:

1. *National Key Protected Wild Animals List*
2. *National Key Protected Wild Plants List (I & II)*
3. *National Key Protected Wild Medicinal Species List*
4. *China Red Data Book of Endangered Animals*
5. *List of Rare and Endangered Plants in China*
6. *Heilongjiang Local Key Protected Wild Animals List*
7. *Heilongjiang Wild Herbs Resources Protection and Management Regulations*

This book covers the species living in Heihe, which are mentioned in the aforementioned documents.

Division: The chapter of "Introduction" is written by Zhao Wenge, Yang Wenliang and Wang Chen; the chapter of "Rare and Endangered Wild Animals in Heihe" is written by Zhao Wenge, Gao Zhisheng, Yu Dong, Liu Peng, Li Xianda, Chen Hui and Liu Zhitao (The details are marked inside); the chapter of "Rare and Endangered Wild Plants in Heihe" is written by Wang Chen. The pictures are provided by Li Xianda, Yang Wenliang, Wang Chen, Zhao Wenge, etc. The final editor and author is Zhao Wenge.

Due to the lack of time and our limited level of expertise, omissions and inadequate parts are unavoidable. Any kind of criticism and corrections will be highly appreciated.

All the editors
Oct. 1, 2015

Предисловие

Город Хэйхэ расположен на северо-западе провинции Хэйлунцзян, у северного подножия Малого Хингана. На юго-востоке Хэйхэ граничит с городами Ичунь и Суйхуа, на юго-западе – с городом Цицикар, на западе – с автономным районом Внутренняя Монголия, расположенным на другом берегу реки Нэньцзян. На севере Хэйхэ соседствует с районом Большой Хинган, а на северо-востоке из города открывается вид на российскую сторону: на противоположном берегу реки Хэйлунцзян расположена Амурская область. В административном подчинении у города Хэйхэ находятся два города (Бэйань и Удаляньчи), три уезда (Нэньцзян, Сюнькэ, Суньу) и один район Айгунь.

По биолого-географическому подразделению город Хэйхэ принадлежит к древнему миру Севера. Он располагается в северо-восточном районе, на переходной полосе подрайонов Большой Хинган и Чанбайшань, а крайняя точка южной части города находится в подрайоне равнины Сунхуацзян – Нэньцзян. Специфическое географическое положение и неповторимая природа города Хэйхэ определили богатство его биологического разнообразия. Район, где находится город Хэйхэ, обладает множеством редких и исчезающих видов животных и растений. Однако в прошедшие десятилетия, в связи с бурным развитием экономики и общества и резким уменьшением лесов, а также постоянным освоением пахотных земель, возникли большие потери площадей среды обитания и места обитания редких и исчезающих видов животных и растений.

В последние годы, по мере возрастания интереса к экологической культуре и выдвижения стратегий экологических зон Большого и Малого Хингана, намечается тенденция к сохранению разнообразия животных и растений. В рамках всесторонних отношений стратегического партнёрства и содействия Китая и России продвигается строительство международного заповедника, дальнейшее исследование видов редких и исчезающих животных и растений. В целях эффективного сохранения этих видов большое значение приобретает изучение среды обитания, биологических и экологических свойств редких и исчезающих животных и растений.

Эта книга написана на основе результатов следующих экспедиций: исследование диких животных на суше всей территории Китая (1996-1999; 2011-2014); изучение ресурсов диких растений в провинции Хэйлунцзян (2011); перепись ресурсов лекарственных растений города Хэйхэ (2012); исследование лесных ресурсов провинции Хэйлунцзян (2013). В книге также учтены результаты работ других учёных о диких животных и растениях, проведена классификация, сделано обобщение редких и исчезающих видов животных и растений. В книге зафиксировано 59 семейства, 119 родов и 165 видов редких и исчезающих животных и растений, в том числе 122 вида животных и 43 вида растений.

Определение редких и исчезающих животных и растений базируется на таких документах, как «Номенклатура диких животных особого сохранения в Китае»; «Номенклатура диких растений особого сохранения в Китае» (первый и второй выпуски); «Номенклатура диких лекарственных материалов особого сохранения в Китае»; «Красная книга исчезающих животных в Китае»; «Номенклатура охраняемых исчезающих диких растений в Китае»; «Номенклатура животных особого охранения в провинции Хэйлунцзян»; «Инструкция по сохранению ресурсов диких лекарственных материалов в провинции Хэйлунцзян».

В этой книге зафиксированы все виды животных и растений, включённые в вышеуказанные документы.

Проделанная составителями работа: Общие положения – Чжао Вэньгэ, Ян Вэньлян; Часть «Редкие и исчезающие животные и растения» - Чжао Вэньгэ, Гао Чжишэнь, Юй Дун, Лю Пэнь, Ли Сяньда, Чэнь Хуэй и Лю Чжитао(конкретно см. в сносках книги); Часть «Редкие и исчезающие растения» - Ван Чень. Фотографии растений сделаны Ли Сяньдой, Ян Вэньляном, Ван Ченем и Чжао Вэньгэ. Материалы всей книги собраны Чжао Вэньгэ.

В связи с нехваткой времени и недостатком необходимых знаний у авторов в этой книги неизбежны недоделки и ошибки. Просьба предложить советы и сделать нам замечания.

Автор книги
1 октября 2015 года

目 录

序

前言

Preface

Предисловие

第 1 章　黑河市地理及自然环境 ··········· 001

1.1 地理位置及总体情况 ············· 002

1.2 地貌 ························· 002

1.3 气候 ························· 002

1.4 水系 ························· 003

1.5 土壤 ························· 003

1.6 植被 ························· 004

　　1.6.1　嫩江-黑河-呼玛低山丘陵小区 ··········· 004

　　1.6.2　孙吴-逊克中北部逊河流域丘陵阶地小区 ····· 005

　　1.6.3　逊克-孙吴南部、五大连池-北安东部低山丘陵小区 ····· 005

　　1.6.4　嫩江-五大连池-北安西部山前波状丘陵台地 ··· 006

第 2 章　黑河市动植物区系 ··············· 007

2.1 植物区系特点 ··············· 008

　　2.1.1　过渡性特征明显 ············· 008

　　2.1.2　区系成分复杂 ·············· 008

　　2.1.3　植物区系的古老性 ··········· 009

2.2 动物区系 ··················· 009

　　2.2.1　种类组成 ················ 009

　　2.2.2　区系分析 ················ 012

第 3 章　野生动物栖息地概况 ⋯⋯ 015

3.1 森林 ⋯⋯ 016
3.1.1 针阔混交林 ⋯⋯ 016
3.1.2 杨桦林 ⋯⋯ 016
3.1.3 蒙古栎林 ⋯⋯ 016
3.1.4 兴安落叶松林 ⋯⋯ 017
3.1.5 人工林 ⋯⋯ 017

3.2 灌丛 ⋯⋯ 017
3.2.1 迹地灌丛 ⋯⋯ 017
3.2.2 原生灌丛 ⋯⋯ 017

3.3 草甸 ⋯⋯ 018

3.4 沼泽 ⋯⋯ 018
3.4.1 森林沼泽 ⋯⋯ 018
3.4.2 灌丛沼泽 ⋯⋯ 018
3.4.3 草本沼泽 ⋯⋯ 018
3.4.4 藓类沼泽 ⋯⋯ 019
3.4.5 挺水型植被群落 ⋯⋯ 019

3.5 水域 ⋯⋯ 019

3.6 农田 ⋯⋯ 019

第 4 章　珍稀濒危野生动物 ⋯⋯ 021

鱼类 ⋯⋯ 022

4.1 雷氏七鳃鳗 *Lampetra reissneri* (Dybowski) ⋯⋯ 023

4.2 日本七鳃鳗 *Lampetra japonica* (Martens) ⋯⋯ 024

4.3 史氏鲟 *Acipenser schrenckii* (Brandt) ⋯⋯ 026

4.4 鳇 *Huso dauricus* (Georgi) ⋯⋯ 027

4.5 大麻哈鱼 *Oncorhynchus keta* (Walbaum) ⋯⋯ 029

4.6 哲罗鱼 *Hucho taimen* (Pallas) ⋯⋯ 030

4.7 细鳞鱼 *Brachymystax lenok* (Pallas) ⋯⋯ 031

4.8 乌苏里白鲑 *Coregonus ussuriensis* Berg ⋯⋯ 032

4.9 黑龙江茴鱼 *Thymallus arcticus* Dybowski ⋯⋯ 034

4.10 梭鲈 *Lucioperca lucioperca* (Linnaeus) ⋯⋯ 035

两栖类 ··· 037

- **4.11** 极北鲵 *Salamandrella keyserlingii* Dybowski ··· 038
- **4.12** 东北林蛙 *Rana dybowskii* Günther ··· 040

爬行类 ··· 042

- **4.13** 东北鳖 *Pelodiscus sinensis* (Wiegmann) ··· 043
- **4.14** 胎生蜥蜴 *Zootoca vivipara* (Jacquin) ··· 044
- **4.15** 棕黑锦蛇 *Elaphe schrenckii* (Strauch) ··· 046
- **4.16** 岩栖蝮 *Gloydius saxatilis* (Emelianov) ··· 047

鸟类 ··· 049

- **4.17** 赤颈䴙䴘 *Podiceps grisegena* (Boddaert) ··· 050
- **4.18** 角䴙䴘 *Podiceps auritus* Linnaeus ··· 051
- **4.19** 大白鹭 *Egretta alba* Linnaeus ··· 052
- **4.20** 黑鹳 *Ciconia nigra* Linnaeus ··· 053
- **4.21** 东方白鹳 *Ciconia boyciana* Swinhoe ··· 054
- **4.22** 白琵鹭 *Platalea leucorodia* Linnaeus ··· 055
- **4.23** 大天鹅 *Cygnus cygnus* Linnaeus ··· 057
- **4.24** 小天鹅 *Cygnus columbianus* Ord ··· 059
- **4.25** 鸿雁 *Anser cygnoides* Linnaeus ··· 060
- **4.26** 豆雁 *Anser fabalis* Latham ··· 061
- **4.27** 白额雁 *Anser albifrons* Scopoli ··· 062
- **4.28** 小白额雁 *Anser erythropus* Linnaeus ··· 063
- **4.29** 灰雁 *Anser anser* Linnaeus ··· 064
- **4.30** 鸳鸯 *Aix galericulata* Linnaeus ··· 065
- **4.31** 赤颈鸭 *Anas penelope* Linnaeus ··· 066
- **4.32** 花脸鸭 *Anas formosa* Georgi ··· 068
- **4.33** 白眉鸭 *Anas querquedula* Linnaeus ··· 069
- **4.34** 琵嘴鸭 *Anas clypeata* Linnaeus ··· 070
- **4.35** 青头潜鸭 *Aythya baeri* Radde ··· 072
- **4.36** 斑头秋沙鸭 *Mergus albellus* Linnaeus ··· 073
- **4.37** 红胸秋沙鸭 *Mergus serrator* Linnaeus ··· 074
- **4.38** 中华秋沙鸭 *Mergus squamatus* (Gould) ··· 075
- **4.39** 鹗 *Pandion haliaetus* (Linnaeus) ··· 077
- **4.40** 凤头蜂鹰 *Pernis ptilorhynchus* (Temminck) ··· 078
- **4.41** 鸢 *Milvus migrans* (Gmelin) ··· 080

4.42	白尾海雕 *Haliaeetus albicilla* (Linnaeus)	081
4.43	秃鹫 *Aegypius monachus* (Linnaeus)	083
4.44	白腹鹞 *Circus spilonotus* Kaup	084
4.45	白尾鹞 *Circus cyaneus* (Linnaeus)	086
4.46	白头鹞 *Circus aeruginosus* (Linnaeus)	087
4.47	鹊鹞 *Circus melanoleucos* (Pennant)	088
4.48	日本松雀鹰 *Accipiter gularis* Temminck et Schlegel	089
4.49	雀鹰 *Accipiter nisus* (Linnaeus)	090
4.50	苍鹰 *Accipiter gentilis* (Linnaeus)	091
4.51	灰脸鵟鹰 *Butastur indicus* (Gmelin)	093
4.52	普通鵟 *Buteo buteo* (Linnaeus)	094
4.53	大鵟 *Buteo hemilasius* Temminck et Schlegel	095
4.54	毛脚鵟 *Buteo lagopus* (Pontoppidan)	096
4.55	草原雕 *Aquila rapax* (Temminck)	098
4.56	乌雕 *Aquila clanga* Pallas	099
4.57	金雕 *Aquila chrysaetos* (Linnaeus)	100
4.58	红隼 *Falco tinnunculus* Linnaeus	101
4.59	阿穆尔隼 *Falco amurensis* Radde	103
4.60	灰背隼 *Falco columbarius* Linnaeus	104
4.61	燕隼 *Falco subbuteo* Linnaeus	106
4.62	矛隼 *Falco rusticolus* Linnaeus	107
4.63	游隼 *Falco peregrinus* (Latham)	108
4.64	黑琴鸡 *Lyrurus tetrix* Linnaeus	109
4.65	黑嘴松鸡 *Tetrao parvirostris* Bonaparte	111
4.66	花尾榛鸡 *Bonasa bonasia* (Linnaeus)	112
4.67	黄脚三趾鹑 *Turnix tanki* (Blyth)	114
4.68	白鹤 *Grus leucogeranus* (Pallas)	115
4.69	白枕鹤 *Grus vipio* Pallas	116
4.70	灰鹤 *Grus grus* (Linnaeus)	118
4.71	白头鹤 *Grus monacha* Temminck	119
4.72	丹顶鹤 *Grus japonensis* (Müller)	121
4.73	反嘴鹬 *Recurvirostra avosetta* Linnaeus	122
4.74	丘鹬 *Scolopax rusticola* Linnaeus	124
4.75	孤沙锥 *Gallinago solitaria* Hodgson	125

4.76	半蹼鹬 *Limnodromus semipalmatus* Blyth	126
4.77	大杓鹬 *Numenius madagascariensis* (Linnaeus)	127
4.78	小鸥 *Larus minutus* Pallas	128
4.79	小杜鹃 *Cuculus poliocephalus* Latham	129
4.80	棕腹杜鹃 *Cuculus fugax* Horsfield	130
4.81	领角鸮 *Otus lettia* Pennant	131
4.82	红角鸮 *Otus sunia* (Linnaeus)	132
4.83	雕鸮 *Bubo bubo* (Linnaeus)	133
4.84	雪鸮 *Nyctea scandiaca* (Linnaeus)	134
4.85	毛腿渔鸮 *Ketupa blakistoni* (Seebohm)	136
4.86	长尾林鸮 *Strix uralensis* Pallas	137
4.87	乌林鸮 *Strix nebulosa* Forster	138
4.88	猛鸮 *Surnia ulula* (Linnaeus)	140
4.89	鹰鸮 *Ninox scutulata* (Raffles)	141
4.90	花头鸺鹠 *Glaucidium passerinum* (Linnaeus)	142
4.91	纵纹腹小鸮 *Athene noctua* (Scopoli)	143
4.92	鬼鸮 *Aegolius funereus sibiricus* (Buturlin)	144
4.93	长耳鸮 *Asio otus* (Linnaeus)	145
4.94	短耳鸮 *Asio flammeus* (Pontoppidan)	146
4.95	普通夜鹰 *Caprimulgus indicus* Latham	147
4.96	三宝鸟 *Eurystomus orientalis* (Linnaeus)	148
4.97	蓝翡翠 *Halcyon pileata* (Boddaert)	149
4.98	小星头啄木鸟 *Dendrocopos kizuki* (Temminck)	150
4.99	白背啄木鸟 *Dendrocopos leucotos* (Bechstein)	151
4.100	三趾啄木鸟 *Picoides sridactylus* (Linnaeus)	152
4.101	棕腹啄木鸟 *Dendrocopos hyperythrus* (Vigors)	153
4.102	黑啄木鸟 *Dryocopus martius* (Linnaeus)	154
4.103	黑枕黄鹂 *Oriolus chinensis* Linnaeus	155
4.104	雪鹀 *Plectrophenax nivalis* (Linnaeus)	157

哺乳类 ... 158

4.105	达乌尔猬 *Mesechinus dauricus* Sundevall	159
4.106	狼 *Canis lupus* Linnaeus	160
4.107	赤狐 *Vulpes vulpes* Linnaeus	161
4.108	黑熊 *Ursus thibetanus* G. Cuvier	162

4.109	棕熊 *Ursus arctos* Linnaeus	163
4.110	紫貂 *Martes zibellina* Linnaeus	164
4.111	青鼬 *Martes flavigula* Boddaert	165
4.112	貂熊 *Gulo gulo* (Linnaeus)	166
4.113	白鼬 *Mustela erminea* Linnaeus	168
4.114	伶鼬 *Mustela nivalis* Linnaeus	169
4.115	黄鼬 *Mustela sibirica* Pallas	170
4.116	水獭 *Lutra lutra* (Linnaeus)	171
4.117	猞猁 *Lynx lynx* Linnaeus	172
4.118	豹猫 *Prionailurus bengalensis* Kerr	173
4.119	雪兔 *Lepus timidus* Linnaeus	174
4.120	原麝 *Moschus moschiferus* Linnaeus	175
4.121	马鹿 *Cervus elaphus* Linnaeus	176
4.122	驼鹿 *Alces alces* Linnaeus	178

第 5 章　珍稀濒危野生植物 ... 179

裸子植物 ... 180

5.1	红松 *Pinus koraiensis* Sieb. et Zucc.	181

双子叶植物 ... 182

5.2	五味子 *Schisandra chinensis* (Turcz.) Baill.	183
5.3	萍蓬草 *Nuphar pumilum* (Hoffm.) DC.	184
5.4	胡桃楸 *Juglans mandshurica* Maxim.	185
5.5	紫椴 *Tilia amurensis* Rupr.	186
5.6	钻天柳 *Chosenia arbutifolia* (Pall.) A. Skv.	188
5.7	兴安杜鹃 *Rhododendron dauricum* L.	189
5.8	野大豆 *Glycine soja* Sieb. et Zucc.	190
5.9	黄耆 *Astragalus membranaceus* (Fisch.) Bunge	191
5.10	黄檗 *Phellodendron amurense* Rupr.	193
5.11	刺五加 *Acanthopanax senticosus* (Rupr.et Maxim.) Harms	195
5.12	防风 *Saposhnikovia divaricata* (Trucz.) Schischk.	196
5.13	龙胆 *Gentiana scabra* Bunge	198
5.14	三花龙胆 *Gentiana triflora* Pall.	199
5.15	秦艽 *Gentiana macrophylla* Pall.	200
5.16	黄芩 *Scutellaria baicalensis* Georgi	201

5.17	水曲柳 *Fraxinus mandschurica* Rupr.	202
5.18	草苁蓉 *Boschniakia rossica* (Cham. et Schlecht.) Fedtsch.	203
5.19	桔梗 *Platycodon grandiflorus* (Jacq.) A. DC.	204

单子叶植物 206

5.20	浮叶慈姑 *Sagittaria natans* Pall.	207
5.21	平贝母 *Fritillaria ussuriensis* Maxim.	208
5.22	北重楼 *Paris verticillata* Bieb.	209
5.23	穿龙薯蓣 *Dioscorea nipponica* Makino	210
5.24	凹舌兰 *Coeloglossum viride* (L.) Hartm.	211
5.25	杓兰 *Cypripedium calceolus* L.	212
5.26	大花杓兰 *Cypripedium macranthum* Sw.	213
5.27	紫点杓兰 *Cypripedium guttatum* Sw.	215
5.28	东北杓兰 *Cypripedium ventricosum* Sw.	217
5.29	尖叶火烧兰 *Epipactis thunbergii* A. Gray	218
5.30	裂唇虎舌兰 *Epipogium aphyllum* (F. W. Schmidt) Sw.	219
5.31	小斑叶兰 *Goodyera repens* (L.) R. Br.	220
5.32	手参 *Gymnadenia conopsea* (L.) R. Br.	221
5.33	线叶十字兰 *Habenaria linearifolia* Maxim.	222
5.34	角盘兰 *Herminium monorchis* (L.) R. Br.	223
5.35	羊耳蒜 *Liparis japonica* (Miq.) Maxim.	224
5.36	沼兰 *Malaxis monophyllos* (L.) Sw.	225
5.37	二叶兜被兰 *Neottianthe cucullata* (L.) Schltr.	226
5.38	广布红门兰 *Orchis chusua* D. Don	227
5.39	朱兰 *Pogonia japonica* Rchb. f.	228
5.40	二叶舌唇兰 *Platanthera chlorantha* Cust. ex Rchb.	229
5.41	密花舌唇兰 *Platanthera hologlottis* Maxim.	230
5.42	绶草 *Spiranthes sinensis* (Pers.) Ames.	231
5.43	蜻蜓兰 *Tulotis fuscescens* (L.) Czer. Addit. et Collig.	233

第 6 章 附录 235

6.1	黑河市野生动物名录	236
	6.1.1 黑河市哺乳类名录	236
	6.1.2 黑河市鸟类名录	238
	6.1.3 黑河市两栖爬行类名录	248

6.1.4　黑河市鱼类名录 249
6.2 黑河市珍稀濒危脊椎动物名录 252
　　　6.2.1　黑河市珍稀濒危哺乳类名录 252
　　　6.2.2　黑河市珍稀濒危鸟类名录 253
　　　6.2.3　黑河市珍稀濒危两栖爬行类名录 256
　　　6.2.4　黑河市珍稀濒危鱼类名录 257

主要参考文献 259
中文名索引 260
拉丁名索引 262
俄文名索引 264
后记 267

第1章
黑河市地理及自然环境

1.1 地理位置及总体情况

黑河市地处黑龙江省西北部，位于北纬 47°42′~51°03′，东经 124°45′~129°18′。东南与伊春市、绥化市相接，西南与齐齐哈尔市毗邻，西部与内蒙古自治区隔嫩江相望，北部与大兴安岭地区相连，东北与俄罗斯阿穆尔州隔黑龙江相望。

黑河市总面积 68 726km²。辖北安市、五大连池市、嫩江县、逊克县、孙吴县和爱辉区共 2 市 3 县 1 区，境内还有黑龙江省农垦总局北安、九三两个分局所属的 25 个农场，57 个部队农场，21 个国营直属农场，以及黑龙江省森林工业总局通北林业局、沾河林业局所属的 34 个林场。常住总人口 167.39 万（2010 年第六次全国人口普查数据）。

截至 2014 年末，已建有各类自然保护区 15 处，其中国家级自然保护区 2 处，省级自然保护区 13 处。有天然林 202 万 hm²，天然草原 830 万亩[①]。野生脊椎动物 489 种，其中哺乳类 67 种，鸟类 320 余种。野生植物 1000 余种。

1.2 地貌

黑河市地处大兴安岭东部，小兴安岭北部，境内群山连绵起伏，沟谷纵横，地势西北高、东南低。由于地质构造变动和物理风化作用，形成了剥蚀地形、侵蚀地表、堆积地形和火山岩地形，并构成了低山、丘陵、火山熔岩台地、盆地、平原和河谷地貌特征。

低山丘陵为主要地貌类型，分布在嫩江县的多宝山镇、霍龙门乡、白云乡、麦海乡，黑河市的西峰山乡、新生乡、罕达汽镇、北师河乡、二站乡，五大连池市的朝阳乡、莲花山乡、兴安乡，孙吴县的向阳乡、正阳山乡、清溪乡、辰清镇、群山乡、奋斗乡等，以及逊克县的逊河以南地区，海拔 300~800m，面积为 44 225km²，占黑河市总面积的 64.3%。

平原主要分布在嫩江的南部、五大连池市和北安市。地形平坦，略有起伏，海拔一般 250~300m，相对高度 20~50m，坡度 5°~10°。土壤肥沃。面积 24 051km²，占黑河市总面积的 35.0%。

盆地主要分布在黑河市的四嘉子乡、爱辉区、西岗子镇、大五家子镇，孙吴县的四季屯村、腰屯乡，逊克县的逊河、松树沟乡、新兴乡、道干农场一带，以及嫩江县黑宝山至爱辉区木耳气之间。地形较平坦，海拔 100~250m，相对高度 10~30m，坡度 10°~20°。面积约 450km²，占黑河市总面积的 0.7%。

1.3 气候

黑河市与我国其他地区相比更临近冷空气的发源地——西伯利亚大草原，境内又有小兴安岭山脉纵贯南北，使全市呈寒温带大陆性季风气候特征，跨第三、第四、第五、第六等 4 个积温带。冬季漫长而且严寒干燥；夏季虽短，但温暖湿润，光照充足；春季升温快，多大风；秋季降温急骤，无霜期短。同时因区内各地地形、地貌不同，气候亦有差异，并各具特点，孙吴县城处于小兴安岭山脉马鞍形中的凹地，气温最低，降水偏多；嫩江县地处大小兴安岭之间，大风日数较多；位于北部的黑河市、逊克县，有小兴安岭屏障作用，气温反而相对较高。

---

① 1 亩≈666.7m²。

全市年均降雨量 500～550mm，有效积温 1950～2300℃，日照时数 2560～2700h，无霜期 90～120 天，年均气温 −1.3～0.4℃，日最高气温 38.2℃，日最低气温 −40℃，平均风速 2.0～3.5m/s。

寒冷是黑河地区气候的主要特征之一。1 月最冷，平均气温为 −25.4～−23.8℃；7 月最热，平均气温为 19.4～21.3℃。气温年较差为 43.2～46.7℃，国内其他地区少有。每年 10 月中旬到次年 4 月中旬，全区日平均气温低于或等于 0℃日数长达 183～195 天；每年 11 月下旬到次年 2 月底，为日平均气温低于或等于 −20℃的严寒时段，长达 88～103 天。一年中最低气温低于或等于 −30℃的日数，平均可达 25～54 天，而且自 11 月下旬到次年 3 月都可出现。各地极端最低气温值均低于 −40℃，大部分年份均能出现。1965 年冬，最低气温低于或等于 −30℃的日数达 91 天，低于或等于 −40℃的日数达 20 天，1980 年 1 月记录的极端最低气温为 −48.1℃。

黑河地区夏季气候宜人，中午较热，早晚凉爽。5 月下旬至 8 月下旬，为日平均气温高于或等于 20℃时段，日数达 80 天以上。最高气温高于或等于 30℃的日数，年均 7～12 天。德都县 1968 年 7 月曾出现过 38.2℃的最高气温记录。5 月中旬至 9 月中旬，全区日平均气温稳定在 10℃以上的日数，以孙吴县最少，为 116 天，其他县（市）为 123～128 天。形成小兴安岭腹地气温最低、积温值最小，向山脉两边延伸，则气温逐渐增高、积温逐渐增多的特点。

1.4　水系

纵贯黑河市南北的小兴安岭将境内河流分为黑龙江、嫩江两大水系，共有大小河流 621 条，其中流域面积在 50km² 以上的河流有 242 条。这些河流大部分属山区性河流，依季节流量变化较大。上游坡陡流急，河流出谷后进入平原区，河道变宽，水流变缓。河网密度大，河谷弯曲，多为不对称的"V"形谷。河流比降较小，一级阶地发育，河谷沿岸和局部地带的缓山处多形成沼泽湿地。泉水较多，冬季可形成冰丘。

黑龙江位于黑河市北部，是中国与俄罗斯的界江，其支流有法别拉河、公别拉河、逊别拉河、库尔滨河。嫩江位于本区西部，是黑河市与内蒙古自治区的界江，在区内的主要支流有讷谟尔河、科洛河。此外，区内的通肯河属松花江水系，位于北安市南部，是北安市与海伦市的界河，境内河段为通肯河的中下游，河长 104km，流域面积 2749km²。乌裕尔河是有头无尾的内陆河流，发源于小兴安岭西麓，流向西北，至北安市转向西南，后流入齐齐哈尔市的克东县境。

黑河地区境内的主要湖泊是五大连池，总面积 1840hm²，是中国第二大火山堰塞湖。其中白龙湖（三池）最大，水域面积为 891.9hm²。莲花湖（头池）最小，仅 25hm²。蓄水总容积 1.57 亿 m³。各池水深一般为 2～5m，白龙湖（三池）最深处为 12m。

1.5　土壤

全区土壤共有 8 个土类，下分 27 个亚类、31 个土属、52 个土种。境内有暗棕壤和黑土两种地带性土壤，其中还镶嵌有沼泽土、草甸土、白浆土、泥炭土等非地带性土壤。此外，还有火山灰土和水稻土。

暗棕壤亦称暗棕色森林土，是区内主要的森林土壤，面积 4 477 242.7hm²，占全区面积的 65.15%，其中，县属耕地占暗棕壤面积的 4.06%。主要分布在小兴安岭山体和山前起伏的丘陵区，以逊克、爱辉、孙吴、嫩江等县（市）居多。

黑土是区内主要的宜耕土壤，总面积为 875 567.6hm²，占全区面积的 12.74%，其中县属耕地占黑土面积的 77.18%。主要分布在小兴安岭山前丘陵漫岗区，全区各县（市）均有分布，以嫩江、北安、五大连池市等县（市）居多。

沼泽土总面积 712 357.3hm²，占全区土壤面积的 10.37%，其中县属耕地占沼泽土面积的 2.7%。主要分布在河谷泛滥地与水线两侧积水洼地、地下水流出地区，凡是具备潮湿积水条件的地段均有分布。

草甸土总面积 677 452.3hm²，占全区土壤面积的 9.86%，其中县属耕地占草甸土面积的 28.72%。主要分布在黑龙江、嫩江水系河漫滩阶地上，还有沟谷低地与山间谷地等低平地上。

白浆土总面积 42 988.8hm²，占全区土壤面积的 0.63%，其中县属耕地占白浆土面积的 25.85%。主要分布在逊克县，其他县（市）多有零星分布。

泥炭土，区内只有低位泥炭土且面积很小，仅有 5748.5hm²，占全区土壤面积的 0.08%。集中分布在五大连池市、黑河市区和孙吴等县（市）境内。

火山灰土总面积 14 313hm²，占全区土壤面积的 0.21%。主要分布在五大连池火山群，嫩江、孙吴、逊克、黑河市区等县（市）亦有分布。

水稻土总面积 2926.3hm²，占全区土壤面积的 0.04%。主要分布在北安市主星乡和德都县境内的永丰农场。

1.6　植被

参照《中国小兴安岭植被》（周以良，1994），黑河地区的植被可划分为 5 个植被型，即森林、灌丛、草甸、沼泽和草塘。各植被型随海拔及水量的变化，呈现规律性的渐变。草塘植被位于泡沼中或流动水体边缘，海拔相对最低，向河流两侧及泡沼外围渐次过渡为沼泽、草甸、灌丛和森林。森林植被位于海拔较高地段，由于黑河市地貌以低山丘陵为主体，因此森林植被是主导植被型，占 60% 以上。灌丛较多分布于山腹下部及低矮丘陵或漫岗上；草甸及沼泽植被主要分布在河漫滩及河流一级阶地上。各植被型衔接地段往往发育出过渡性群丛，如森林与灌丛、灌丛与草丛相复合等。

黑河市地处大小兴安岭过渡区，西邻松嫩平原，不同地带，森林植被的优势树种有所差异，各植被类型的比例亦有差异，大致可以分为 3 个小区，概述如下。

1.6.1　嫩江 - 黑河 - 呼玛低山丘陵小区

此小区包括嫩江北部及东部、黑河市和爱辉区，为伊勒呼里山南端，海拔相对较高，大黑山为黑河市最高峰，海拔 867m，其次为日照山，海拔 574m。该小区位于大兴安岭植物区东南末端，由于气候条件相对较好，因此是大兴安岭植物区植物种类最丰富的部分，植物组成以东西伯利亚植物区系成分为主，混有大量东北植物区系成分，如蒙古栎、紫椴、水曲柳、黄檗、刺五加等，是温性与寒温性植物交错过渡地区。

该小区地带性植被为混有阔叶树的兴安落叶松林。以蒙古栎、兴安落叶松林为代表，组成中以兴安落叶松为单优势种，常混生一些温性阔叶树种，以较耐旱的蒙古栎、黑桦为主，其次为山杨、紫椴、水曲柳、黄檗等，这些阔叶树种一般数量不多，生长不良，构成第二层林冠。该兴安落叶松林接近温性的类型，林下灌木和草本植物发育良好，同样深受温带针阔混交林区域的影响，混生一些耐寒的温性植物。

该小区原生植被，除地带性的蒙古栎 - 兴安落叶松林外，在阳坡和半阳坡生长着草类 - 兴安落叶松林，在河岸沟谷生长着小面积钻天柳林、甜杨林。由于人类活动影响，原生森林植被破坏严重，形成了大面积的次生林，主要有蒙古栎林、白桦林、黑桦林及山杨林等阔叶林。这些阔叶林若一再被破坏，就会形成榛子灌丛、胡枝子灌丛，兴安落叶松则更难以天然更新。在河岸、沟谷等排水不良地段，常形成杂类草草甸与苔草沼泽及灌丛（沼泽）。杂类草草甸组成中无优势种，主要有小白花地榆、金莲花、小叶章等 20 余种，当地称为"五花草塘"。沼泽分布于低湿积水地段，多为苔草沼泽，呈复合镶嵌分布格局。在局部阳坡陡坡上，也偶有小面积的草原植被，由尖叶胡枝子、线叶菊、棉团铁线莲等耐旱、喜温性植物组成。草甸与苔草沼泽广泛分布是此小区植被分布格局特点之一。

该小区植被组成具有寒温性与温性的混合特点，寒温性植物占多数，如兴安落叶松、越橘、笃斯越橘、东北岩高兰和杜香等，喜温或耐旱的温性植物有黄檗、水曲柳、胡枝子、榛子、毛榛子、关苍术、大叶野豌豆和蕨类等，林下有温带针阔混交林下的典型藓类——万年藓等。此外，林内还有少量藤本植物，如齿叶铁线莲、西伯利亚铁线莲及北五味子，这些藤本植物的出现，说明此植被地区具有接近温性的特点。

1.6.2 孙吴-逊克中北部逊河流域丘陵阶地小区

该小区包括孙吴、逊克两县中北部的逊河流域丘陵阶地。地处小兴安岭北麓，地势南高北低，多丘陵和平原。海拔 300～500m，境内除黑龙江沿江平原外，还有流入黑龙江的逊河、卧牛河、辰清河、卡西春河、沟浪河、道河、茅栏河、沾河、乌底河、库尔滨河、都鲁河等 10 余条河冲积的狭长平原或漫岗平原。

此小区地带性植被是阔叶红松混交林，由于毗邻大兴安岭，有大量兴安落叶松侵入，常与蒙古栎混生，在宽阔低湿的河谷洼地阴坡、平坦分水岭常有蒙古栎-兴安落叶松的分布，是隐域的植被类型。在黑龙江沿岸砂质岗地上有小片樟子松林分布。阔叶红松混交林仅团块状分布于东南坡上，常出现以红皮云杉为优势种的混有兴安落叶松及臭冷杉的针叶混交林，而阔叶红松混交林中典型的阔叶树种混生较少。在漫岗上常有大面积的次生蒙古栎林或黑桦林，不积水的草甸为"五花草塘"。沼泽与大兴安岭相似，但在木本植物中混有沼柳，草本中混有灰脉苔草和乌拉苔草，所以此小区阔叶红松混交林不典型，是大兴安岭兴安落叶松林向小兴安岭阔叶红松混交林的过渡地带。

1.6.3 逊克-孙吴南部、五大连池-北安东部低山丘陵小区

本小区包括逊克县南部的克林乡、美丰林场、明德乡，孙吴县南部的向阳乡、正阳山乡、清溪乡、辰清镇、群山乡、奋斗乡，五大连池市的朝阳乡、莲花山乡、兴安乡，北安市南北河以东小兴安岭西麓地区。

该小区植物种类也属东北植物区系，与前一植被小区（见 1.6.2 节）相同，但深受北部大兴安岭东西伯利亚区系成分的影响，尤其是一些分布中心在大兴安岭的耐寒植物种类的渗入，如分布较多的兴安落叶松、笃斯越橘、杜香、樟子松等寒温性植物，该小区也是深受寒温带植物影响的温带地域。

该植被小区的地带性植被，与前一小区（见 1.6.2 节）相同，也是阔叶红松混交林。与前一小区相比伴生树种略有不同，最明显的特征是，黄檗、水曲柳、核桃楸、春榆等硬阔叶树由北往南渐多，而蒙古栎较少，白桦增多，同时云杉、冷杉也较多。因此，在阔叶林中以白桦林为优势种（与大兴安岭相似），也是此植被小区的特点之一。最主要的特点是镶嵌相当面积的属于大兴安岭地带性植被的兴安落叶松林，尤其是此植被小区特有的小片红松、樟子松林，更具有标志意义。此植被小区的原始森林遭到人为开发或火灾破坏后，衍生成大面积以白桦林为主的次生阔叶林，使珍贵的红松、兴安落叶松、樟子松的种群密度大为降低。

林下灌木以东北植物区系种类为主，如毛榛子、东北山梅花、刺五加、东北溲疏、紫花忍冬、暴马丁香等。林下草本植物也较丰富，与南部相邻地区比较，有较多的大兴安岭东西伯利亚植物区系

成分，如笃斯越橘、杜香、兴安杜鹃、红花鹿蹄草等。

1.6.4 嫩江 - 五大连池 - 北安西部山前波状丘陵台地

该小区包括嫩江县西部、南部大部分地区、五大连池市西部和北安市的西部。地势为山前丘陵和波状平原，东部高、西部低，平均海拔 160~300（500）m。主要河流有嫩江及其东侧支流（门鲁河、科洛河等）、讷谟尔河及其支流、乌裕尔河、通肯河等流经此地区，尚有较多的冲积平原，为发展农业创造了条件。

该小区植被是小兴安岭森林向松嫩草原过渡的森林草原带。植被主要区系成分是东西伯利亚、蒙古和东北植物区系成分，如蒙古栎、黑桦、白桦、榛子、胡枝子等；草本植物有东西伯利亚 - 蒙古成分，如贝加尔针茅、线叶菊、羊草、大油芒、糙隐子草、野古草、冰草等草原植物，还有东亚温带和东西伯利亚分布的草甸植物种，如拂子茅、裂叶蒿和野火球等。

植被类型分布组合较为复杂，按地形和基质的不同有森林、灌丛、草甸和草原。一般在丘陵阴坡有蒙古栎林、黑桦林，间有小片的山杨林和白桦林；在个别地段的森林中还残存着极少量的小兴安岭阔叶红松混交林的树种——红松、水曲柳、黄檗、核桃楸及山槐等。在波状平原水分较好处还有榆树（*Ulmus pumila*）林。这些森林屡遭破坏，常呈"灌丛"或"矮林"状态；在丘陵地上还有榛子、胡枝子、山杏及大果榆等树种；在缓坡、波状平原分布有线叶菊草原和贝加尔针茅草原。这些群落中居优势地位的还有羊草、野古草、多叶隐子草、尖叶胡枝子、兴安胡枝子、寸草苔、裂叶蒿、野火球和地榆等；在平原壤质土上则为羊草草原；在湖泊外围及浅沟等低湿地上则有草甸和沼泽，如野古草草甸、拂子茅草甸、小叶章草甸和柳灌丛等。

该小区内还有位于五大连池市西北部的火山地貌植被类型，现已规划为五大连池火山群自然保护区。保护区位于黑龙江省五大连池市以北 20km，讷谟尔河支流—白龙河上游，东经 126°08′，北纬 48°37′，平均海拔 250~300m。五大连池火山植被及植物区系成分与前一小区（见 1.6.3 节）相同，由于火山爆发，已残留不全或正处于正向演替阶段。一般划分为如下 4 个植被区：①新期火山与石龙熔岩台地—地衣灌丛植被区，包括地衣苔藓群落、地衣草类群落、地衣灌丛群落、地衣灌丛疏林群落、地衣苔藓落叶松群落；②老期火山与熔岩台地—森林草甸草原植被区，包括落叶阔叶林群落、针阔混交林群落、森林草甸草原群落、灌木草甸草原群落、杂类草草甸群落；③草甸植被区，包括小叶章杂类草草甸群落、小叶章苔草沼泽化草甸群落；④水生植被区，包括挺水水生植被、浮水水生植被和沉水水生植被。

第 2 章
黑河市动植物区系

在生物地理区划上，黑河市属古北界东北区，处于大兴安岭亚区和长白山亚区的过渡地带，其南部边缘地带又属松嫩平原亚区。

2.1 植物区系特点

2.1.1 过渡性特征明显

黑河市位于大小兴安岭过渡地带，西南部边缘又与松嫩平原相接，所以植物组成及植被类型过渡特征明显。

北部地区（嫩江-黑河-呼玛）植物组成及植被类型属于大兴安岭植物区，由于气候条件较好，因此该区是大兴安岭植物区植物种类最丰富部分，植物组成以东西伯利亚植物区系成分为主，混有大量东北植物区系成分，如蒙古栎、紫椴、水曲柳、黄檗、刺五加等，是温性与寒温性植物交错过渡地区。

南部（逊克县、孙吴县、北安市东部、五大连池市东部）位于小兴安岭北端，地带性植被为阔叶红松混交林，但该区北邻寒温带针叶林区域，西邻温带草原区域（松嫩平原），深受来自北部与西部的影响，气候寒冷，使得大兴安岭的耐寒植物种类，如兴安落叶松、笃斯越橘、杜香、樟子松不同程度侵入，自南向北耐寒植物种类和数量逐渐增加，亦呈现温性与寒温性植物交错过渡的现象。

西部地区，即嫩江-五大连池-北安西部等地，是小兴安岭森林向松嫩草原过渡的森林草原带。植被主要区系成分是东西伯利亚、蒙古和东北植物区系成分。

2.1.2 区系成分复杂

黑河地区在生态上地域不算辽阔，但所处地理位置决定了该区植物区系成分的复杂性，以温带区系成分为主，混有寒温带、世界广布、热带、东亚等多个区系成分。

（1）世界广布成分

世界广布成分指广泛分布于世界各大洲的属。该区系成分在本区内有一定数量，大多为水生或沼生植物，如莎草属（*Cyperus*）、苔草属（*Carex*）、藨草属（*Scirpus*）、灯芯草属（*Juncus*）、香蒲属（*Typha*）、睡莲属（*Nymphaea*）、浮萍属（*Lemna*）、慈姑属（*Sagittaria*）、眼子菜属（*Potamogeton*）、狸藻属（*Utricularia*）等。其次是一些中生或湿生的草本植物，如千里光属（*Senecio*）、紫菀属（*Aster*）、龙胆属（*Gentiana*）、老鹳草属（*Geranium*）、毛茛属（*Ranunculus*）、蓼属（*Polygonum*）等。还有少数灌木，如悬钩子属（*Rubus*）、鼠李属（*Rhamnus*）等。这些世界广布属，一般是温带起源的水生、沼生或中生和中湿生草本植物，上述一些属在沼泽和草塘群落中是建群种或成为湿地植被的重要成分。

（2）北温带成分

北温带成分一般是指广泛分布于欧洲、亚洲和北美洲温带地区的属。如松属（*Pinus*）、杨属（*Populus*）、柳属（*Salix*）、槭属（*Acer*）、桦木属（*Betula*）、栎属（*Quercus*）、椴树属（*Tilia*）、榆属（*Ulmus*）是组成森林植被的建群植物或重要成分，以及一些草本常见属，如乌头属（*Aconitum*）、升麻属（*Cimicifuga*）、委陵菜属（*Potentilla*）、蒿属（*Artemisia*）等。

（3）寒温带成分

寒温带成分主要指分布在北半球的寒温带地区的一些属，常见的如松科的云杉属（*Picea*）、冷杉属（*Abies*）、落叶松属（*Larix*）、杜香属（*Ledum*）、单侧花属（*Orthilia*）、北极花属（*Linnaea*）等，大多为木本植物，在组成森林植被中占重要地位，多为建群种或优势种。

（4）旧大陆温带成分

旧大陆温带成分指广泛分布于欧洲、亚洲温带的属。除丁香属（*Syringa*）是木本外，大多为草本植物，如沙参属（*Adenophora*）、石竹属（*Dianthus*）、剪秋罗属（*Lychnis*）、旋覆花属（*Inula*）、橐吾属（*Ligularia*）、糙苏属（*Phlomis*）、重楼属（*Paris*）、萱草属（*Hemerocallis*）、侧金盏花属（*Adonis*）等，大多在本区植被组成上不起重要作用，但却是某些植被类型的常见伴生种。

（5）东亚-北美成分

东亚-北美成分指间断分布于东亚和北美洲温带和亚热带的属。如胡枝子属（*Lespedeza*）、五味子属（*Schisandra*）、草苁蓉属（*Boschniakia*）、透骨草属（*Phryma*）等。这些属或种常为重要伴生种，起标志作用。

（6）温带亚洲成分

温带亚洲成分是指分布区主要局限于亚洲温带地区的属。大多为单型属或少型属，并多为从北温带或世界广布的大属中分化出来的较年轻的成分，在植被组成上作用不大。如钻天柳属（*Chosenia*）是从柳属（*Salix*）中分化出来的。木本属甚少，其他全部为草本植物，如瓦松属（*Orostachys*）是从景天属（*Sedum*）中分化出来的。

（7）泛热带成分

泛热带成分是普遍分布于全球热带的属，本区内的类群较少。常见的有卫矛属（*Euonymus*）、菟丝子属（*Cuscuta*）、鸭跖草属（*Commelina*）、薯蓣属（*Dioscorea*）等。

（8）旧大陆热带成分

旧大陆热带成分是指分布在亚洲、非洲和大洋洲热带地区的属，在本区内分布不多，代表属有天门冬属（*Asparagus*）、槲寄生属（*Viscum*）、雨久花属（*Monochoria*）等。

（9）热带亚洲至热带非洲成分

热带亚洲至热带非洲成分在本区中很少分布，在植被组成中不起主要作用。如豆科的野大豆（*Glycine soja*），禾本科的荩草属（*Arthraxon*）、荻属（*Triarrhena*），菊科的苦荬菜属（*Ixeris*）等。

（10）东亚成分

东亚成分是指从喜马拉雅一直分布到日本的一些属，是组成其森林植被的重要伴生种。如鸡眼草属（*Kummerowia*）、五加属（*Acanthopanax*）、溲疏属（*Deutzia*）、党参属（*Codonopsis*）、桔梗属（*Platycodon*）、黄檗属（*Phellodendron*）等。

2.1.3 植物区系的古老性

黑河地区有一些第三纪孑遗植物分布，如木本植物红松（*Pinus koraiensis*）、水曲柳（*Fraxinus mandshurica*）、黄檗（*Phellodendron amurense*）、胡桃楸（*Juglans mandshurica*）、紫椴（*Tilia amurensis*）、色木槭（*Acer mono*）等，藤本植物如山葡萄（*Vitis amurensis*）、北五味子（*Schisandra chinensis*）等，说明本区植物区系的古老性。

2.2 动物区系

2.2.1 种类组成

根据1996~1999年开展的第一次全国陆生野生动物资源调查和2011~2014年第二次全国陆生野生动物资源调查成果，以及在胜山国家级自然保护区、大沾河湿地国家级自然保护区、五大连池国家级自然保护区、公别拉河国家级自然保护区、刺尔滨河自然保护区、逊别拉河自然保护区、干岔子省级自然保护区、孙吴红旗湿地自然保护区、山口自然保护区、北安省级自然保护区、南北河自然保护区等进行的综合科学考察报告，并整理以往的资料记载，得知黑河市的脊椎动物共有38目103科489种，其中鱼类共有9目20科80种（包括圆口纲1目1科2种），两栖类共有2目4科7种，爬行类共有3目4科13种，鸟类有18目58科322种，哺乳类有6目17科67种（表2-1）。

表 2-1　黑河市脊椎动物种类统计表

动物类群	目	所占百分比 /%	科	所占百分比 /%	种	所占百分比 /%
鱼　类	9	23.68	20	19.42	80	16.36
两栖类	2	5.26	4	3.88	7	1.43
爬行类	3	7.89	4	3.88	13	2.66
鸟　类	18	47.37	58	56.31	322	65.85
哺乳类	6	15.79	17	16.50	67	13.70
合　计	38	100.00	103	100.00	489	100.00

（1）哺乳类种类组成

黑河市哺乳类共计6目17科67种（亚种）（表2-2），其中啮齿目和食肉目种类最多，分别占全市哺乳类总数的29.85%和28.36%[分别占全国哺乳类总数的9.66%和37.25%（表2-3）]，其次是食虫目、翼手目、偶蹄目和兔形目。

表 2-2　黑河市哺乳类各目种数

目	科	种	小计
食虫目 INSECTIVORA	猬科 Erinaceidae	2	9
	鼩鼱科 Soricidae	7	
翼手目 CHIROPTERA	蝙蝠科 Vespertilionidae	8	8
食肉目 CARNIVORA	犬科 Canidae	3	19
	熊科 Ursidae	2	
	鼬科 Mustelidae	12	
	猫科 Felidae	2	
兔形目 LAGOMORPHA	兔科 Leporidae	4	5
	鼠兔科 Ochotonidae	1	
啮齿目 RODENTIA	松鼠科 Sciuridae	3	20
	鼯鼠科 Pteromyidae	1	
	林跳鼠科 Zapodidae	1	
	仓鼠科 Cricetidae	10	
	鼠科 Muridae	5	
偶蹄目 ARTIODACTYLA	猪科 Suidae	1	6
	麝科 Moschuidae	1	
	鹿科 Cervidae	4	
合　计	17	67	67

在全部17科中以鼬科和仓鼠科的种类最多，在各种生境中都有分布。而鼠兔科、鼯鼠科、林跳鼠科、猪科和麝科动物在本地区各仅有1种。

表 2-3　黑河市哺乳类占全省、全国种数的比例

目别	黑河市种（亚种）数	黑龙江省种（亚种）数	占全省种类百分比 /%	全国种（亚种）数	占全国种类百分比 /%
食虫目 INSECTIVORA	9	12	75.00	72	12.50
翼手目 CHIROPTERA	8	15	53.33	120	6.67
食肉目 CARNIVORA	19	23	82.61	51	37.25
兔形目 LAGOMORPHA	5	6	83.33	32	15.63
啮齿目 RODENTIA	20	24	83.33	207	9.66
偶蹄目 ARTIODACTYLA	6	8	75.00	48	12.50

注：全国的种与亚种数数据来源于《中国哺乳动物种和亚种分类名录与分布大全》2003 年版，中国林业出版社，王应祥著

（2）鸟类种类组成

黑河市的鸟类共有 18 目 58 科 322 种（亚种），包括非雀形目鸟类 181 种，占总数的 56.21%，雀形目鸟类 141 种，占总数的 43.79%。从居留类型来看，夏候鸟 166 种（亚种），占总数的 51.55%；旅鸟 82 种（亚种），占总数的 25.47%；留鸟 56 种（亚种），占总数的 17.39%；冬候鸟 18 种，占总数的 5.59%。繁殖鸟 222 种（亚种），占总数的 68.94%；非繁殖鸟 100 种（亚种），占总数的 31.06%（表 2-4）。

表 2-4　黑河市鸟类的组成

类别	种（亚种）数	占总数的百分比 /%	类别	种（亚种）数	占总数的百分比 /%
夏候鸟	166	51.55	旅　鸟	82	25.47
留　鸟	56	17.39	冬候鸟	18	5.59
			总　计	322	100.00

黑河市的鸟类组成具有鲜明的季节性。夏季鸟类组成丰富，冬季鸟类组成单调、贫乏。这说明候鸟在黑河市的鸟类组成中占绝对优势。

春季和秋季正是鸟类的迁徙期间，鸟类南来北往的时间各不相同，使这一期间的鸟类组成较复杂但不稳定，其中早春主要由留鸟、旅鸟和晚期待迁徙的冬候鸟组成；晚春主要由留鸟、旅鸟和夏候鸟组成；早秋主要由留鸟、旅鸟和晚期待迁徙的夏候鸟组成；晚秋则主要由留鸟、旅鸟和早期迁徙来的冬候鸟组成。

夏季鸟类主要由夏候鸟和留鸟组成，夏候鸟在鸟类组成中占有优势（占黑河市鸟类的 51.55%），留鸟所占的比例较小，仅占 17.39%，这就使得夏季鸟类的组成以夏候鸟为主，占整个夏季鸟类组成的 74.77%，其中较为重要的和常见的是雁形目的鸭科，以及雀形目的燕雀科、莺科和鸫科的鸟类。

冬季鸟类组成则比较贫乏、单调。除初冬有部分晚走的夏候鸟和旅鸟，晚冬有部分晚走的冬候鸟和早来的旅鸟及夏候鸟外，主要由留鸟和冬候鸟所组成。

黑河市鸟类组成的这种明显的季节性差异与其自然条件有关，既有茂密的森林，又有水域、沼泽、草甸等，这就为各种候鸟提供了良好的栖息和繁殖场所。冬季气候寒冷，越冬的冬候鸟和留鸟种类较少。

（3）两栖爬行类种类组成

黑河市有两栖动物 2 目 4 科 5 属共 7 种；有爬行动物 3 目 4 科 9 属共 13 种（表 2-5）。从表 2-5 可以看出，黑河市的两栖类仅有 7 种，占全国总数的 1.71%；爬行类种数占全国总数的 3.23%。由于黑

河市所处的地理位置和气候条件等因素，较为寒冷的气候限制了变温的两栖爬行动物的生存，因此两栖爬行动物组成较为简单，种类很少。但是，适于这样生境的动物，其种群数量却较大。

表 2-5　黑河市两栖爬行类占全省、全国种数的比例

类别	目别	黑河市种（亚种）数	黑龙江省种（亚种）数	占全省种类百分比 /%	全国种（亚种）数	占全国种类百分比 /%
爬行类	龟鳖目 TESTUDOFORMES	1	1	81.25	38	3.23
	蜥蜴目 LACERTIFORMES	3	4		156	
	蛇目 SERPENTIFORMES	9	11		209	
两栖类	有尾目 CAUDATA	1	3	58.33	69	1.71
	无尾目 ANURA	6	9		340	

（4）鱼类种类组成

由于黑河市有黑龙江和嫩江两大水系及五大连池等湖泊，因此黑河市的鱼类（包括圆口类）物种组成较为丰富，共计有9目20科80种（表2-6），占黑龙江省鱼类（108种）的74.07%。其中鲤形目最多（51种），占全市鱼类总数的63.75%；其次是鲑形目9种，占全市鱼类总数的11.25%；鲈形目7种，占全市鱼类总数的8.75%；鲇形目5种，占全市鱼类总数的6.25%。七鳃鳗目、鲟形目和鲉形目各有2种，分别占全市鱼类总数的2.50%；而鳕形目和刺鱼目鱼类在本地区各仅有1种，分别占全市鱼类总数的1.25%。在全部20科中以鲤科的种类最多（43种），占全市鱼类总数的53.75%，其次是鳅科（8种），占全市鱼类总数的10.00%。

表 2-6　黑河市鱼类各目物种统计

目	科	种	小计
七鳃鳗目 PETROMYZONIFORMES	七鳃鳗科 Petromyzonidae	2	2
鲟形目 ACIPENSERIFORMES	鲟科 Acipenseridae	2	2
鲑形目 SALMONIFORMES	鲑科 Salmonidae	4	9
	茴鱼科 Thymallidae	1	
	胡瓜鱼科 Osmeridae	2	
	银鱼科 Salangidae	1	
	狗鱼科 Esocidae	1	
鲤形目 CYPRINIFORMES	鲤科 Cyprinidae	43	51
	鳅科 Cobitidae	8	
鲇形目 SILURIFORMES	鲇科 Siluridae	2	5
	鲿科 Bagridae	3	
鳕形目 GADIFORMES	鳕科 Gadidae	1	1
刺鱼目 GASTROSSTEIFORMES	刺鱼科 Gasterosteidae	1	1
鲈形目 PERCIFORMES	鮨科 Serranidae	1	7
	鲈科 Percidae	1	
	塘鳢科 Eleotridae	2	
	鰕虎鱼科 Gobiidae	1	
	斗鱼科 Belontiidae	1	
	鳢科 Channidae	1	
鲉形目 SCORPAENIFORMES	杜父鱼科 Cottidae	2	2
合计	20	80	80

2.2.2　区系分析

由于地处黑龙江中游与嫩江中上游的夹角地带，东部有小兴安岭主脉相隔，在动物地理区划上，

黑河市属古北界东北区、长白山亚区与大兴安岭亚区的过渡地带。因此，其区系成分多样而复杂。

（1）兽类区系

黑河市兽类区系组成比较复杂，主要由北方型、东北型和中亚型共3种分布型组成，其中以北方型为主。因本区四周并无特殊的地理阻隔，小兴安岭的山势比较平缓，广布种有狼、黄鼬、野猪、狍等，另外大兴安岭地区寒温带明亮针叶林的典型代表动物（如雪兔、驼鹿）也都从北部扩散到本区，但数量不多。至于西南邻的松嫩草原区的一些种类在本地区内也常出现。

北方型的代表种为驼鹿、雪兔、红背䶄等，属北方型的还有马鹿、白鼬、猞猁、狼、赤狐、林旅鼠、普通田鼠、飞鼠、松鼠、狍、棕背䶄、狗獾、艾鼬、大棕蝠、褐家鼠和巢鼠等，其中马鹿和猞猁可南伸至华北和青藏高原，白鼬分布于我国北方，狼、狐遍及全国，林旅鼠、普通田鼠的南缘大致与寒温带针叶林南界相符；飞鼠、松鼠、狍、棕背䶄等沿季风区向南分布至华北，狗獾、大棕蝠等向南伸可达热带北缘，褐家鼠、巢鼠在我国季风区可伸入热带北缘。

东北型的代表种有东北兔、紫貂等。属东北型的还有高山鼠兔、栗齿鼯鼱、原麝、花鼠、大林姬鼠、东北鼢鼠、莫氏田鼠。其中栗齿鼯鼱、莫氏田鼠分布区偏北，中心位于东西伯利亚，在我国主要分布于东北区，原麝、花鼠、大林姬鼠等分布区向南可伸至华北区，向西可伸至新疆北部，东北鼢鼠、莫氏田鼠等分布区可南伸至华北区。

中亚型（蒙新区东部草原成分）的代表种有达乌尔黄鼠。

（2）鸟类区系

黑河市鸟类既有古北界东北区的特征，又有古北界蒙新区和华北区的特征，既有古北界北方型种类，又有蒙新区草原荒漠型种类。此外还有在繁殖期间沿季风区分布到小兴安岭的属于东洋界的热带和亚热带型的种类。

黑河市的鸟类具有典型的古北界区系特点。鸟类分布型主要由东北型和北方型鸟类构成。组成中占绝对优势的是东北型鸟类。

属于东北型鸟类的有罗纹鸭、鸳鸯、丹顶鹤、黑嘴松鸡、小斑啄木鸟、白眉地鸫、白喉矶鸫、北红尾鸲、蓝歌鸲、白眉姬鹟、褐柳莺、冕柳莺、暗绿柳莺、厚嘴苇莺、大苇莺、灰喜鹊、黑头蜡嘴雀、黑尾蜡嘴雀、红尾伯劳、金翅雀、白眉鹀、小太平鸟、黄喉鹀等，以东北区为其分布繁殖中心，有的繁殖区甚至向北延伸到俄罗斯西伯利亚乃至北极圈附近，如小太平鸟等。有的繁殖区则向南延伸到华北区以至更南，如灰喜鹊、北红尾鸲、白眉姬鹟和蓝头矶鸫等。

属于北方型鸟类的有黑琴鸡、黑嘴松鸡、花尾榛鸡、黑啄木鸟、三趾啄木鸟、星鸦、太平鸟、棕眉山岩鹨、红胁蓝尾鸲、红喉歌鸲、白腹鸫、小蝗莺、极北柳莺和戴菊等，繁殖区不只是在小兴安岭地区，而是环绕在北半球北部，最南缘可达长白山区。如花尾榛鸡分布区的南缘可达东北区的长白山地。有的鸟类的繁殖区南缘虽在小兴安岭，但冬季可作为冬候鸟和旅鸟分布到我国更靠南的地方，如豆雁、小白额雁、太平鸟、棕眉山岩鹨。北方型鸟类中，有的繁殖区还可向南延伸到华北区和更靠南的地方，如戴菊、鸲鹟和普通鸸等。

一些主要分布于东洋界的热带、亚热带型的鸟类，如黑枕黄鹂沿着季风区在繁殖季节分布到本区，本区便成为它们繁殖区的北缘，有的种类繁殖区更往北。

（3）两栖爬行类区系

黑河市的两栖爬行动物，绝大多数都属古北界的种类，个别种在古北界和东洋界均有分布。

黑河市所产的7种两栖动物中，花背蟾蜍、中华蟾蜍、东北雨蛙、黑斑侧褶蛙、东北林蛙等5种为广布种，均广泛分布于古北界的东北区、华北区和蒙新区。其中，中华蟾蜍、东北雨蛙、黑斑侧褶蛙也见于东洋界。极北鲵、东北林蛙、黑龙江林蛙分布于东北区与蒙新区。从动物地理区系来看，黑河市所产的两栖动物均为古北界成分,其中以东北区成分为主。

黑河市的13种爬行动物中,除红点锦蛇为东洋界成分外,均属古北界成分。鳖、虎斑颈槽蛇表现为两界的混合体。黄脊游蛇和丽斑麻蜥广泛分布于古北界的东北区、华北区、蒙新区,其中后两种的分布区向南延伸至东洋界,但仅及华中区。黑龙江草蜥、胎生蜥蜴、棕黑锦蛇、岩栖蝮则为古北界东北区的特有种。由此可见,黑河市爬行动物以古北界东北区成分占优势。

(4)鱼类区系

黑河市的鱼类区系属古北界黑龙江过渡区的黑龙江亚区,具有区系错综交杂的特点,包含有寒带、亚寒带、北温带及亚热带地区的鱼类,由北方山区复合体、北方平原复合体、北极淡水复合体、上第三纪复合体、江河平原复合体和亚热带平原复合体等组成。其中,前3个复合体是北方低温冷水性鱼类,而后3个复合体则为温暖气候和华东平原季风气候暖水性鱼类。

1)北方山区复合体

该类群起源于北半球北部亚寒带山区,如细鳞鱼、哲罗鱼、黑龙江茴鱼、真鲅、北方须鳅和杜父鱼等。对水中的溶氧量要求很高,属高度喜氧型。在水流湍急、水质清澈、以石砾为底质、缺乏水生维管束植物的水域,该复合体的鱼类所占比例很大。该复合体的鱼类体色与水质颜色相近。一般在春季气温较低的时候产卵,它们的卵一般具黏着性,在石块之间发育。

2)北方平原复合体

该类群起源于北半球北部亚寒带平原区,种类较多,在当地鱼类中占有较高的比例,如瓦氏雅罗鱼、银鲫、湖鲅、黑斑狗鱼、葛氏鲈塘鳢等。该复合体的鱼类与北方山区复合体不同,属于广氧型。鲫对于水中的溶氧量有很大的耐受力。在繁殖时它们性成熟早、不保护卵,葛氏鲈塘鳢产黏浮性卵,适于沼泽与湖泊的水位变化。鲫以植物碎屑和浮游生物为食,瓦氏雅罗鱼和湖鲅以水生昆虫为食。黑斑狗鱼为肉食性鱼类,以小型鱼类为主要食物。

3)北极淡水复合体

该区系鱼类起源于欧亚北部高寒地带北冰洋沿岸,属于典型的耐严寒冷水性鱼类,如江鳕、乌苏里白鲑和公鱼等。它们生活在山区水流湍急、水质清澈、含氧量丰富、水温低的溪流中。大多数种类是在秋季产卵,卵一般产在石块或沙砾上,而江鳕的卵在半漂浮状态下发育。

4)上第三纪复合体

该区系鱼类起源于上第三纪北半球北温带,与阔叶林有联系,如雷氏七鳃鳗、鲟、鳇、黑龙江鳑鲏、黑龙江泥鳅等。该复合体的鱼类能够适应在含氧量较少的水体中生活,如泥鳅有辅助呼吸器官,适于在低氧环境下生活。该复合体有些种类视力较差,依靠搜寻捕捉食物,有些是肉食性种类,有些以底栖生物为食,在植物体上产卵。

5)江河平原复合体

该区系鱼类是第三纪形成于中国东部平原区的鱼类,多数种类生活于开阔水域的中上层并且适应季风气候。大多数鲤科鱼类均属这一区系类群,种类较多,所占比例最大,主要种类有马口鱼、青鱼、草鱼、鳡、棒花鱼、鲢、银鲴和鳜等。

6)亚热带平原复合体

该区系鱼类形成于南岭以南亚热带地区,其中大多数种类是适应高温及耐缺氧的鱼类,主要有花斑副沙鳅、黄颡鱼、乌苏里拟鲿、葛氏鲈塘鳢、黄黝鱼和乌鳢等。它们适于水流缓慢、水生植物茂密及由于高温造成的乏氧环境。产卵于底部或掘穴或黏附于水生植物上。

第 3 章

野生动物栖息地概况

生物是自然界的产物。植物及其生长发育环境是动物生存与发展的必要条件。黑河地区野生动物种类多达489余种，说明该地区野生动物栖息地类型具有复杂多样的特点，并且保护良好。下面以植被类型为主要指标，阐述不同野生动物栖息地的环境特点及其中栖息的重点野生动物。

3.1 森林

森林是黑河地区的主导植被类型，是野生动物重要的栖息场所，根据优势种类的不同，将森林划分为如下几种栖息地类型。

3.1.1 针阔混交林

黑河地区地处大小兴安岭过渡区，主要地带性植被为红松针阔混交林。由于处于小兴安岭北部，气候较寒冷，耐寒的鱼鳞云杉、红皮云杉在针阔混交林中所占比例较大，阔叶树种类较少，有山杨、枫桦、黑桦、白桦，有的地段混有色木槭或紫椴。灌木层有毛榛子、榛子、刺五加，并混有少量暴马丁香、暖木条荚蒾，有的地段混有东北山梅花、胡枝子。草本层有羊胡子苔草、黑水鳞毛蕨，在林木较密的地段有耐阴的小草本植物舞鹤草、玉竹、铃兰、透骨草。阴坡较干地段常混有宽叶山芹、大叶柴胡等。

该类栖息地是黑河市野生动物的主要栖息生境之一。分布面积大、生境类型多样，是野生动物觅食、卧息和逃避天敌的重要活动空间或场所。主要动物有黑熊（*Selenarctos thibetanus*）、棕熊（*Ursus arctos*）、豹猫（*Felis bengalensis*）、猞猁（*Lynx lynx*）、黄鼬（*Mustela sibirica*）、马鹿（*Cervus elaphus*）、狍（*Capreolus capreolus*）、野猪（*Sus scrofa*）、花尾榛鸡（*Bonasa bonasia*）、鸦科（Corvidae）、鸭科（Sittidae）及燕雀科（Fringillidae）等森林鸟类。

3.1.2 杨桦林

杨桦林是由白桦和山杨混交而成的阔叶林。在本区常见于低平地或山地下半部，是针阔混交林或云冷杉林被砍伐、火烧后的次生林。乔木以白桦、山杨为优势种，伴生有紫椴、蒙古栎或少数云杉、冷杉。灌木层主要是榛子，在干燥阳坡常混生胡枝子（*Lespedeza bicolor*）和瘤枝卫矛（*Euonymus verrucosus*）。在阳坡沿河湿地边常生有卵叶桦、柳叶绣线菊。草本植物有小叶章、苔草、地榆、箭头唐松草、轮叶婆婆纳、毛百合、莓叶委陵菜。在沼泽地边缘，常有喜湿植物小白花地榆。

该栖息生境中分布的动物种类比较稀少，主要有原麝（*Moschus moschiferus*）、狍、马鹿、大斑啄木鸟（*Picoides major*）及一些雀形目鸟类等。

3.1.3 蒙古栎林

蒙古栎林多为原始林破坏后衍生的次生森林植被。在本区分布于山脊或向阳坡地，为森林过度砍伐后形成的次生林。乔木层以蒙古栎为单优势种，树高一般为5～10m，盖度为60%～70%。混有白桦、枫桦、黑桦，灌木层以胡枝子或榛子为优势种，混生有刺玫蔷薇、瘤枝卫矛。在土层瘠薄地段生有兴安杜鹃。草本植物以耐旱植物为主，如万年蒿、东北牡蒿、土三七、岩败酱、石竹、白薇、宽叶山芹、莓叶委陵菜、乌苏里苔草等。有时有藤本植物山葡萄、辣叶铁线莲等。

此类生境中栖息的物种有：黑头蜡嘴雀（*Eophona personata*）、小鹀（*Emberiz pusilla*）、普

通朱雀（*Carpodacus erythrinus*）、红喉姬鹟（*Ficedula parva*）和灰背鸫（*Turdus hortulorum*）等物种。

3.1.4 兴安落叶松林

兴安落叶松林广泛分布在北半球，俄罗斯分布最多。在我国主要分布在大兴安岭，是东西伯利亚明亮针叶林向南分布的延续。混有阔叶树的兴安落叶松林是黑河北部的地带性植被，因该区处于小兴安岭北坡，气候较寒冷，适于兴安落叶松生长，形成纯林，乔木层以兴安落叶松为优势种，有的地段混有少量白桦或云杉，灌木植被有毛榛子、刺玫蔷薇、珍珠梅等。

由于该栖息地森林植物群落多处于不同阶段的演替阶段，种类组成复杂且变化大，故栖息的野生动物种类较多。常见种类有马鹿、狍、野猪、东北兔（*Lepus mandschuricus*）、啮齿类、鼬类、山斑鸠（*Streptopelia orientalis*）、大杜鹃（*Cuculus canorus*）、红尾伯劳（*Lanius cristatus*）、灰背鸫、锡嘴雀（*Coccothraustes coccothraustes*）、黄喉鹀（*Emberiza elegans*）、山雀类（*Parus* spp.）。

3.1.5 人工林

本区人工林以人工落叶松林及人工红松林为主。由于树种单一，树株排列整齐、林冠稠密、生长茂盛。加之多次抚育或抚育伐、卫生伐等经营措施，使其灌木层稀疏或未形成灌木层，草本层亦生长不良。

大部分鸟类和兽类都不喜欢栖息于人工林生境。有些种类只是暂时利用；有些种类几乎从未利用。常见的种类有东北兔、大林姬鼠（*Apodemus speciosus*）、红背䶄（*Clethrionomys rutilus*）、毛脚鵟（*Buteo lagopus*）、长尾林鸮（*Strix uralensis*）等。

3.2 灌丛

灌丛植被在黑河地区广泛分布，但规模不大，一般分为迹地灌丛和原生灌丛两类。

3.2.1 迹地灌丛

该类灌丛主要是由原生植被大面积砍伐2~8年后形。其坡向、坡度、坡位、海拔和土壤不一。迹地上丛生着一些先锋树种（如桦树、杨树、柳树、水曲柳等阔叶树）组成的树丛，此外，还有毛榛子、榛子、暴马丁香、兴安杜鹃、光萼溲疏、接骨木等灌丛。草本植物主要有苔草、小叶章和蒿类。

此类生境中栖息的动物种类有田鹀（*Emberiza rustica*）和北朱雀（*Carpodacus roseus*）等。

3.2.2 原生灌丛

该类灌丛主要指分布于海拔较低的谷地或河溪沿岸自然生长的灌丛。此类灌丛类型较多，包括榛子灌丛、柳灌丛、胡枝子灌丛等。

灌丛生境特别是迹地灌丛生境生长着茂盛的嫩叶、嫩枝，并盛产许多浆果，为鸟类和兽类提供了大量的食物资源，故分布着种类较多的植食性或杂食性的动物。如狍、马鹿、野猪、棕熊、东北兔、啮齿类、黄胸鹀（*Emberiza aureola*）、普通朱雀、白腰朱顶雀（*Carduelis flammea*）、三道眉草鹀（*Emberiza cioides*）、褐柳莺（*Phylloscopus fuscatus*）、树鹨（*Anthus hodgsoni*）等。

3.3 草甸

草甸在本区属非地带性植被，该类栖息地一般分布于全林区的低海拔地带，即沿河、溪流两岸或山谷平坦低湿地段，呈带状或小片状镶嵌在沼泽或森林间。生境湿润，常年积水或偶有季节性积水。其植被组成以中生植物或湿中生植物为主，并混有湿生植物。优势种为小叶章和修氏苔草，其他草本种类有小白花地榆、金莲花、毛百合、黄连花、兴安藜芦、东北婆婆纳、草地乌头、龙胆、山柳菊、唐松草、兴安毛茛、走马芹等，并散生少量的柳叶绣线菊、珍珠梅、沼柳、粉枝柳、越橘柳等灌木。

该类栖息地分布的主要野生动物种类有：赤狐（Vulpes vulpes）、貉（Nyctereutes procyonoides）、灰头鹀、黄胸鹀、黄喉鹀、凤头麦鸡（Vanellus vanellus）、黑眉苇莺（Acrocephalus bistrigiceps）、灰鹡鸰（Motacilla cinerea）、黑龙江林蛙、虎斑颈槽蛇（Rhabdophis tigrinus）等。

3.4 沼泽

该类植被的突出特点是地表水分充足，分布在河岸及泡沼周围。可以分为森林沼泽、灌丛沼泽、草本沼泽、藓类沼泽和挺水型植被群落，现分别介绍如下。

3.4.1 森林沼泽

森林沼泽指有明显主干的乔木沼泽湿地。这类湿地有两种类型，即兴安落叶松沼泽和辽东桤木沼泽。以兴安落叶松为建群种，与沼生草本植物、喜湿的灌木及喜湿耐酸的藓类植物共同构成植被，分布在山缓坡。木本植物有白桦、笃斯越橘、兴安杜鹃。草本优势植物为修氏苔草、泥炭藓类等。主要类型有：落叶松-笃斯越橘-藓类群落、兴安落叶松-卵叶桦-修氏苔草群落、修氏苔草-辽东桤木群落。

此类生境栖息的物种比较多样，包括：白头鹤（Grus monacha）、普通夜鹰（Caprimulgus indicus）、白喉针尾雨燕（Hirundapus caudacutus）和大斑啄木鸟等。

3.4.2 灌丛沼泽

此类植被以喜湿灌木和苔草为优势种，藓类发育良好，以大气降水为补水来源，属中营养沼泽。根据优势灌木的不同，分布位置略有差异，灌丛沼泽以柴桦和沼柳为优势种者占主导地位，面积较大，而以卵叶桦、柳叶绣线菊为优势种者处于次要位置，面积较小，主要类型如下：卵叶桦-修氏苔草群落、细叶沼柳-修氏苔草群落。

此类生境中栖息的物种有东方白鹳（Ciconia boyciana）、黑鹳（Ciconia nigra）、铁爪鹀（Calcarius lapponicus）、金翅雀（Carduelis sinica）和极北柳莺（Phylloscopus borealis）。

3.4.3 草本沼泽

草本沼泽指以草本植物为主要植被，盖度大于 20% 的沼泽湿地。草本沼泽是黑河市湿地的主要类型，主要建群植物有修氏苔草、乌拉草、灰脉苔草、小叶章、羊胡子苔草等。有时有少量伴生灌木树种。此类沼泽以修氏苔草沼泽、修氏苔草-小叶章沼泽最为常见。

此类生境中栖息的野生动物包括丹顶鹤（Grus japonensis）、白枕鹤（Grus vipio）、黑眉苇莺、铁爪鹀、黄胸鹀等。

3.4.4 藓类沼泽

藓类沼泽指以藓类植物为主，盖度 100% 的泥炭沼泽。以喜酸耐酸的藓类植物为优势植物，藓类植物在地表形成很厚的地表层，水源补给以大气降水为唯一来源，因而营养元素贫乏，又称为"贫营养沼泽"。本区的藓类沼泽主要是泥炭藓沼泽。主要类型有细叶杜香 - 中位泥炭藓沼泽、卵叶桦 - 尖叶泥炭藓沼泽等。

此种生境中生存的物种有：东北刺猬（$Erinaceus\ amurensis$）、赤狐、黄鼬、水獭（$Lutra\ lutra$）、麝鼠（$Ondatra\ zibethica$）、巢鼠（$Micromys\ minutus$）、大林姬鼠、欧亚旋木雀（$Certhia\ familiaris$）、沼泽山雀（$Parus\ palustris$）、暗绿柳莺（$Phylloscopus\ trochiloides$）和黑眉苇莺等。

3.4.5 挺水型植被群落

该类群落中组成植物以香蒲科、黑三棱科和禾本科中的大型种类为主。此外还有泽泻科的一些种类，群落中挺水植物发育良好，又可分为两个亚层：第一亚层为高大型种类，如香蒲、黑三棱等；第二亚层为矮小型种类，如线叶黑三棱。这两个亚层植物为水平替代分布，高大型种类分布在外围，矮小型种类分布在内缘。群落的季相变化明显，黑三棱的矮小型种类一般在 8 月底即达生理成熟，这样可以避免早霜的冻害。

此类生境中栖息的物种有东方大苇莺（$Acrocephalus\ orientalis$）、花尾榛鸡、普通刺猬、狼（$Canis\ lupus$）、赤狐、黄鼬、东方田鼠（$Microtus\ fortis$）、麝鼠、巢鼠、大林姬鼠等。

3.5 水域

黑河市有黑龙江、嫩江两大水系，大小河流 600 多条，加上星罗棋布的大小泡沼及库塘，形成了规模较大的永久性水面和季节性水体，这些水体不仅养育了种类丰富的鱼类，还为两栖类、水鸟、水生哺乳动物提供了必要的生存空间。

黑河市水域除有鱼类外，还有两栖类、哺乳动物及鸟类等。如麝鼠、水貂（$Mustela\ vison$），水鸟有凤头麦鸡、白腰草鹬（$Tringa\ ochropus$）、林鹬（$Tringa\ glareola$）、针尾沙锥（$Gallinago\ stenura$）、扇尾沙锥（$Gallinago\ gallinago$）、白骨顶（$Fulica\ atra$）、苍鹭（$Ardea\ cinerea$）、普通鸬鹚（$Phalacrocorax\ carbo$）、凤头䴙䴘（$Podiceps\ cristatus$）、绿头鸭（$Anas\ platyrhynchos$）、绿翅鸭（$Anas\ crecca$）、针尾鸭（$Anas\ acuta$）、罗纹鸭（$Anas\ falcata$）、白眉鸭（$Anas\ querquedula$）、琵嘴鸭（$Anas\ clypeata$）、斑嘴鸭（$Anas\ poecilorhyncha$）、鸳鸯（$Aix\ galericulata$）、鹊鸭（$Bucephala\ clangula$）、黑鸢（$Milvus\ migrans$）等。

3.6 农田

农田的特点是景观开阔，种类组成单一，季节变化大。值得注意的是，近几十年来，由于经济和社会的高速发展，人口的不断增加，越来越多的草甸、林地被开垦成大片农田，农田的周围镶嵌着小片杂草丛生的草甸，形成了农田加杂草甸的特殊景观。

由于人类活动频繁，隐蔽条件差，大型林栖动物一般不常到农田活动。常见的哺乳类多为啮齿类，如大仓鼠（$Cricetulus\ triton$）、黑线仓鼠（$Cricetulus\ barabensis$）、褐家鼠（$Rattus\ norvegicus$）、小家鼠（*Mus musculus*）等。亦可发现狐、黄鼬及野猪等游荡于此。鸟类中有红隼（*Falco tinnunculus*）、阿穆尔隼（*Falco amurensis*）、雀鹰（*Accipiter nisus*）、环颈雉（*Phasianus colchicus*）、黑琴鸡（*Lyrurus tetrix*）、日本鹌鹑（*Coturnix japonica*）、山斑鸠、树麻雀、家燕（*Hirundo rustica*）、金腰燕（*Hirundo daurica*）、白鹡鸰（*Motacilla alba*）、灰鹡鸰、灰椋鸟（*Sturnus cineraceus*）、小嘴乌鸦（*Corvus corone*）、大嘴乌鸦（*Corvus macrorhynchos*）等。两栖类主要有中华蟾蜍（*Bufo gargarizans*）、花背蟾蜍（*Bufo raddei*）、黑斑侧褶蛙（*Pelophylax nigromaculata*）等。

第 4 章
珍稀濒危野生动物

鱼类

4.1 雷氏七鳃鳗　*Lampetra reissneri* (Dybowski)

地方名　七星子、七星鱼
英文名　Asiatic brook lamprey；Reissner lamprey
俄文名　Дальневосточная ручьевая минога
分类地位　圆口纲、七鳃鳗目、七鳃鳗科、七鳃鳗属

识别特征　体型小（全长140～210mm）。体长圆柱形，尾部略侧扁，无鳞。眼透明，不为厚皮膜所覆盖。鼻孔1个，位于眼前背方中央，边缘隆起呈环状，其后方有一长椭圆形淡色顶眼区，有感光作用。无上下颌。头前端腹面有漏斗状的吸盘，张开时为椭圆形。吸盘周围有许多乳突。吸盘内上唇齿少，排列不规则，上唇齿板两端有尖齿，下唇齿板通常有7齿，内侧齿每侧3或4个，其顶端有2或3齿尖；前舌齿5～19枚，中间或两端齿大，呈"山"字形。沿眼后的两侧各有7个鳃孔。背鳍2个，呈两个山峰状紧密相连，前背鳍较低，起点约位于体中央，前背鳍距吻端为体长的1/2，第2背鳍高且长，其后端以低皮褶与尾鳍连接，呈幔圆形，并与尾鳍、臀鳍相连，尾鳍呈箭状，无胸鳍和腹鳍。体暗褐色，腹部较浅。

生态习性　雷氏七鳃鳗为小型陆封性种类，纯淡水型，终生生活在山间溪流中，白天钻入沙砾内或藏于石块下，一般常在夜间觅食。仔鳗通常生活在沙质底的河湾处或水流缓慢的地方，埋在泥沙中，幼体期为3年，第4年秋季变态。体长160mm达性成熟，产卵期在5月至6月初。产卵时常聚集成群，选好粗砂砾石的河床及水质清澈的环境后，先用口吸盘移去砾石造成浅窝，雌鳗

雷氏七鳃鳗　*Lampetra reissneri* (Dybowski)

摄影：赵文阁

吸住窝底的石块，雄体又吸在雌鳗的头背上，两者互相卷绕，肛门彼此靠拢，急速摆动身体，排出精子和卵子，在水中受精，产卵后亲鱼大部分死亡。

分布　嫩江、逊克、孙吴、爱辉、北安。

濒危状况及致危原因　雷氏七鳃鳗分布区域比较狭窄，主要分布于寒温带地区河流的上游或支流的溪流水域，属溪流性鱼类；由于栖息水温和繁殖水温较低，又属于冷水性鱼类。因此生态因子限制较多，致使其群体数量不多，其资源量也稀少，从而更加珍稀；目前其资源处于濒危状态。

　　近年来全球气候变暖，降水量减少，使山区河流地表径流量减少，有很多河流的上游和支流特别是溪流干枯或变浅；加上森林覆盖率下降，植被遭受破坏，水土流失严重，河流水质恶化，水中悬浮物骤增，使雷氏七鳃鳗赖以生存的生态环境遭到破坏；由于人口的迅速增加和活动范围的扩大，因此捕捞强度过大，非法渔具、渔法捕捞也是其种群数量骤减的原因之一。

保护及利用　雷氏七鳃鳗在脊椎动物进化过程中占有特殊地位，具有极高的学术价值。已被列入《中国濒危动物红皮书·鱼类》，应该加大保护和研究力度。

主要参考文献

董崇志. 2001. 中国淡水冷水性鱼类. 哈尔滨：黑龙江科学技术出版社.

孟庆闻. 2001. 中国动物志·圆口纲·软骨鱼纲. 北京：科学出版社.

乐佩琦. 1998. 中国濒危动物红皮书·鱼类. 北京：科学出版社.

张觉民. 1995. 黑龙江省鱼类志. 哈尔滨：黑龙江科学技术出版社.

（执笔人：赵文阁）

4.2　日本七鳃鳗　*Lampetra japonica* (Martens)

地方名　七星鱼、七星子

英文名　Arctic lamprey

俄文名　Японская минога

分类地位　圆口纲、七鳃鳗目、七鳃鳗科、七鳃鳗属

识别特征　体型大（全长400～600mm）。体圆筒形，细长，后半部稍侧扁，体表裸露无鳞。眼为半透明厚皮膜所覆盖，呈淡白色。鼻孔1个，位于眼前背方中央，边缘隆起呈环状，其后方有一长椭圆形淡色顶眼区，有感光作用。无上下颌。吻部腹面为漏斗状吸盘，吸盘内有许多角质齿。口位于吸盘的中央，口上下各有唇板，上唇板齿2枚，位于两端，下唇板齿大多数为6枚，两端的齿尖分成两叉，中间4枚大小一致。两背鳍不相连，第1背鳍起点位于全长的中点，背鳍较矮，第2背鳍较第1背鳍长而高，呈三角形，尾鳍为原尾型，呈箭头状，尾鳍上叶与第2背鳍相连，臀鳍小，退化成皮褶。无胸鳍和腹鳍。体青绿色或灰褐色，腹部色浅。

生态习性　日本七鳃鳗为典型的洄游性鱼类，部分时期在海中生活。秋季由海洋进入江河，在江河下游越冬，翌年5～6月，当水温达15℃左右时溯至上游繁殖。选择水浅、流速快、砂砾底的水域挖坑、筑巢、产卵，雄鱼以吸盘吸附雌鱼头部，同时排卵、受精。卵极小，每次产卵8万～10万粒，卵粘在巢中砂砾上。产卵后亲鱼全部死亡。卵孵化后不久即成为仔鳗。仔鳗在泥沙中营独立生活，白天埋藏在泥沙下边，夜晚出来摄食。此阶段的仔鱼与成鱼很不相像，口吸盘不发达，呈三角形，称为沙隐幼鱼，营自由生活。七鳃鳗的寿命约为7年，幼鱼在江河里生活4年后，第5年变态下海，在海水中生活2年后又溯江进行生殖洄游。

　　七鳃鳗为肉食性鱼类。既营独立生活，又营寄生生活，经常用吸盘吸附在其他鱼体上，用吸盘内和舌上的角质齿锉破鱼体，吸食其血与肉，有时被吸食的鱼最后只剩骨架。营独立生活时，则以浮游动物为食。仔鳗期以腐殖碎片和丝状藻

日本七鳃鳗 *Lampetra japonica* (Martens)

摄影：赵文阁

类为食。生殖时期的成鱼停止摄食。

分布　逊克、孙吴、爱辉。

濒危状况及致危原因　日本七鳃鳗的资源量相当少，处于易危状态。致危原因主要是受水土流失的影响，产卵场和幼鱼的生活环境遭到破坏，加上水质污染影响了其生存环境。

保护及利用　日本七鳃鳗在脊椎动物进化过程中占有特殊地位，具有极高的学术价值。同时又有食用和药用价值。已被列入《中国濒危动物红皮书·鱼类》，应该加大保护和研究力度。

主要参考文献

孟庆闻. 2001. 中国动物志·圆口纲·软骨鱼纲. 北京：科学出版社.

任慕莲. 1981. 黑龙江鱼类. 哈尔滨：黑龙江人民出版社.

乐佩琦. 1998. 中国濒危动物红皮书·鱼类. 北京：科学出版社.

张觉民. 1995. 黑龙江省鱼类志. 哈尔滨：黑龙江科学技术出版社.

（执笔人：赵文阁）

4.3 史氏鲟 *Acipenser schrenckii* (Brandt)

地方名 七粒浮子、鲟鱼
英文名 Amur sturgeon
俄文名 Амурский осетр
分类地位 鱼纲、鲟形目、鲟科、鲟属
识别特征 体长棱形，头尾部尖细。头部呈三角形，顶部较平。吻长，呈锥形。口小，下位，横裂，口唇具花瓣状皱褶，左右鳃膜在峡部固着而不能相连。眼小，位于头的中侧部。吻腹面口前方有横列的须2对，等长，须基部前方若干疣状突，多数为7粒，故称七粒浮子。体表裸露无鳞，被有5行菱形骨板，每个骨板上均有锐利的棘。背部骨板13枚，左右侧骨板37枚，腹侧骨板11枚。背鳍与臀鳍后位。尾鳍为歪尾型，上叶长于下叶。头部及背侧灰褐色或黑褐色，腹面白色。

生态习性 史氏鲟是一种典型的江河鱼类，不作远距离洄游。属于中下层鱼类，几乎所有时间都在活动。日常所见的多为单独个体，很少集群。平时多栖息于大江的江心、江套及旋流里，更喜水色透明、底质为石块、砂砾的水域。平时行动迟缓，喜贴江底游动，很少进入浅水区和湖泊；而当江中春季涨水及风浪大时游动甚为活跃。冬季在大江深处越冬，解冻时游往产卵场所。性成熟个体一般长1m以上，重6kg，年龄在9龄以上；雌鱼稍晚。产卵期常为5月底至7月中旬，在江河干流的小石砾底质环境中产卵，水温为17℃，怀卵量为51万～280万粒，卵具黏性。鲟的食性依鱼的年龄而异。幼小个体主要以底栖无脊椎动物及水生昆虫幼虫为索食对象，成鱼除索

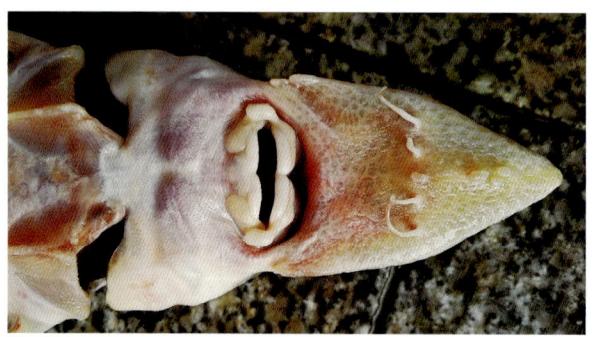

史氏鲟 *Acipenser schrenckii* (Brandt)

摄影：赵文阁

食底栖动物外，还食小型鱼类，甚至捕食蛙。性成熟的个体在产卵期索食强度很低，甚至停食。

分布 逊克、孙吴、爱辉。

濒危状况及致危原因 该鱼属长寿型、性成熟年龄较晚的大型经济鱼类，雌鱼最小性成熟年龄为15龄。捕捞过度、产卵场遭到破坏加上幼鱼的成活率较低导致种群难以恢复，目前临近濒危。

保护及利用 史氏鲟经济价值最高的是用其卵加工成的鲟鱼子酱，鲟鱼子酱是驰名中外的高档食品。鲟鱼吻及鱼胃、鱼肠、鱼筋均是上等佳肴。其皮、鳔及脊索可制胶。此外，史氏鲟因形态奇特，故具有很高的观赏价值。已被列入《中国濒危动物红皮书·鱼类》，目前已开展人工养殖及人工放流。

主要参考文献

任慕莲. 1981. 黑龙江鱼类. 哈尔滨：黑龙江人民出版社.

乐佩琦. 1998. 中国濒危动物红皮书·鱼类. 北京：科学出版社.

张觉民. 1995. 黑龙江省鱼类志. 哈尔滨：黑龙江科学技术出版社.

张世义. 2001. 中国动物志·硬骨鱼纲·鲟形目·海鲢目·鲱形目·鼠鱚目. 北京：科学出版社.

（执笔人：赵文阁）

4.4　鳇　　*Huso dauricus* (Georgi)

地方名 鳇鱼

英文名 Kaluga；Siberian huso sturgeon

俄文名 Калуга

分类地位 鱼纲、鲟形目、鲟科、鳇属

识别特征 个体大，体长约2m，最大的可长达5m以上。体粗长，头尾尖细。体表光滑无鳞，被有5行骨板。吻尖，突出，呈三角形。口大，下位，呈弯月形，左右鳃膜在峡部愈合成游离褶皱。上下颌可前伸，口向前张开很大。口前方有2对触须，内侧一对较向前。眼小，距吻端近。背鳍位于体后部接近尾鳍。尾鳍为歪尾型，上叶尖长，下叶钝缓。体背为青绿色或褐黄色，两侧黄色，腹面呈灰白色，背骨板为黄色，侧骨板为黄褐色。

生态习性 鳇为生活于江河中下层的鱼类。常年栖居于淡水，不作长距离洄游。喜生活在大江夹信子、江岔等水流较缓慢或者是急流漩涡处的砾粒质和砾质水底。不喜群集，常分散活动。风大和涨水时游动异常活跃，常有翻滚跃动的现象，退水时活性较差。冬季在大江深处越冬，初春开始向产卵场洄游。性成熟需16年以上，体长1.6～2m时，才能达到性成熟并开始繁殖。产卵期为5～7月，水温为15～17℃，产卵在水流平稳、水深2～3m的砂质江段处，卵黏着在砂砾上。其怀卵量依鱼体大小而不同，一般为40万～300万粒，卵巢重多为17～38kg，大型个体的卵巢重达75kg。成熟卵呈灰黑色，每粒似豌豆大小。鳇的幼鱼以底栖无脊椎动物及水生昆虫幼体为食；1龄后转食鱼类。鳇的食量相当大，它的肥育期正值大麻哈鱼溯河而上，常窜入鱼群中捕食大麻哈鱼。生殖期间停止取食。

分布 逊克、孙吴、爱辉。

濒危状况及致危原因 该鱼属长寿型、性成熟年龄较晚的大型经济鱼类，雌鱼最小性成熟年龄在16龄以上。捕捞过度、产卵场遭到破坏加上幼鱼的成活率较低，尤其是对其幼鱼的滥捕乱捞致使种群难以恢复，属濒危物种。

保护及利用 鳇是黑龙江特有鱼类，不仅具有极高的经济价值，还有重要的学术研究价值。已被列入《中国濒危动物红皮书·鱼类》，目前已开展人工养殖及人工放流。

主要参考文献

任慕莲. 1981. 黑龙江鱼类. 哈尔滨：黑龙江人民出版社.

乐佩琦. 1998. 中国濒危动物红皮书·鱼类. 北京：科学

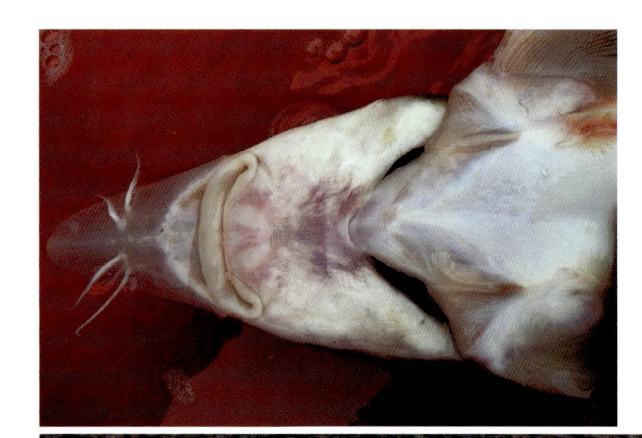

出版社.

张觉民. 1995. 黑龙江省鱼类志. 哈尔滨：黑龙江科学技术出版社.

张世义. 2001. 中国动物志·硬骨鱼纲·鲟形目·海鲢目·鲱形目·鼠鱚目. 北京：科学出版社.

（执笔人：赵文阁）

鳇 *Huso dauricus* (Georgi)　　　　　　　　　　摄影：赵文阁

4.5 大麻哈鱼 *Oncorhynchus keta* (Walbaum)

地方名 大马哈、秋鲑

英文名 Chum Salmon；Big pacific-salmon

俄文名 Кета

分类地位 鱼纲、鲑形目、鲑科、大麻哈鱼属

识别特征 一般体长600mm。体形长而侧扁，头后背部逐渐隆起，至背鳍基部向尾部微弯。头侧扁。眼小，距吻端较距鳃孔为近。吻端突出，生殖期雄性吻端突出显著，上下吻端相向弯曲如钳形，两颌不能吻合。鳞细小，呈覆瓦状排列。侧线完全，近平直。背鳍起点位于吻端与尾鳍的中央，较腹鳍位置稍前。脂鳍小，位于背后部，末端游离向后呈屈指状。臀鳍位于脂鳍前下方。尾鳍深叉形。繁殖期鱼体两侧出现10~12条橘红色斑条，雌鱼体色较浓艳，雄体斑块较大。繁殖期吻端、颌部、鳃盖和腹部为青黑色或暗苍色，臀鳍和腹鳍为灰白色。

生态习性 大麻哈鱼为溯河洄游性鱼类，成长于北太平洋中，进入我国水域的都是性成熟回归产卵的亲体。大麻哈鱼在黑龙江秋季溯河产卵，产卵期为10下旬至11月中旬。产卵前雄鱼用尾鳍拍打砂砾，借水流的冲击，形成一个直径为100cm左右、深约30cm的圆坑，称为"卧子"；雌鱼产卵于"卧子"内，同时雄鱼射出精液。雌鱼便以尾鳍反复拨动砂砾，将卵埋好。产卵后7~14天亲鱼相继死亡。受精卵在冰下低温水域孵化，翌年2~3月孵出，至5月脐囊吸收尽，体长50mm左右的幼鱼顺流而下，开始降海洄游，先在黑龙江口咸水区逗留一段时间，然后游向远海栖息生活。经3~5年达性成熟时溯河，回归原繁殖河流产卵。大麻哈鱼为冷水鱼类，生活水温4~20℃，适宜水温6~10℃。喜在水质澄清、砂砾或石砾基底、流速较大的河道或支流中。大麻哈鱼为凶猛掠食性鱼类，以小型鱼类为食。幼鱼阶段主要摄食无脊椎动物幼虫。成体在繁殖溯河期不摄食。

分布 逊克、孙吴、爱辉。

濒危状况及致危原因 大麻哈鱼捕捞群体呈现小型化、低龄化趋势，其资源处于严重衰退状态。原因是长期捕捞过度，造成产卵洄游群体数量极少。生存环境恶化程度严重，产卵生境退化（森林砍伐、植被破坏、河口淤塞、冬季河流干涸），不利于受精卵孵化和幼鱼成活。

保护及利用 大麻哈鱼是名贵的大型经济鱼类。体大肥壮，肉味鲜美，可鲜食，也可胶制、熏制，加工成罐头，都有特殊风味。盐渍鱼卵即是有名的"红色籽"，营养价值很高，在国际市场上享有盛誉。大麻哈鱼的肉、肝、精巢和头，均有药用价值。已被列入《中国珍稀名贵水生野生动物》名录。已经设立了大麻哈鱼禁渔期和禁渔区并建立了多处放流站。

主要参考文献

任慕莲. 1981. 黑龙江鱼类. 哈尔滨：黑龙江人民出版社.

乐佩琦. 1998. 中国濒危动物红皮书·鱼类. 北京：科学出版社.

张觉民. 1995. 黑龙江省鱼类志. 哈尔滨：黑龙江科学技术出版社.

（执笔人：赵文阁）

大麻哈鱼 *Oncorhynchus keta* (Walbaum)

摄影：赵文阁

4.6 哲罗鱼 *Hucho taimen* (Pallas)

地方名 者罗鱼、折罗鱼
英文名 Taimen
俄文名 Таймень
分类地位 鱼纲、鲑形目、鲑科、哲罗鱼属

识别特征 一般体长500～1000mm，最大可达1500mm以上。体形长而稍侧扁，背部略平直，头部扁平。口端位，吻尖，口裂大。上颌骨游离，其末端超过眼后缘。上颌、下颌、犁骨、腭骨及舌上均有向内倾斜的细齿。鳞细小，侧线完全。侧线鳞193～242。有脂鳍，背鳍位于背部中央略前，正尾型，尾鳍浅叉。鳃盖膜不连接峡部。体背部苍青色，体侧下部及腹部银白色，头部及体侧散有暗色小"十"字形斑点。繁殖期雌雄体均出现婚姻色，雄性尤为明显。其腹部、腹鳍和尾鳍下叶皆呈橙红色。幽门盲囊150～250。

生态习性 哲罗鱼为冷水性的纯淡水凶猛食性鱼类。终年绝大部分时间栖息在低温（20℃以下）、水流湍急的溪流里。冬季因受水位的影响，在结冰前逐渐向大江或附近较深的水体里移动，寻找适于越冬的场所。春季开江后，即溯河向溪流作生殖洄游，8月以后向干流移动。黑龙江沿江一带渔民有"细鳞、哲罗，七上八下"的谚语，这是指细鳞鱼和哲罗鱼的洄游规律。性成熟需5龄，体长达400～500mm及以上。生殖期于5月中旬开始，水温在5～10℃，亲鱼集群于水流湍急、底质为砂砾的小河川里产卵，亲鱼的产卵方式与大麻哈鱼相同，但一生可多次繁殖。怀卵量1.0万～3.4万粒，平均2.2万粒。亲鱼有埋卵和护巢的习性。产卵后大量死亡，尤以雄鱼为更多。仔鱼喜潜伏在砂砾空隙之间，不常游动，以捕食无脊椎动物为主。哲罗鱼非常贪食，是淡水鱼中最凶猛的鱼种之一。觅食时间多在日出前和日落后，由深水游至浅水岸边捕食其他鱼类和水中活动的蛇、蛙、鼠类和水鸟等，其他时间多潜伏在溪流两岸有荫蔽的水底。一年四季均索食，夏季水温稍高时，食欲差些，甚至有停食现象；冬季不停止摄食，仅生殖期停止摄食。

分布 逊克、孙吴、爱辉、嫩江、北安。

濒危状况及致危原因 由于过度捕捞，致使群体呈现小型化、低龄化趋势，造成繁殖群体数量锐减，其资源处于严重衰退状态；环境污染破坏其生存环境，繁殖生境退化（森林砍伐、植被破坏、河口淤塞、冬季河流干涸），不利于受精卵孵化和幼鱼成活。

保护及利用 哲罗鱼是我国高寒地区山溪河流名贵特产鱼类之一。已被列入《中国濒危动物红皮书·鱼类》及《中国珍稀名贵水生野生动物》名录。黑河市已经建立的逊别拉河、公别拉河等自然保护区对于该物种的保护十分重要。有些地区已经开展了该物种的人工驯养和养殖。

主要参考文献

任慕莲. 1981. 黑龙江鱼类. 哈尔滨：黑龙江人民出版社.

乐佩琦. 1998. 中国濒危动物红皮书·鱼类. 北京：科学出版社.

张觉民. 1995. 黑龙江省鱼类志. 哈尔滨：黑龙江科学技术出版社.

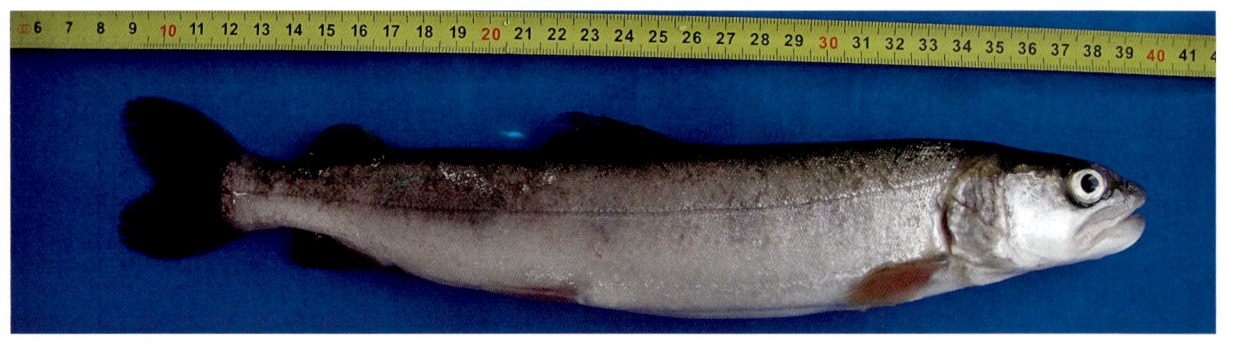

（执笔人：赵文阁）

哲罗鱼 *Hucho taimen* (Pallas)　　　　　　　　摄影：赵文阁

4.7 细鳞鱼　*Brachymystax lenok* (Pallas)

地方名　细鳞、山细鳞
英文名　Lenok
俄文名　Ленок
分类地位　鱼纲、鲑形目、鲑科、细鳞鱼属

识别特征　细鳞鱼体长而侧扁。吻钝，口裂小，上颌超过下颌，上颌骨后缘在眼中央垂直线以前。眼较大，接近于吻端。上颌、下颌、犁骨、腭骨及舌上均具细齿。鳞细小，侧线完全。胸鳍低，长度不达腹鳍基部起点，背鳍与腹鳍相对，腹鳍有较长的腋鳞，脂鳍较大，与下方臀鳍相对。正尾型，尾鳍分叉较深。体背部深褐色，体侧银白色或呈黄褐色及红褐色。背部及体侧散有黑色较大圆斑点，斑点多在背部及侧线以上，背鳍和脂鳍上也有少数斑点。幼鱼体侧散布垂直暗斑纹，生殖期体色变深暗，在体侧出现暗红色斑点。幽门盲囊90～110。

生态习性　一般栖息于山涧溪流，要求水质清澈，富含氧，常年水温不超过20℃。主要摄食无脊椎动物、小型鱼类等，也捕食蛙类及小型的啮齿类。一年四季活跃摄食，极贪食，其胃内食物可占本身体重的10%左右，更能捕食为自身身体长1/2大小的鱼类。每天食欲最旺的时间是早晨和傍晚，其他时间多潜伏在溪流两岸有荫蔽的水底。产卵后的食欲特别旺盛。一般在江河的深水区域越冬。雌性个体4～6龄成熟，雄性个体较早。一年产卵一次。初春解冻时即上溯产卵洄游。产卵场一般位于水深1～1.2m、底质为砂砾的的急流中。产卵期为春末夏初，水温8～12℃。绝对生殖力1629～7420粒。产卵时亲鱼筑产卵床，繁殖后大量死亡，尤其以雄鱼为多。卵沉性，浅黄色，卵径约4mm。在水温较低的条件下发育较慢，水温3.5℃胚胎发育需50天，5℃时需45天，11℃需20.5天，仔鱼孵出后12～15天才可以摄食。仔鱼喜欢潜伏在砂砾空隙之间，不常游动，通常以小鱼、水生昆虫、岸边生活的小动物及植物为食。

细鳞鱼 *Brachymystax lenok* (Pallas)

摄影：郭玉民、赵文阁

分布　逊克、孙吴、爱辉、嫩江、北安、五大连池。

濒危状况及致危原因　随着全球性气候变暖及森林植被遭受严重破坏，水资源锐减，境内许多溪流和山泉干涸，河流水量减少，细鳞鱼产卵场所受到不同程度的破坏，自然繁殖受到影响，种群数量明显减少。同时，过度捕捞致使其种群数量日趋减少，生殖亲体出现退化趋势，向小型化、低龄化方向发展。

保护及利用　细鳞鱼是我国高寒地区山溪河流名贵特产鱼类之一。已被列入《中国濒危动物红皮书·鱼类》及《中国珍稀名贵水生野生动物》名录。黑河市已经建立的逊别拉河、公别拉河等自然保护区对于该物种的保护十分重要。有些地区已经开展了该物种的人工驯养和养殖。

主要参考文献

任慕莲. 1981. 黑龙江鱼类. 哈尔滨：黑龙江人民出版社.

乐佩琦. 1998. 中国濒危动物红皮书·鱼类. 北京：科学出版社.

张觉民. 1995. 黑龙江省鱼类志. 哈尔滨：黑龙江科学技术出版社.

（执笔人：赵文阁）

4.8　乌苏里白鲑　*Coregonus ussuriensis* Berg

地方名　雅巴沙、兔子鱼、大眼白

英文名　Ussuri cisco

俄文名　Уссурийский Сига

分类地位　鱼纲、鲑形目、鲑科、白鲑属

识别特征　一般体长 355～500mm。体长、椭圆形，略侧扁，体高大于头长；头较小。吻短，约与眼径相等。口端位，口裂小；上颌骨宽大，后端游离，末端达眼球中部下方。眼较大，距吻端较近，虹膜银白色。舌上无齿。各鳍均小；尾鳍分叉较深；具有很小的脂鳍。体鳞较大，侧线平直，侧线鳞 86～92。尾柄短。体背部灰绿色，体侧和腹部银白色。背鳍、脂鳍和尾鳍稍带浅黄色，胸鳍、腹鳍和臀鳍灰黄色。幽门盲囊 127～188。

生态习性　乌苏里白鲑为北方冷水性鱼类。喜栖息于水质清澈、砂砾或砾底质、水温较低的平原区河流或山涧溪流中，或藏在大江深水处，为陆封型种类。常栖居于水温 1～20℃的水域，最适水温为 10℃左右，但水温降至 1℃时，仍能正常摄食。随生活水域环境温度变化，有明显的季节性迁徙：4～5月江河解冻，流水期结束后，集群在河道浅水区索饵；水温上升至 15℃以上时，开始游向水温较低的上游支流或山涧溪流；10月水温降至 10℃以下，游回原河道支流进行繁殖。冬季在河道深处越冬。乌苏里白鲑为肉食性鱼类，主要摄食小型鱼类、甲壳类、水生昆虫等。夏季几乎停食，春、秋

乌苏里白鲑 *Coregonus ussuriensis* Berg

摄影：赵文阁

季食欲较旺。生长速度较慢，5 龄鱼长约 315mm，第 6 年为 364mm，第 7 年为 407mm。性成熟需 5~7 年，体长 400mm 左右，体重 800g 左右。怀卵量 2.96 万~5.06 万粒，卵圆形，浅橘黄色，卵径 2mm，沉性。产卵期为 10 月下旬至 11 月初，产卵场选择在水质清澈、石砾底质、水流较急、水深约 1m 的支流中。第 2 年春天孵出仔鱼。

分布 逊克、孙吴、爱辉。

濒危状况及致危原因 由于其主要产区位于中俄两国的界河，而对界河的生产未加限制，长期过度捕捞直接影响了资源的正常补充，导致产卵群体数量减少。再则，栖息水域环境的污染和破坏也影响着该物种的正常生命活动。近年来，大个体高龄鱼已极为少见。

保护及利用 乌苏里白鲑是黑龙江省的主要经济鱼类，也是黑龙江省的特产鱼，产量以乌苏里江、松花江下游、黑龙江中游为多，但现在产量明显减少。肉质细嫩，味鲜美，脂肪含量高达 7%~16%，是当地群众喜食的鱼类，有较高的经济价值。已被列入《中国濒危动物红皮书·鱼类》及《中国珍稀名贵水生野生动物》名录。

主要参考文献

任慕莲. 1981. 黑龙江鱼类. 哈尔滨：黑龙江人民出版社.

乐佩琦. 1998. 中国濒危动物红皮书·鱼类. 北京：科学出版社.

张觉民. 1995. 黑龙江省鱼类志. 哈尔滨：黑龙江科学技术出版社.

（执笔人：赵文阁）

4.9 黑龙江茴鱼　　*Thymallus arcticus* Dybowski

地方名　板撑子、斑鳟子、金线
英文名　Amur grayling，Arctic grayling
俄文名　Сибирский хариус，Хариус
分类地位　鱼纲、鲑形目、茴鱼科、茴鱼属
识别特征　一般体长150~200mm，最大可达300mm。体长而侧扁。吻钝且短，口端位，口裂倾斜，上、下颌等长，具有绒毛状细齿，舌上无齿。眼较大，侧上位。背鳍基部延长，鳍条高且呈旗状。脂鳍小，起点与臀鳍基部相对，其他各鳍较小。尾鳍深叉。鳞小，侧线鳞80~98。背部和体侧为紫灰色，体侧具有许多黑褐色小斑点，幼鱼体侧除斑纹外，还有暗色横斑，随生长消失。生殖时成鱼体侧有许多大的红色斑点，背鳍有2~4条由赤褐色斑点形成的纹带。其他各鳍均沾红色。幽门盲囊11~30。

生态习性　黑龙江茴鱼系冷水性鱼类，为北冷温带典型的山涧溪流栖居的鱼类，游动范围较小，常年不进入大江和湖泊。夏季多生活在支流的上

黑龙江茴鱼 *Thymallus arcticus* Dybowski　　　　　　　　　　　　　摄影：赵文阁

游，喜在水草繁茂、昆虫众多、水色澄清、水流较急的河川中；冬季即在山溪深水处越冬，仍不停食。每年有短距离的两次洄游：一次发生在春季，为了生殖及索饵，它们逆水朝上游洄游；再一次发生在每年的农历八月十五之前，为了躲避干旱和冬季的冰冻，而洄游到溪流的下游。黑龙江茴鱼以无脊椎动物为主要食物，索食时间多在夜间，夏季喜在浅水处捕食水生昆虫和落入水中的陆生昆虫，有时也食小鱼。

黑龙江茴鱼的性成熟年龄为4龄，怀卵量0.25万～1.0万粒。繁殖季节在每年的4月中旬至5月初。此时，性成熟的亲鱼集群结队地游到清澈而湍急的水流中，在那里互相追逐，然后产下鱼卵，黏附在河底的砾石上面。到了每年的农历八月十五以后，茴鱼又会积聚在一起顺流而下，开始朝溪水较深的下游集结，准备在那里度过漫长的冬季。

分布　逊克、孙吴、爱辉、嫩江、北安、五大连池。

濒危状况及致危原因　长期过度捕捞，使用非法渔具和渔法直接影响了资源的正常补充，导致产卵群体数量减少。栖息水域环境的改变也影响了该物种的正常生命活动。

保护及利用　黑龙江茴鱼在我国是黑龙江省的特产鱼。肉质细嫩，味鲜美，脂肪含量高，是当地群众喜食的鱼类，有较高的经济价值。已被列入《中国濒危动物红皮书·鱼类》。黑河市已经建立的逊别拉河、公别拉河、刺尔滨河等自然保护区对于该物种的保护十分重要。

主要参考文献

任慕莲. 1981. 黑龙江鱼类. 哈尔滨：黑龙江人民出版社.

乐佩琦. 1998. 中国濒危动物红皮书·鱼类. 北京：科学出版社.

张觉民. 1995. 黑龙江省鱼类志. 哈尔滨：黑龙江科学技术出版社.

（执笔人：赵文阁）

4.10 梭鲈　*Lucioperca lucioperca* (Linnaeus)

地方名　山细鳞、铜罗

英文名　Pike-perch

俄文名　Судак

分类地位　鱼纲、鲈形目、鲈科、梭鲈属

识别特征　体长稍侧扁呈梭形。头小，吻尖。眼较大，侧上位，眼间隔宽平。口前位，稍斜，上颌骨后缘伸过眼后缘。上颌、下颌、犁骨与腭骨有绒毛状细齿，上颌、下颌及腭骨上有大犬牙。鳃部生有锐利的小刺。体被栉鳞，峡部有部分小鳞。侧线完全。背鳍2个，第1背鳍上缘呈圆形，第3～6鳍棘最长，第2背鳍的第1和第2鳍条最长。臀鳍起点位于第2背鳍中部下方。尾鳍为分叉的正尾型。胸鳍椭圆形。腹鳍在胸部稍后于胸鳍。体浅黄色，腹部呈淡黄色、黄白色或淡青色，身体的两侧有大致纵行的黑色不规则色素斑8～12条。

生态习性　梭鲈喜生活在水质清新和水体透明度、溶氧量高并具有微流水的环境中。要求水体pH在7.4～8.2。梭鲈为冷水性鱼类，其适温范围为0～20℃，最佳生长温度为12～18℃。

梭鲈属中下层鱼类，多在较深的水层平稳地活动，稍有惊扰即迅速潜入水底。此外，梭鲈还具有昼伏夜出的习惯，一般傍晚后出来觅食。梭鲈为肉食性的凶猛鱼类，在自然水域中多以小杂鱼、虾为食，其摄食的种类与其生活的环境和饵料鱼的体形及规格有关。性成熟年龄雌性为3～5龄，雄性为2～4龄。繁殖水温下限为7℃，上限为20℃，最适水温为12～18℃。繁殖季节雄鱼选择适宜的生态环境，用鳍和身体将植物根须、沙砾等筑成相当于体长2倍的产卵巢，然后将成熟的雌鱼赶进鱼巢进行繁殖。受精卵呈淡黄色、具黏性，卵径1.1～1.6mm。雄鱼用鳍扇动水流增加溶氧和清除泥沙，并驱赶靠近鱼巢的杂鱼，直至守护到孵出鱼苗。

梭鲈 *Lucioperca lucioperca* (Linnaeus)

摄影：赵文阁

分布 逊克。

濒危状况及致危原因 黑龙江中下游偶有捕获，数量稀少。由于过度捕捞致使群体呈现小型化、低龄化趋势，造成繁殖群体数量锐减，其资源处于严重衰退状态。环境污染破坏其生存环境，繁殖生境退化（森林砍伐、植被破坏、河口淤塞、冬季河流干涸），不利于受精卵孵化和幼鱼成活。

保护及利用 梭鲈肉质细嫩，味鲜美，脂肪含量低，肌间刺少，是当地群众喜食的鱼类，有较高的经济价值。目前在有些地区已经开展了人工养殖。

主要参考文献

解玉浩. 2007. 东北地区淡水鱼类. 沈阳：辽宁科学技术出版社.

乐佩琦. 1998. 中国濒危动物红皮书·鱼类. 北京：科学出版社.

张觉民. 1995. 黑龙江省鱼类志. 哈尔滨：黑龙江科学技术出版社.

郑亘林，闫有利，罗德珍. 1997. 梭鲈生物学及引种养殖初报. 水产科学，16(4)：29-30.

（执笔人：赵文阁）

两栖类

4.11 极北鲵 *Salamandrella keyserlingii* Dybowski

地方名 水马蛇子、小娃娃鱼、小鲵

英文名 Siberian Salamander

俄文名 Сибирский углозуб

分类地位 两栖纲、有尾目、小鲵科、极北鲵属

识别特征 全长雄性平均 100~120mm。头部扁平，近椭圆形，额骨与顶骨中缝处有一纵长囟门，吻端圆而高，吻棱不显，无唇褶。眼大，侧位，略偏于头上方，眼间距稍小于鼻间距；上下颌均具细齿；犁骨齿列位于两内鼻孔之间并略向后延伸呈浅"⌒⌒"形。舌较大，几乎占满口腔底部，两侧游离；颈短，有明显的颈褶。躯干近圆柱形，体侧腋胯间有明显的肋沟 13~14 条。尾基宽厚，略呈柱状，尾背鳍褶不发达，向后逐渐侧扁，雄性尤为明显。头体长大于尾长。四肢较细弱，前后肢贴体相向时指趾不相遇；后肢略较前肢粗壮，前肢指 4，指长顺序是 2、3、1、4；后肢趾 4，趾长顺序是 3、2、4、1。指、趾扁平，末端钝圆，无蹼。体呈棕褐色或深褐色，从头后至尾有 1 条浅褐色或黄棕色纵条纹在阳光下闪金属光泽，腹部污白色。

生态习性 多生活在海拔 40~800m 的丘陵山地及沼泽湿地中，主要栖居在水域附近或潮湿地方的草丛中、落叶下、土穴中、倒木下。9 月底至 10 月上旬为入蛰期，翌年 4 月中旬至 5 月初为出蛰期。产卵场常为林间空地或路边光照条件较好的静水沟塘或临时性水坑中，水深 30~100cm。产卵前，雌雄有相互追逐和互相抱握等求偶行为。产卵多在夜间进行，卵呈球形，动物极黑褐色，植物极灰色，卵径 1.5~2.2mm，每个卵均被卵胶膜包着，不规则排列于卵袋中。经过 15~20 天孵化成幼体。刚孵出的幼体呈暗黑色，半透明，80~100 天后完成变态。

上陆的幼体和非繁殖期成体营陆地生活，多昼伏夜出，以雨天出外活动较多。极北鲵的运动能力较弱。在水中时，主要依靠身体的扭曲和尾部的摆动进行游泳。在陆地上，靠四肢运动，以身体蜿蜒运动为主。主要以昆虫及其幼虫、软体动物等为食，而幼体多以水蚤和水丝蚓为食。9 月以前是活动旺季，以后则活动缓慢，开始寻找越冬场所，常 2~5 只聚集成小群，穴居于 20~30cm 深的土中冬眠。

分布 逊克、孙吴、爱辉、嫩江、北安、五大连池。

濒危状况及致危原因 种群数量已很少，属易危状态。原因主要是森林的急剧减少致使其栖息地，尤其是繁殖场大大减少，农药污染也是极北鲵种群下降的重要原因之一。

保护及利用 因其食物中有害动物占主要成分，所以这对农、林业及维护当地生态平衡，防止有害昆虫大暴发有重要意义。成体全体可以入药，有祛风通络的功效。除此之外还有少部分作为科研需要。已被列入《中国濒危动物红皮书·两栖类和爬行类》和《国家保护的有益的或者有重要

经济、科学研究价值的陆生野生动物名录》。

主要参考文献

费梁. 2006. 中国动物志·两栖纲（上卷）. 北京：科学出版社.

张克勤. 1993. 极北鲵繁殖习性的研究. 动物学杂志, 28 (5): 9-12.

赵尔宓. 1998. 中国濒危动物红皮书·两栖类和爬行类. 北京：科学出版社.

赵文阁. 2008. 黑龙江省两栖爬行动物志. 北京：科学出版社.

（执笔人：赵文阁）

极北鲵 *Salamandrella keyserlingii* Dybowski

摄影：赵文阁

4.12 东北林蛙 *Rana dybowskii* Günther

地方名 蛤士蟆、林蛙、雪蛤
英文名 Northeast Chinese Brown frog
俄文名 Дальневосточная лягушка
分类地位 两栖纲、无尾目、蛙科、林蛙属
识别特征 体长42～86mm，雄蛙较小。头扁平，头宽略大于头长；吻端钝圆而略突出于下颌；吻棱明显；鼻孔约在吻和眼之间；鼓膜明显，其直径约为眼径的一半；舌后端具深缺刻。前肢短，指端钝圆；后肢较长，贴体前伸时胫跗关节可抵达眼前方或吻鼻部，有的超过吻端，左右跟部重叠较多，胫细瘦，足长于胫；蹼较发达。

皮肤较光滑，背部及两侧有少量的分散的圆疣或长疣。腹部皮肤平滑。背面、体侧及四肢上部为土灰色或棕黄色，散有黄色及红色小点；鼓膜区有三角形黑斑；两眼间常有一黑褐色横斑；前后肢的背面均具黑色横斑，股部有4～6条横斑。雄性前肢较粗壮，在第1指的基部有明显的灰色婚垫，下颌污白色，腹部污白色或少有橙红色，缀以灰褐色块状斑，雌蛙下颌和前肢腹面大多为橙红色，腹部和股外侧是黄绿色，雌雄股内侧均为橙红色。

生态习性 东北林蛙多生活在山区和半山区林木繁茂、杂草丛生及地面潮湿的环境中，以水源为中心。4月初至5月初是东北林蛙出河、配对、产卵的时期。多在阴雨而温暖的夜晚进入产卵场。一般是雄蛙先进入产卵场鸣叫，雌蛙闻声而至。产卵场一般为水深5～15cm的静水区，水中多枯草、树枝或石块等，pH为5.5～7。直到5月初，当气温逐渐升高、食物逐渐丰富时，林蛙即从山下向山上的林木和植被茂密的地方迁徙，并开始大量摄食。夏季栖息于阔叶林和针阔混交林中，一般在半山腰，很少到山顶。以昆虫及其幼虫为食，尤以鞘翅目、膜翅目、鳞翅目昆虫居多。9月下旬林蛙逐渐向水源迁徙，在岸边灌丛草丛中活动，当气温下降到10℃以下时，即陆续进入冬眠。

分布 逊克、孙吴、爱辉、嫩江、五大连池。

濒危状况及致危原因 近些年来，由于无计划的掠夺性捕捉对资源造成了难以恢复的破坏。特别是森林过度砍伐，天然森林面积不断缩小，林蛙的生境破坏，分布区缩小，数量减少。加之水质污染，致使天然繁殖场所和冬眠场所缩小，资源产量逐年下降。由于植被的破坏使地表水量明显减少，使林蛙冬眠的山溪或小河的水量减少甚至断流，产卵场大面积干涸，造成蝌蚪的大量死亡。

保护及利用 东北林蛙雌性输卵管的干制品可入药，是我国的传统中药材，用于防病治病已有悠久的历史，是一种临床常用的动物药之一，称为哈士蟆和哈士蟆油。目前在国内外市场上享有较高声誉，产品供不应求，在香港和东南亚市场上深受欢迎，是我国动物药中的重要产品之一；同时又是营养丰富的美味食品。东北林蛙现已被列入《中国濒危动物红皮书·两栖类和爬行类》和《黑龙江省一般保护野生动物名录》。

主要参考文献

费梁. 2009. 中国动物志·两栖纲（下卷）. 北京：科学出版社.

赵尔宓. 1998. 中国濒危动物红皮书·两栖类和爬行类. 北京：科学出版社.

赵文阁. 2008. 黑龙江省两栖爬行动物志. 北京：科学出版社.

（执笔人：赵文阁）

第4章 珍稀濒危野生动物 041

东北林蛙 *Rana dybowskii* Günther

摄影：赵文阁

爬行类

4.13 东北鳖 *Pelodiscus sinensis* (Wiegmann)

地方名　甲鱼、王八
英文名　Chinese Softshell Turtle
俄文名　Дальневосточная черепаха
分类地位　爬行纲、龟鳖目、鳖科、鳖属
识别特征　体中等。吻位于头前端，吻突较长，约等于眼径，鼻孔位于吻端，眼小，瞳孔圆形，鼓膜（耳孔）不显；上、下颌均有肉质唇，有力。颈长，基部无颗粒状疣；头与颈均可完全缩入壳内，而四肢和尾不具这种能力；背、腹甲骨板不发达，通体被柔软的革质皮肤而无角质盾片；背、腹面的边缘是由厚厚的结缔组织构成的"裙边"；头和颈背褐色或橄榄色，颈侧及颈腹有黄色条纹；背中部稍稍隆起，背面散有细小黑色斑纹，腹面光滑而色浅，乳白色或灰白色，有排列规则的黑色斑块。四肢扁平，前后肢均为五指（趾），有肤褶，内侧3指（趾）具爪，满蹼，适于在水中运动。雄性尾较长，尾基粗，末端多露出"裙边"，体型较薄；雌性体型较厚，尾较短，一般不及"裙边"。幼体背部隆起较高，脊棱明显，"裙边"有黑色具浅色镶边的圆斑，腹部有对称的淡灰色斑点。

生态习性　主要栖息于池沼、河流和内陆湖泊等水流平缓、鱼虾繁生的淡水水域中。经常白天群居出没在安静、清澈、阳光充足的水岸边晒太阳，即所谓"晒鳖盖"，以求升高体温和增强活动能力；夜间上岸活动。嗅觉和听觉比较敏锐，稍受惊扰便迅速爬入水中。在水下以副膀胱辅助呼吸，因此在水下可潜伏数小时。卵生。一般鳖龄在3~4龄时性成熟，6~10月为繁殖季节，其中8~9月为产卵旺盛期。产卵的洞穴：洞径7~10cm，深8~15cm。每次可产卵15~28枚，但初次产卵的雌鳖其产卵数一般不超过10枚，卵产在松软的泥沙中，乳白色，呈圆形，具钙质硬壳，自然孵化，孵化期40~80天，因季节和各地温差的不同

东北鳖 *Pelodiscus sinensis* (Wiegmann)　　　　　　　　　　　　　　　　摄影：赵文阁

而不同。鳖为杂食性动物，以肉食为主，主要以蛙、鱼、螺、虾和水生昆虫、蚯蚓等动物性饲料为食，鳖的寿命较长，一般为30～50年。

分布 逊克、孙吴、爱辉、嫩江。

濒危状况及致危原因 我国对鳖的利用已有悠久的历史，食鳖的历史可以上溯到周代；鳖甲是传统的中药材及多种名贵成药的原料，因此，对鳖的需求量日益增加。另外，由于缺乏保护及合理利用，鳖的资源受到一定的破坏和影响，数量日渐减少。过度捕捞对这一自然增殖速度较慢的种群必然造成严重的威胁。

保护及利用 鳖是一种名贵的、经济价值很高的水生动物。鳖肉味鲜美，营养丰富，蛋白质含量高，是上等佳肴，同时也是极佳的滋补品。"鳖甲"是传统的中药材，有滋阴潜阳、软坚、散结的疗效，其主要成分为动物胶、角蛋白、维生素D及碘等。鳖头也可干制入药，称为"鳖首"，可以治疗脱肛、漏疮等病症。李时珍《本草纲目》谓鳖肉"甘平无毒"，主治"伤中益气，补不足""妇人漏下五色，羸瘦，宜常食之"。已被列入《中国濒危动物红皮书·两栖类和爬行类》及《国家保护的有益的或者有重要经济、科学研究价值的陆生野生动物名录》。

主要参考文献

张孟闻. 1998. 中国动物志·爬行纲（第一卷）. 北京：科学出版社.

赵尔宓. 1998. 中国濒危动物红皮书·两栖类和爬行类. 北京：科学出版社.

赵文阁. 2008. 黑龙江省两栖爬行动物志. 北京：科学出版社.

（执笔人：赵文阁）

4.14 胎生蜥蜴 Zootoca vivipara (Jacquin)

地方名 马蛇子、四脚蛇

英文名 Common lizard

俄文名 Живородящая ящерица

分类地位 爬行纲、蜥蜴目、蜥蜴科、胎生蜥属

识别特征 体形圆长而稍扁平。头体长44～74mm，尾长57～100mm。头长大于头宽，略呈三角形。吻端圆钝，吻鳞呈五角形，顶鳞2枚，大而平滑。鼻孔位于靠近吻端的两侧，近圆形；鼻孔与眼间为1或2枚较大的颊鳞；眼大小适中，瞳孔圆形，下眼睑被鳞；与耳孔前缘上半部相接的1枚鳞片特大，又称鼓膜前鳞；耳孔较大，位于口角后上方，鼓膜明显；上唇鳞每侧6或7枚，一般第5枚最大且位于眼下方；下唇鳞每侧6枚；颏鳞宽大于高，且较吻鳞略宽。颏片6对，第4对最大，前3对内侧相邻接，后2对为颏部小鳞分开。领围显著，其游离缘为9～11枚扁平的平滑大鳞片，居中1枚最大。躯干背面及侧面被覆较小粒鳞，中段背鳞27～36枚。腹鳞6列，为矩形平滑大鳞，排列整齐；肛前鳞1枚。四肢短小而强壮，指、趾均较粗短具爪；股孔每侧7～13（多为9～11）个。

雄性尾基部宽而膨大，腹部为橙色、橙红色，雌性腹部为青白色、灰白色、黄白色，个别为橙黄色。

生态习性 胎生蜥蜴是分布最北的爬行动物之一。常活动于白桦林、针叶林边缘开阔地、林间草甸或沼泽地等，5～7月常见其活动。胎生蜥蜴清晨出洞后，寻找阳光充足的地方，常卧于草叶、枯木、土块上，扩张肋骨，使体形更加扁平，同时身体长轴与太阳光呈直角，接受阳光的照射。晒太阳是捕食的前奏。胎生蜥蜴在春夏两季一天出现两次活动高峰，一个是在8:30～12:30，另一个是在15:30～17:00。阴天时活动时间明显减少，只集中在中午气温较高时出洞活动，雨天基本不活动。胎生蜥蜴为肉食性，食物以昆虫纲最多，其次是蛛形纲，然后是多足纲和腹足纲动物。

胎生蜥蜴系卵胎生。出蛰后交配，交配期持续到5月末。雌雄相遇时，雌蜥一般迅速逃离，而雄蜥立即追逐并迅速张嘴咬住雌蜥，多数咬在

雌蜥的尾部、后肢或胯部，雌蜥会剧烈挣扎，雄蜥咬住 5～10s 后雌蜥的挣扎程度降低，雄蜥开始调整捉咬部位，此时捉咬部位在雌蜥泄殖腔孔前后。经过雄蜥连续的变换调整捉咬部位，从而刺激雌蜥的泄殖腔孔打开，雄蜥即用尾紧紧盘卷在雌蜥尾部，将 2 枚半阴茎插入雌蜥的泄殖腔孔。交配时间一般为 2～27min。胎生蜥蜴每年产仔 1 次，产仔数 4～11 只。

分布　逊克、孙吴、爱辉、嫩江。

濒危状况及致危原因　目前处于渐危状态。胎生蜥蜴的分布范围相对狭窄，由于森林的不断减少，人类活动的日益增加致使胎生蜥蜴的适栖生境逐渐缩小，种群数量已经不多。同时，由于鼠类等天敌数量的急剧增加，也使其种群数量在不断缩小。

保护及利用　已被列入《黑龙江省地方重点保护野生动物名录》及《国家保护的有益的或者有重要经济、科学研究价值的陆生野生动物名录》。

主要参考文献

赵尔宓. 1999. 中国动物志·爬行纲（第二卷）·有鳞目蜥蜴亚目. 北京：科学出版社.

赵文阁. 2008. 黑龙江省两栖爬行动物志. 北京：科学出版社.

（执笔人：赵文阁）

胎生蜥蜴 *Zootoca vivipara* (Jacquin)　　　　　　　　　　　　　　　　　　　　　　摄影：赵文阁

4.15 棕黑锦蛇 *Elaphe schrenckii* (Strauch)

地方名 松花、黄花松

英文名 Amur rat-snake；Manchurian Black Water Snake

俄文名 Амурский полоз

分类地位 爬行纲、蛇目、游蛇科、锦蛇属

识别特征 全长1500mm左右，体形圆长较粗大。成体头体背棕黑色，以黑色为主，间有黄色窄横斑，鳞被闪光；自颈至尾平均约有33（15～43）个黄色窄横斑，横斑宽1～3个鳞列，横斑间隔占12～15个鳞列；腹鳞灰色或淡灰黄色具明显的黑色斑。上下唇鳞均为黄色或乳黄色，且后缘均黑色，约占鳞片的一半，上唇鳞第7片黑斑占绝大部分，第8片全为黑色。

吻端圆钝，头略扁平，颈部不明显，瞳孔圆形，尾部较短。吻鳞高而宽大，显露于头背；前额鳞2枚，额鳞单枚，似盾形；顶鳞1对，前宽后窄，是全身最大的1对鳞片，左右两鳞片相切于额鳞后的中线；眶上鳞略呈梯形，前窄后宽；前鼻鳞和后鼻鳞各1枚，位于圆形鼻孔左右；颊鳞1枚，呈低矮的矩形；颞鳞2+3，前大后小；上唇鳞8，3-2-3式，第5片最高，第7片最大；下唇鳞9～11片，前4～5片切前颔片；颔片2对；背鳞23-23-19；腹鳞176～242枚。肛鳞二分，尾下鳞双行。

生态习性 常栖于废弃石场的乱石堆、柴草垛底、路边或桥下草丛等处，也有进入旧屋顶的屋檐下。成体以食鼠类为主，亦食小型鸟类和鸟卵，但不食蛙类；而幼体则取食小型蛙类和蚯蚓。可爬到树上的鸟巢中取食幼鸟或鸟卵。性情比较温和，在野外很少主动攻击人。

该蛇的冬眠地点多选择向阳山坡、石板下、土质松软有枯枝落叶处或柴草垛。9月下旬不再进食，直到翌年4月中下旬方见活动，但不进食，蛰眠期可长达5～6个月。成体每年可蜕皮2或3次，在蜕皮前5～7天眼睛变成污浊的灰蓝色，暂时失明。棕黑锦蛇为卵生，于7月至8月上旬产卵。雌蛇将卵产于潮湿的树洞或质地疏松的草堆，靠外界自然温度孵化。卵白

棕黑锦蛇 *Elaphe schrenckii* (Strauch)

摄影：赵文阁

色，长卵圆形，壳软而韧，每产11~21枚卵，卵平均重20.34g，平均大小为48mm×27.41mm [（42~53mm）×（25~29mm）]，孵化期55天左右，于9月间孵出。仔蛇出壳前以吻端的卵齿将卵壳划破5~8mm裂缝，同时有泡沫样的液体溢出。一般于产后第11~13天第一次蜕皮。仔蛇取食量大，取食频率高，生长发育较快。

分布　逊克、孙吴、爱辉。

濒危状况及致危原因　种群数量十分稀少。原因：①体型较大，色斑醒目，目标明显，易被捕捉。②性情比较温顺，无毒，使人们敢于捕捉。③无节制的乱砍滥伐和毁林开荒造成森林面积的大幅度减少，也是其数量下降的重要原因。

保护及利用　棕黑锦蛇系东北大型蛇种，肉可食用，皮可制工业品。主要以农、林害鼠为食，对控制农、林害鼠的种群数量有一定的作用。蛇胆可以入药，是珍贵的中药，能祛湿、清凉明目、止咳化痰。蛇蜕也可入药。已被列入《中国濒危动物红皮书·两栖类和爬行类》《黑龙江省重点保护野生动物名录》和《国家保护的有益的或者有重要经济、科学研究价值的陆生野生动物名录》。

主要参考文献

高中信. 1995. 小兴安岭野生动物. 哈尔滨：黑龙江科学技术出版社.

赵尔宓. 1998. 中国濒危动物红皮书·两栖类和爬行类. 北京：科学出版社.

赵文阁. 2008. 黑龙江省两栖爬行动物志. 北京：科学出版社.

（执笔人：赵文阁）

4.16　岩栖蝮　*Gloydius saxatilis* (Emelianov)

地方名　黄土球子、土球子
英文名　Rock Mamushi
俄文名　Чернобровый гадюка
分类地位　爬行纲、蛇目、蝰科、亚洲蝮属
识别特征　成蛇粗壮，中段背鳞23行。全长574~850mm。头呈明显的三角形，背腹较厚，四周棱角明显，前端钝圆。眼与鼻孔之间有颊窝，舌黑色，具管牙。颈部细窄而明显；自眼后至口角有黑褐色斜带，即"黑眉"，宽约4mm，上缘无黄白色眉纹；背面棕褐色，除颈部有一菱形斑外，其后至尾端具有多条宽大（占4或5枚鳞）的暗褐色或近黑褐色横纹，每一横纹是由左右对称的一对圆斑并合而成，横纹前后缘及背脊部色深，中央色较浅淡；腹面黄白色，无明显斑纹。尾部短细，末端尖出。

生态习性　岩栖蝮主要见于山的中上部阳坡草丛、乱石堆、石缝里或农田边，植被以阔叶林中为多，蒙古栎林中更多。身体背面的颜色与落叶枯黄的颜色极为相似，因此不易被发现。主要生活在湿润、半湿润类型的环境中，栖息地的海拔100~400m。岩栖蝮不太活动，常盘曲卷卧数小时不动。该蛇为毒蛇，性情较凶猛，受惊时，身体腹面贴地，前部抬起呈攻击状态，尾急速抖动发出响声，而后迅速逃逸，在草丛中爬行甚快。主要以鼠类为食物，偶食蜥蜴。卵胎生。10中旬或下旬开始进入冬眠，翌年4月下旬开始出蛰，5月下旬有逐偶现象，8月末至9月中旬产2~10仔，初生仔蛇全长平均228（151~252）mm。

分布　逊克、五大连池、爱辉。

濒危状况及致危原因　岩栖蝮主要栖息在山上部的裸岩地带及附近，在黑河市其种群数量十分稀少。由于其毒性强，可以对人及牲畜造成一定的危害，因此被发现后多被捕杀致死。同时，适栖生境的不断减少是该物种濒危的主要原因。

保护及利用　岩栖蝮全身均有药用价值，同时主要捕食啮齿类动物，对鼠害防治、维持生态系统平衡具有重要的意义。已被列入《中国濒危动物红皮书·两栖类和爬行类》和《黑龙江省地方重点保护野生动物名录》，应该加大保护和研究力度，从而更好地对其进行利用。

主要参考文献

高中信. 1995. 小兴安岭野生动物. 哈尔滨：黑龙江科学技术出版社.

岩栖蝮 *Gloydius saxatilis* (Emelianov)　　　　　　　　　　　　　　　　　　　　　　　　　　　　摄影：赵文阁

赵尔宓. 1998a. 中国濒危动物红皮书·两栖类和爬行类. 北京：科学出版社.

赵尔宓. 1998b. 中国动物志·爬行纲（第三卷）·有鳞目蛇亚目. 北京：科学出版社.

赵文阁. 2008. 黑龙江省两栖爬行动物志. 北京：科学出版社.

（执笔人：赵文阁）

鸟类

4.17 赤颈䴙䴘 *Podiceps grisegena* (Boddaert)

地方名 王八鸭子

英文名 Red-necked Grebe

俄文名 Серощекая Поганка

分类地位 鸟纲、䴙䴘目、䴙䴘科、䴙䴘属

识别特征 中型游禽。体长为430～570mm，体重1kg左右。嘴黑色，较短而粗，嘴基具特征性黄斑，尖端为黑色；略具羽冠。后颈和上体灰褐色，下体白色，尾羽黑色。夏羽顶冠黑色，颈栗色，脸颊灰白色，前颈、颈侧和上胸栗红色，因此得名。冬羽头顶黑色，头侧和喉部为白色，前颈为灰褐色。初级飞羽灰褐色，上缀有黑色斑点，翼前后缘均为白色，飞翔时明显可见。虹膜褐色；跗跖橄榄黑色。

生态习性 主要栖息于内陆淡水湖泊、沼泽和大的水塘中，尤喜富有水底植物、芦苇及三棱草等挺水植物的湖泊与水塘，也见于水流平稳的河湾地区。性情机警，多在远离岸边的水上活动，善于游泳和潜水，面临突然的危险时，大多通过潜水或游至附近植物丛里匿藏来逃避，一般很少起飞。通常白天活动，单只或成对活动于水面上，偶尔也会结成小群活动，尤其是迁徙季节。杂食性，食物主要为各种鱼类、蛙、蝌蚪、昆虫及幼虫、甲壳动物、软体动物等小型动物，此外也食部分水生植物。主要是通过潜水觅食。赤颈䴙䴘北方亚种（*P. g. holboellii*）在本地为夏候鸟，3月末4月初迁来，10月上旬迁离。到达繁殖地后即开始营巢，营巢于富有芦苇、蒲草等水生植物的湖泊与水塘中。繁殖期鸣叫十分频繁，雄鸟和雌鸟的求偶舞蹈同步。筑水面浮巢。窝卵数3～8枚，通常4或5枚，刚产出的卵为蓝绿色，随着孵化逐渐变为锈褐色。卵的大小为51.5mm×35.8mm。第1枚卵产出后即开始孵卵，孵化期为20～23天。雏鸟早成性。

分布 逊克、嫩江。

濒危状况及致危原因 赤颈䴙䴘在中国数量极为稀少，在黑河市其种群数量更是稀少，适栖生境的不断减少是该物种濒危的主要原因。赤颈䴙䴘受到生态污染的威胁，如多氯联苯和杀虫剂等，导致它的卵不育和卵壳变薄，并使其成功繁殖率下降。物种受到的威胁还包括湖泊的改变和退化，人类活动（尤其是娱乐活动）的干扰和栖息地的减少（农业和道路用地的发展）等。

保护及利用 赤颈䴙䴘具有一定的狩猎和观赏价值，但是因为其种群数量稀少，已被列为国家Ⅱ级重点保护野生动物，列入《黑龙江省地方重点保护野生动物名录》，IUCN濒危物种红色名录（ver 3.1）等级为无危。

主要参考文献

高中信. 1995. 小兴安岭野生动物. 哈尔滨：黑龙江科学技术出版社.

马建章. 1992. 黑龙江省鸟类志. 北京：中国林业出版社.

约翰·马敬能，等. 2000. 中国鸟类野外手册. 长沙：湖南教育出版社.

赵正阶. 1988. 东北鸟类. 沈阳：辽宁科学技术出版社.

赵正阶. 2001. 中国鸟类志·上卷·非雀形目. 长春：吉林科学技术出版社.

（执笔人：高智晟）

赤颈䴙䴘 *Podiceps grisegena* (Boddaert)　　摄影：杨旭东

4.18 角䴘䴘 *Podiceps auritus* Linnaeus

地方名 王八鸭子、水驴子

英文名 Horned Grebe；Slavonian Grebe

俄文名 Красношейная Поганка

分类地位 鸟纲、䴘䴘目、䴘䴘科、䴘䴘属

识别特征 中型游禽。体长300~400mm，体重250~500g。嘴黑色，尖端黄白色，短、直、尖、很适于啄捕鱼虾。翅短圆，尾短，腿位置靠后，具瓣蹼。夏羽上体灰黑色，头部全部黑色，两侧有金栗色耳羽丛，极为醒目，因此得名。前颈、颈侧、胸部和体侧是栗红色，背部灰棕色，腹部白色。冬羽上体暗灰褐色，头部除贯眼纹以上淡黑色外，面颊白色，后颈及背部暗褐色。虹膜红色；嘴直，蓝灰色；跗跖苍灰色。

生态习性 主要栖息于低山丘陵和山脚平原地区的溪流、湖泊、江河、水塘、水库和沼泽地等水域中，尤其喜欢富有挺水植物和各种鱼类的水域。善游泳和潜水，时常把头朝下没进水中，接着完成一个漂亮的前滚翻动作，然后在水下做一段高速度的潜泳，再在很远的地方露出水面，每次潜水时间多为20~30s，最长可在水下停留50s左右。游泳时脖子向上挺得很直，常和水面保持垂直。飞行能力较其他䴘䴘强，起飞亦较其他䴘䴘容易和灵活。在水上起飞时，先要贴近水面奔驰一段才能升空，双脚在水面上溅起一串串浪花，遇危险时通常亦通过飞行逃走。飞行时两翅鼓动非常有力，多呈直线飞行，速度快。在陆地上行走不灵活，由于两条腿的位置太靠后，走起路来几乎寸步难行。白天活动、休息俱在水中。食物主要为鱼类、蛙类、蝌蚪和一些水生无脊椎动物等，也食一些植物种子、草籽和幼嫩的水生植物。有时候，角䴘䴘也会吃它们的羽毛。主要通过潜水觅食，觅食活动多在白天，尤其清晨和下午较频繁。角䴘䴘为本地的旅鸟，每年4月及9月末10月初迁徙经过此地。常单只或成对活动，迁徙时或越冬期有时集成4~12只的小群。

分布 逊克、嫩江。

濒危状况及致危原因 角䴘䴘在我国数量稀少，在黑河市其种群数量十分稀少。主要的威胁来自于人类干扰（狩猎不是主要的致危因素），在繁殖区湖泊周边的林业和农业活动，如植树造林导致湖泊水位波动等水文变化、杀虫剂等的使用导致其猎物种群减少。由于湖泊水体酸化和腐殖质增加导致水体富营养化使角䴘䴘的历史分布范围正在缩小。渔网缠绕导致的意外溺水也是角䴘䴘种群的致危因素。

保护及利用 角䴘䴘是重要的水鸟，具有一定的狩猎、观赏价值及文化科学意义，但是因为其种群数量稀少，已被列为国家Ⅱ级重点保护野生动物，也是《中日保护候鸟及栖息环境协定》共同保护鸟类，IUCN濒危物种红色名录（ver 3.1）等级为无危。

主要参考文献

高中信. 1995. 小兴安岭野生动物. 哈尔滨：黑龙江科学技术出版社.

马建章. 1992. 黑龙江省鸟类志. 北京：中国林业出版社.

约翰·马敬能，等. 2000. 中国鸟类野外手册. 长沙：湖南教育出版社.

赵正阶. 1988. 东北鸟类. 沈阳：辽宁科学技术出版社.

赵正阶. 2001. 中国鸟类志·上卷·非雀形目. 长春：吉林科学技术出版社.

（执笔人：高智晟）

角䴘䴘 *Podiceps auritus* Linnaeus　　　　摄影：聂延秋

4.19 大白鹭 *Egretta alba* Linnaeus

地方名　白老等、白鹭、鹭鸶

英文名　Great Egret

俄文名　Большая Белая Цапля

分类地位　鸟纲、鹳形目、鹭科、白鹭属

识别特征　大型涉禽。体长820～981mm，体重0.62～1.03kg。嘴长而尖直，颈、脚甚长，脚三趾在前，一趾在后，中趾的爪上具梳状栉缘。两性相似。体羽全白，下体也为白色，腹部羽毛沾有轻微黄色。繁殖期头冠很短；肩及肩间背部披有3列长而直的蓑羽，长者可达30～40mm，羽干呈象牙白色，基部坚硬，端部柔软；嘴、眼先和眼周皮肤繁殖期为黑色。非繁殖期背无蓑羽，嘴黄色。虹膜黄色；胫裸出部分肉红色，跗跖及趾、爪黑色。

生态习性　栖息于开阔平原和山地丘陵地区的河流、湖泊、水田、海滨、河口及其沼泽地带。常见分散或者成对长时间站立水中，常与其他鹭类混群，多白天活动。性机警，见人即飞。飞行时，颈常缩成"S"形，两脚向后伸直，远远超过尾部，缓慢鼓动双翼；步行时也常缩着脖子，缓慢地一步一步地前进；休息时常群栖于同一棵树。食性以小鱼、虾、软体动物、甲壳动物、水生昆虫为主，也食蛙、蝌蚪等。大白鹭在本地为夏候鸟，每年3月下旬至4月初迁来，9月末南迁。迁来时多成3～5只的小群。每年5～7月繁殖，营巢于高大的树上或芦苇丛中，多集群营巢，亦与其他鹭类混群营巢。雌雄共同营巢，巢非常简陋，呈不规则圆盘状，由枯枝、干草等搭成。每年繁殖1窝，窝卵数3～6枚，一般为4枚。卵为椭圆形或卵圆形，天蓝色，大小为（51.5～60.0mm）×（34.0～40.5mm）。产出第1枚卵后即开始孵卵，由雌雄亲鸟共同承担，孵化期25～26天。雏鸟晚成性，留巢期近30天，双亲共同育雏，至50天左右时，基本与成鸟相似。

分布　逊克。

濒危状况及致危原因　大白鹭在中国曾经分布广、数量较丰富，但现在种群数量已经大幅下降，其原因主要是森林砍伐、环境破坏致使种群数量急剧减少，变得相当稀少；另外由于大白鹭的羽毛有很高的经济价值，且喜欢群居，因此很容易被捕捉，一度造成野生大白鹭数量锐减，几乎陷入灭绝的境地。大白鹭在黑河市有一定的种群数量。

保护及利用　大白鹭背上蓑羽被称为白鹭丝毛或者长白丝毛，深受国内外市场欢迎，有很高的经济价值，同时大白鹭也是重要的观赏鸟类，并具有重要的科学文化价值，因此被列入《国家保护的有益的或者有重要经济、科学研究价值的陆生野生动物名录》和《黑龙江省地方重点保护野生动物名录》，为《中日保护候鸟及栖息环境协定》和《中澳保护候鸟及栖息环境协定》共同保护鸟类，IUCN濒危物种红色名录（ver 3.1）等级为无危。

主要参考文献

高中信. 1995. 小兴安岭野生动物. 哈尔滨：黑龙江科学技术出版社.

马建章. 1992. 黑龙江省鸟类志. 北京：中国林业出版社.

约翰·马敬能, 等. 2000. 中国鸟类野外手册. 长沙：湖南教育出版社.

赵正阶. 1988. 东北鸟类. 沈阳：辽宁科学技术出版社.

赵正阶. 2001. 中国鸟类志·上卷·非雀形目. 长春：吉林科学技术出版社.

（执笔人：高智晟）

大白鹭 *Egretta alba* Linnaeus　　摄影：高智晟

4.20 黑鹳 *Ciconia nigra* Linnaeus

地方名 黑老鹳、乌鹳、锅鹳
英文名 Black Stork
俄文名 Чёрный Аист
分类地位 鸟纲、鹳形目、鹳科、鹳属

识别特征 大型涉禽。两性相似。体长为1000～1172mm，体重2.15～2.75kg；嘴长而直，基部较粗，往先端逐渐变细。头、颈、脚均甚长。嘴和脚红色，眼周裸露皮肤亦为红色。头、颈、上体和上胸黑色，颈具辉亮的绿色光泽。前颈下部羽毛延长，形成相当蓬松的领翎，而且在求偶期间和四周温度较低时能竖直起来。下胸、腹、两胁和尾下覆羽白色。尾较圆。幼鸟头黑褐色，颈和上胸黑褐色具棕白色斑点，嘴部黑色，翼和尾黑色，具紫绿色光泽，胸和腹中央稍沾棕色。虹膜暗褐色。

生态习性 栖息于偏僻而无干扰的开阔森林及森林河谷与森林沼泽地带，也常出现在荒原和荒山附近的湖泊、水库、水渠、溪流、水塘及沼泽地带。性孤独，常单独或成对活动于水边浅水处或沼泽地上。白天活动，晚上多成群栖息在水边沙滩或水中沙洲上。不善鸣叫。性机警而胆小，善飞行。在地上行走时，跨步较大，步履轻盈。休息时，常单脚或双脚站立于水边沙滩上或草地上，缩脖成驼背状。主要以小型鱼类为食，也食其他小型动物性食物。黑鹳在本地为夏候鸟，3月初至月末到达繁殖地，9月下旬至10月初开始南迁。繁殖期为4～7月，营巢于偏僻和人类干扰小的地方，常位于石崖中部向内凹入的平台处，距河流水域数十米或者数百米的地方。巢呈盘状，由较粗的干树枝铺成。常成对营巢，巢甚隐蔽，不易发现。可重复利用旧巢。雌雄亲鸟共同参与筑巢。每年繁殖1窝，窝卵数2～6枚，通常4或5枚。第1枚卵产出后即开始孵卵，双亲共同孵卵，孵化期31天左右。雏鸟晚成性，幼鸟在3～4龄时性成熟。

分布 嫩江、孙吴、爱辉。

濒危状况及致危原因 黑鹳曾经是一种分布较广且较常见的一种大型涉禽，但目前其种群数量在全球范围内明显减少。在黑河市其种群数量十分稀少，主要是由于森林砍伐、沼泽湿地被开垦、人类干扰等所导致的适栖生境不断减少所致；环境污染和恶化则致使黑鹳的主要食物（如鱼类和其他小型动物）来源减少。非法狩猎也是因素之一。

保护及利用 黑鹳属于珍稀物种，是一种狩猎鸟类，其羽毛也可利用，也有重要的观赏价值，同时对生物多样性保育、生态系统平衡维持具有重要的意义。已被列为国家Ⅰ级重点保护野生动物，列入《中国濒危动物红皮书》，为《中日保护候鸟及栖息环境协定》共同保护鸟类，《濒危野生动植物种国际贸易公约》（CITES）附录Ⅱ物种，IUCN濒危物种红色名录（ver 3.1）等级为无危，应加大保护和贸易管理。

主要参考文献

高中信. 1995. 小兴安岭野生动物. 哈尔滨：黑龙江科学技术出版社.

马建章. 1992. 黑龙江省鸟类志. 北京：中国林业出版社.

约翰·马敬能，等. 2000. 中国鸟类野外手册. 长沙：湖南教育出版社.

赵正阶. 1988. 东北鸟类. 沈阳：辽宁科学技术出版社.

赵正阶. 2001. 中国鸟类志·上卷·非雀形目. 长春：吉林科学技术出版社.

（执笔人：高智晟）

黑鹳 *Ciconia nigra* Linnaeus　　　　摄影：郭玉民

4.21 东方白鹳 *Ciconia boyciana* Swinhoe

地方名 老鹳
英文名 Oriental Stork
俄文名 Дальневосточный Аист
分类地位 鸟纲、鹳形目、鹳科、鹳属
识别特征 大型涉禽。体态优美，体长1100～1280mm，体重3.90～4.50kg；长而粗壮的嘴十分坚硬，呈黑色，仅基部缀有淡紫色或深红色。眼睛周围、眼先和喉部的裸露皮肤都是朱红色，虹膜粉红色。体羽纯白色为主。翅宽而长，大覆羽、初级覆羽、初级飞羽和次级飞羽均为黑色，并具有绿色或紫色的光泽。前颈的下部有呈披针形的长羽，在求偶炫耀时能竖直起来。腿、脚甚长，为鲜红色。
生态习性 主要栖息于开阔而偏僻的平原、草地和沼泽地带，特别是有稀疏树木生长的沼泽、湿地、塘边。常成对或成小群涉水觅食，主要以小鱼、蛙、昆虫等为食。休息时，常单腿或双腿站立于水边沙滩上或草地上，颈部缩成"S"形。性宁静而机警，飞行或步行时举止缓慢。繁殖期成对活动，其他季节大多组成群体活动。东方白鹳在本地为夏候鸟，每年3月初至3月中旬到达繁殖地，9月末至10月初开始离开，组成群体分批南迁。3月中旬至3月末开始营巢，雌雄亲鸟共同营巢于高大乔木上，巢呈盘状，距地高度通常在3～17m，有重复利用旧巢的习性。窝卵数3～6枚，通常间隔1天产1枚卵；卵白色，呈卵圆形。孵卵由雌雄亲鸟共同承担，以雌鸟为主，孵卵期31～34天。雏鸟晚成性，双亲共同育雏。

东方白鹳 *Ciconia boyciana* Swinhoe

摄影：李显达、杨克杰

分布　逊克、孙吴、嫩江、爱辉。

濒危状况及致危原因　东方白鹳从前在东亚地区是常见的鸟类，但由于非法狩猎、农药和化学毒物污染等，东方白鹳的种群数量逐渐减少，在黑河市其种群数量十分稀少。同时，适栖生境的不断减少也是该物种濒危的主要原因。

保护及利用　东方白鹳属于珍稀物种，是一种狩猎鸟类，其羽毛也可利用；由于其体形优美，姿态优雅，且易于驯养，具有重要的观赏价值，同时对生物多样性保育、生态系统平衡维持具有重要的意义。已被列为国家Ⅰ级重点保护野生动物，列入《国家保护的有益的或者有重要经济、科学研究价值的陆生野生动物名录》《中国濒危动物红皮书》《黑龙江省地方重点保护野生动物名录》，为《中日保护候鸟及栖息环境协定》共同保护鸟类，以及《濒危野生动植物种国际贸易公约》（CITES）附录Ⅰ物种，IUCN濒危物种红色名录（ver 3.1）等级为濒危，应加大保护和研究力度。

主要参考文献

高中信. 1995. 小兴安岭野生动物. 哈尔滨：黑龙江科学技术出版社.

马建章. 1992. 黑龙江省鸟类志. 北京：中国林业出版社.

田秀华，王进军. 2011. 黑龙江省珍稀动物保护与利用研究丛书·东方白鹳. 哈尔滨：东北林业大学出版社.

约翰·马敬能，等. 2000. 中国鸟类野外手册. 长沙：湖南教育出版社.

赵正阶. 1988. 东北鸟类. 沈阳：辽宁科学技术出版社.

赵正阶. 2001. 中国鸟类志·上卷·非雀形目. 长春：吉林科学技术出版社.

（执笔人：高智晟）

4.22 白琵鹭　*Platalea leucorodia* Linnaeus

地方名　琵鹭、匙嘴鹭

英文名　Eurasian Spoonbill

俄文名　Колпица

分类地位　鸟纲、鹳形目、鹮科、琵鹭属

识别特征　大型涉禽。体长740~875mm，体重1.90~2.10kg；全身羽毛白色，眼先、眼周、颏、上喉裸皮黄色；嘴长直，黑色，端部黄色，上下扁平，前端扩大呈匙状，扁阔似琵琶，由此得名；夏羽全身白色，头后枕部具长的发丝状冠羽，呈橙黄色，前颈下部具橙黄色颈环，颏和上喉裸露无羽，橙黄色；飞羽先端黑色。冬羽全身白色，但头后枕部无羽冠，前颈下部亦无橙黄色颈环。幼鸟全身白色，无羽冠。颈、腿均长，胫下部裸露呈黑色。虹膜暗黄色，嘴黑色，前端黄色。幼鸟嘴全为黄色，杂以黑斑，眼先、眼周、颊和喉裸出皮肤黄色，脚黑色。

生态习性　栖息于沼泽地、河滩、苇塘等处，涉水啄食小型动物，有时也食水生植物。常成群活动，偶尔见单只。休息时常在水边成"一"字形散开，长时间站立不动。性机警畏人，很难接近。常聚成大群繁殖，有时也与其他鹭、琵鹭或水禽组成混合群营巢。白琵鹭在本地为夏候鸟，4月初至4月末迁到，9月末至10月末南迁。秋季迁徙时常成40~50只的小群，排成一纵列或呈波浪式的斜行队列飞行。筑巢于近水高树上或芦苇丛中，较简陋而庞大，通常由芦苇和芦苇叶构成，有时也用枯枝，内垫草茎和草叶。营巢位置可多年使用，雌雄亲鸟共同参与营巢。窝卵数3或4枚，偶尔有少至2枚和多至5或6枚的，通常间隔2或3天产1枚卵。卵白色无斑或钝端有稀疏斑点；产出第1枚卵后即开始孵卵，雌雄轮流孵卵，孵化期24~25天。雏鸟晚成性，孵出后由雌雄亲鸟共同育雏，雏鸟留巢期约40天。

分布　嫩江。

濒危状况及致危原因　白琵鹭在各地的种群数量普遍不高，呈逐年下降趋势。原因之一是污染等所致的栖息地的退化，尤其是由于农业和水利建设所致的芦苇沼泽面积的减少而导致适栖生境的不断减少；原因之二是过度的渔猎和干扰；原因之三该种对于禽流感等疾病很敏感，因此病毒也

白琵鹭 *Platalea leucorodia* Linnaeus

摄影：彭一良、李显达、徐纯柱、高智晟

会严重威胁其生存。

保护及利用 白琵鹭是一种狩猎鸟类，由于其形态奇特，体羽洁白美丽，有重要的观赏价值，其羽毛也可用于装饰，同时对生物多样性保育、生态系统平衡维持具有重要的意义。已被列为国家Ⅱ级重点保护野生动物和《中国濒危动物红皮书》，为《中日保护候鸟及栖息环境协定》共同保护鸟类，以及《濒危野生动植物种国际贸易公约》（CITES）附录Ⅱ物种，IUCN濒危物种红色名录（ver 3.1）等级为无危。

主要参考文献

高中信. 1995. 小兴安岭野生动物. 哈尔滨：黑龙江科学技术出版社.

马建章. 1992. 黑龙江省鸟类志. 北京：中国林业出版社.

约翰·马敬能，等. 2000. 中国鸟类野外手册. 长沙：湖南教育出版社.

赵正阶. 1988. 东北鸟类. 沈阳：辽宁科学技术出版社.

赵正阶. 2001. 中国鸟类志·上卷·非雀形目. 长春：吉林科学技术出版社.

（执笔人：高智晟）

4.23 大天鹅 *Cygnus cygnus* Linnaeus

地方名 鹄、咳声天鹅、天鹅
英文名 Whooper Swan
俄文名 Лебедь кликун
分类地位 鸟纲、雁形目、鸭科、天鹅属

识别特征 大型游禽。体长1200~1600mm，体重8~12kg。全身的羽毛均为白色，雌雄同色，雌较雄略小。嘴黑色，上嘴基部黄色，此黄斑沿两侧向前延伸至鼻孔之下，形成一喇叭形，嘴端黑色。跗跖、蹼、爪亦为黑色。虹膜暗褐色。幼鸟全身灰褐色，头和颈部较暗，下体、尾和飞羽较淡，嘴基部粉红色，嘴端黑色。一年后它们才完全长出和成鸟的羽毛相同的白羽毛。

生态习性 喜欢栖息于开阔的、水生植物繁茂的浅水水域，如富有水生植物的湖泊、水塘和流速缓慢的河流。性机警、胆怯，活动和栖息时远离岸边，游泳亦多在开阔的水域，甚至晚上亦栖息在离岸较远的水中。视力亦很好，很远即能发现危险而游走。善游泳，一般不潜水。游泳时颈向上伸直，与水面成垂直姿势。由于体大而笨重，起飞不甚灵活，需两翅急剧拍打水面，两脚在水面奔跑一段距离才能飞起。有时边飞边鸣、边游边叫，叫声单调而粗哑，有似喇叭声。主要以水生植物叶、茎、种子和根茎为食，也食水生无脊椎动物、水生昆虫等。主要在晨昏觅食。大天鹅在本地为夏候鸟，每年4月初迁来，9月末10月南迁，迁飞多在夜间进行，以免遭到猛禽等天敌的袭击。营巢在大的湖泊、水塘和小岛等水域岸边干燥地上或水边浅水处大量堆集的干芦苇上。巢基直径可达2m，主要由干芦苇、三棱草和苔藓构成，内垫细软的干草茎、苔藓、羽毛和雌鸟从自己胸部和腹部拔下的绒羽。雌鸟独自营巢。窝卵数4~7枚，通常4或5枚，产卵时间多在5月初至5月中旬。卵为白色或微具黄灰色，平均113mm×73mm，重约330g。孵卵由雌鸟单独承担，雄鸟在巢附近警戒。孵化期30~32天。雏鸟早成性。4龄时性成熟。

分布 孙吴、五大连池。

濒危状况及致危原因 在黑河市其种群数量十分稀少。大天鹅由于体型巨大，羽色洁白，曾一度是人们重要的狩猎对象。在中国其羽毛则作为医药成分被捕猎，中医传统理论认为取大天鹅羽毛烧灰备用，可止血，因此被利用。同时，适栖生境的不断减少也是该物种濒危的主要原因。

保护及利用 大天鹅是一种狩猎鸟类，其羽毛也可用于装饰；由于其体态优美，为名贵的观赏鸟类；同时对生物多样性保育、生态系统平衡维持具有重要的意义。已被列为国家Ⅱ级重点保护野生动物，列入《中国濒危动物红皮书》《黑龙江省地方重点保护野生动物名录》，为《中日保护候鸟及栖息环境协定》共同保护鸟类，IUCN濒危物种红色名录（ver 3.1）等级为无危。

主要参考文献

高中信. 1995. 小兴安岭野生动物. 哈尔滨：黑龙江科学技术出版社.

马建章. 1992. 黑龙江省鸟类志. 北京：中国林业出版社.

约翰·马敬能，等. 2000. 中国鸟类野外手册. 长沙：湖南教育出版社.

赵正阶. 1988. 东北鸟类. 沈阳：辽宁科学技术出版社.

赵正阶. 2001. 中国鸟类志·上卷·非雀形目. 长春：吉林科学技术出版社.

（执笔人：高智晟）

大天鹅 *Cygnus cygnus* Linnaeus

4.24 小天鹅　　*Cygnus columbianus* Ord

地方名　短嘴天鹅、啸声天鹅、苔原天鹅
英文名　Tundra Swan
俄文名　Малый Лебедь
分类地位　鸟纲、雁形目、鸭科、天鹅属
识别特征　大型游禽。体长1100～1350mm，体重4～7kg，雌鸟略小。体羽洁白，仅头顶至枕部常略沾棕黄色。它与大天鹅在体形上非常相似，但较大天鹅略小，嘴基的黄斑仅限于嘴基的两侧，沿嘴缘不延伸到鼻孔以下。头顶至枕部常略沾有棕黄色，虹膜为棕色。跗跖、蹼和爪黑色。幼鸟全身淡灰褐色，嘴基粉红色，嘴端黑色。

生态习性　主要栖息于开阔的湖泊、水塘、沼泽、水流缓慢的河流和邻近的苔原低地和苔原沼泽地上。冬季主要栖息在多芦苇、蒲草和其他水生植物的大型湖泊、水库、水塘与河湾等地方，也出现在湿草地和水淹平原、沼泽及河口地带，有时甚至出现在农田原野。性喜集群，除繁殖期外常成小群或家族群活动，有时也和大天鹅在一起混群。行动机警，常常远远地离开人群和其他危险物。在水中游泳和栖息时，也常在距离岸边较远的地方。性活泼，游泳时颈部垂直竖立。鸣声高而清脆，常常显得有些嘈杂。主要以水生植物的叶、根、茎和种子等为食，也食少量螺类、软体动物、水生昆虫和其他小型水生动物，有时也食农作物的种子、幼苗。常成小群或家族群觅食。小天鹅在本地为旅鸟，见于4～5月或者8～10月。通常成6～10只的小群或家族群迁徙。迁徙是逐步进行的，沿途常在富有食物的湖泊地区停栖。

分布　嫩江。

濒危状况及致危原因　在黑河市其种群数量十分稀少。小天鹅由于体型大，羽色洁白，曾一度是人们重要的狩猎对象。在中国，其羽毛则作为医药成分被捕猎，中医传统理论认为小天鹅取羽毛烧灰备用，可止血，因此被利用。同时，适栖生境的不断减少也是该物种濒危的主要原因。

保护及利用　小天鹅体态优美，为名贵的观赏鸟类，同时也是一种狩猎鸟类；其羽毛也可用于装饰；对生物多样性保育、生态系统平衡维持也具有重要的意义。已被列为国家Ⅱ级重点保护野生动物，列入《中国濒危动物红皮书》，为《中日保护候鸟及栖息环境协定》共同保护鸟类，IUCN濒危物种红色名录（ver 3.1）等级为无危。

主要参考文献

高中信. 1995. 小兴安岭野生动物. 哈尔滨：黑龙江科学技术出版社.

马建章. 1992. 黑龙江省鸟类志. 北京：中国林业出版社.

约翰·马敬能, 等. 2000. 中国鸟类野外手册. 长沙：湖南教育出版社.

赵正阶. 1988. 东北鸟类. 沈阳：辽宁科学技术出版社.

赵正阶. 2001. 中国鸟类志·上卷·非雀形目. 长春：吉林科学技术出版社.

（执笔人：高智晟）

小天鹅 *Cygnus columbianus* Ord　　摄影：高智晟、李显达

4.25 鸿 雁 Anser cygnoides Linnaeus

地方名 大雁、洪雁
英文名 Swan Goose
俄文名 Сухонос
分类地位 鸟纲、雁形目、鸭科、雁属
识别特征 大型游禽。体长765～940mm，体重2.8～5kg。雌雄相似，但雌鸟略较雄鸟为小，两翅较短，嘴基疣状突亦不明显。颈、嘴较长，嘴黑色，额基与嘴之间有一条棕白色细纹。头侧、颏和喉淡棕褐色，嘴裂基部有两条棕褐色颚纹。上体大都浅灰褐色，自头顶和后颈正中为棕褐色，前颈近白色，头顶、后颈和前颈反差强烈。下体近白色。尾上覆羽暗灰褐色，但最长的尾上覆羽纯白色，尾羽灰褐色；尾下覆羽亦为白色；两胁暗褐色，具棕白色羽端；翼下覆羽及腋羽暗灰色。虹膜红褐色或金黄色。跗跖橙黄色或肉红色。雄鸟上嘴基部有一疣状突。雏鸟体被绒羽，上体黄灰褐色，下体淡黄色，额和两颊淡黄色，眼周及眼先灰褐色，额基无白纹。

生态习性 主要栖息于开阔平原和平原草地上的湖泊、水塘、河流、沼泽及其附近地区。以各种草本植物的叶、芽为食，包括陆生植物和水生植物等植物性食物，觅食多在傍晚和夜间进行。鸿雁在本地为夏候鸟，4月初迁来，10月中旬迁离。迁徙时常集成数十、数百甚至上千只的大群。繁殖期在4～6月，鸿雁飞到繁殖地即已配对。常成对营巢繁殖。巢多筑在人迹罕至、植被茂密的草原湖泊岸边沼泽地上或芦苇丛中，亦有在靠近山地的河流岸边营巢的。巢材为干芦苇和干草，巢中心呈凹陷状，内垫以细软的禾本科植物、干草和绒羽。窝卵数4～8枚，多为5或6枚。卵呈乳白色或淡黄色，平均重125～143g。雌鸟单独孵卵，雄鸟通常守候在巢附近警戒。孵化期28～30天。雏鸟孵出后，由双亲带领着游水，或在湖边沙滩和草地上休息和觅食。幼鸟2～3年性成熟。性喜结群，善游泳，飞行力亦强，但飞行时显得有些笨重。性机警。

分布 孙吴、嫩江、爱辉。

濒危状况及致危原因 鸿雁体大，多肉，为重要的狩猎鸟类；除肉可食用外，羽毛也可利用，因此过度狩猎导致其种群数量下降；同时，适栖生境的不断减少是该物种濒危的主要原因。

保护及利用 鸿雁是一种著名的狩猎鸟类，羽毛也可作为重要的副产品，也有一定的观赏价值，同时对生物多样性保育、生态系统平衡维持具有重要的意义。已被列入《国家保护的有益的或者有重要经济、科学研究价值的陆生野生动物名录》《黑龙江省地方重点保护野生动物名录》，为《中日保护候鸟及栖息环境协定》共同保护鸟类，IUCN濒危物种红色名录（ver 3.1）等级为易危。

主要参考文献

高中信. 1995. 小兴安岭野生动物. 哈尔滨：黑龙江科学技术出版社.

马建章. 1992. 黑龙江省鸟类志. 北京：中国林业出版社.

约翰·马敬能，等. 2000. 中国鸟类野外手册. 长沙：湖南教育出版社.

赵正阶. 1988. 东北鸟类. 沈阳：辽宁科学技术出版社.

赵正阶. 2001. 中国鸟类志·上卷·非雀形目. 长春：吉林科学技术出版社.

（执笔人：高智晟）

鸿雁 Anser cygnoides Linnaeus 摄影：郭玉民

第4章 珍稀濒危野生动物

4.26 豆 雁 *Anser fabalis* Latham

地方名 大雁、东方豆雁

英文名 Bean goose

俄文名 Гуменник

分类地位 鸟纲、雁形目、鸭科、雁属

识别特征 大型游禽。体长690~800mm，体重2.20~4.10kg，外形似家鹅。两性相似。额上不具或仅有很少的白毛。颈棕褐色，肩、背灰褐色，具淡黄白色羽缘。翅上覆羽和三级飞羽灰褐色；初级覆羽黑褐色，具黄白色羽缘，初级飞羽和次级飞羽黑褐色，最外侧几枚飞羽外翈灰色。尾黑褐色，具白色端斑；尾上覆羽白色。喉、胸淡棕褐色，腹污白色，两胁具灰褐色横斑。尾下覆羽白色。虹膜褐色，嘴甲和嘴基黑色，嘴甲和鼻孔之间有一橙黄色横斑沿嘴的两侧边缘向后延伸至嘴角。脚橙黄色，爪黑色。

生态习性 广泛分布于我国的江河、湖泊、沼泽等水域，性机警，不易接近，常在距人500m外就起飞。性喜集群，迁徙时常集成数十、数百甚至上千只的大群，由一只有经验的头雁领队飞行，队形不断变换，在停息地常集成更大的群体。春季迁徙群明显较秋季为小。经常与鸿雁混群。休息时常将头夹于胁间。杂食性，主要以植物性食物为主，包括谷物种子、豆类、麦苗、马铃薯、红薯、植物的芽和叶等，兼食少量软体动物等。觅食多在陆地上，早晨和下午多在栖息地附近的农田、草地和沼泽地上觅食，有时亦飞到较远的觅食地，中午多在湖中水面上或岸边沙滩上休息。豆雁在本地为旅鸟，通常每年4~5月和9~10月可见。迁徙多在晚间进行，白天多停下来休息和觅食，有时白天也进行迁徙，特别是天气变化的时候。

分布 逊克、孙吴、嫩江、爱辉。

濒危状况及致危原因 豆雁在中国是一种传统的狩猎鸟类，分布广、数量大，但近来已有所下降，但种群数量趋势稳定，因此被评价为无生存危机的物种。捕猎及适栖生境的不断减少是该物种面临的主要威胁。

保护及利用 豆雁是一种重要的狩猎鸟类，其绒羽是优质保温填充材料，翼翎可制成高档工艺品，具有重要的经济价值，也有一定的观赏价值，同时对生物多样性保育、生态系统平衡维持具有重要的意义。已被列入《国家保护的有益的或者有重要经济、科学研究价值的陆生野生动物名录》《黑龙江省地方重点保护野生动物名录》，为《中日保护候鸟及栖息环境协定》共同保护鸟类，IUCN濒危物种红色名录（ver 3.1）等级为无危。

主要参考文献

高中信. 1995. 小兴安岭野生动物. 哈尔滨：黑龙江科学技术出版社.

马建章. 1992. 黑龙江省鸟类志. 北京：中国林业出版社.

约翰·马敬能，等. 2000. 中国鸟类野外手册. 长沙：湖南教育出版社.

赵正阶. 1988. 东北鸟类. 沈阳：辽宁科学技术出版社.

赵正阶. 2001. 中国鸟类志·上卷·非雀形目. 长春：吉林科学技术出版社.

（执笔人：高智晟）

豆雁 *Anser fabalis* Latham

摄影：郭玉民、杨克杰

4.27 白额雁 *Anser albifrons* Scopoli

地方名 大雁、石雁

英文名 Great White-fronted Goose

俄文名 Белолобый Гусь

分类地位 鸟纲、雁形目、鸭科、雁属

识别特征 游禽。本地分布为白额雁指名亚种（*A. a. albifrons*）。体长645～710mm，体重1.7～3.6kg。雌雄相似，体型较豆雁为小。额和上嘴基部具一白色宽阔带斑，而且白斑后缘黑色；头顶和后颈暗褐色；背、肩、腰暗灰褐色，羽缘较淡，近白色；翅上覆羽和三级飞羽亦为暗灰褐色，初级覆羽灰色，外侧次级覆羽灰褐色；初级飞羽黑褐色，最外侧的几枚飞羽外羽片带灰；尾羽黑褐色，具白色端斑；尾上覆羽白色；颏暗褐色，前端具一细小白斑；头侧、前颈和上胸灰褐色，向后逐渐变淡；腹污白色，杂有不规则的黑色斑块；两胁灰褐色；肛周及尾下覆羽白色。虹膜褐色，嘴肉色或粉红色，脚橄榄黄色，爪淡白色。幼鸟和成鸟相似，但额上白斑小或没有，腹部黑色块斑甚少。

生态习性 其习性与其他雁类相似，栖息于湖泊或沼泽湿地，常和其他雁类混群栖息于低湿地或者较大的开阔水面，叫声清晰、尖锐、喧杂。但更喜欢陆地，多数时间都是在陆地上，有时仅仅是为了喝水才到水中，或觅食或休息。善于在地上行走和奔跑，速度甚快，起飞和下降亦很灵活。亦善游泳，在紧急状况时亦能潜水。天气晴暖时，较为活跃且活动分散；阴雨、大风时则集群于避风处，不大活动。以莎草科和禾本科植物的嫩叶为主食，也食少量草籽和谷粒等。觅食多在白天，通常天一亮即成群飞往陆地上的觅食地，中午回到晚上的栖息地休息和喝水，然后再次成群飞到觅食地觅食，直到太阳落山才又回到休息地。白额雁在本地为旅鸟，见于每年的3～4月和9～10月。迁徙时多夜间飞行，以家族为单位或者数个家族一群排列成"人"字形或者"/"字队形；且飞且鸣，飞行敏捷、灵活。始终以家族形式活动，各家族间常保持3～5m的距离；每个家族一般有5或6只幼鸟，家族个体之间保持0.5～1m的距离。亲鸟在两边，幼年在中间。

分布 逊克、孙吴、嫩江、爱辉。

濒危状况及致危原因 白额雁过去一直是中国主要狩猎鸟类之一，拥有较大的种群数量。近年来，由于适栖生境的不断减少和过度狩猎，种群数量已急剧减少。白额雁在黑河市种群数量稀少。

保护及利用 白额雁是一种重要的狩猎鸟类，其绒羽是优质的保温填充材料，翼翎可制成高档工艺品，具有重要的经济价值，也有一定的观赏价值，同时对生物多样性保育、生态系统平衡维持具有重要的意义。被列入国家Ⅱ级重点保护野生动物，为《中日保护候鸟及栖息环境协定》共同保护鸟类，IUCN濒危物种红色名录（ver 3.1）等级为无危。

主要参考文献

高中信. 1995. 小兴安岭野生动物. 哈尔滨：黑龙江科学技术出版社.

马建章. 1992. 黑龙江省鸟类志. 北京：中国林业出版社.

约翰·马敬能，等. 2000. 中国鸟类野外手册. 长沙：湖南教育出版社.

赵正阶. 1988. 东北鸟类. 沈阳：辽宁科学技术出版社.

赵正阶. 2001. 中国鸟类志·上卷·非雀形目. 长春：吉林科学技术出版社.

（执笔人：高智晟）

白额雁 *Anser albifrons* Scopoli 　　摄影：高智晟

4.28 小白额雁 *Anser erythropus* Linnaeus

地方名 弱雁

英文名 Lesser White-fronted Goose

俄文名 Пискулька

分类地位 鸟纲、雁形目、鸭科、雁属

识别特征 游禽。体长470~660mm，体重1~2.3kg。小白额雁与白额雁很相似，但体型略小，雌雄相似。嘴、颈较短，体色较深；嘴基白斑较大，伸至额上，白斑后缘黑色。眼圈黄色。头顶、后颈暗褐色；上体暗褐色，羽缘黄白色；除初级飞羽外侧几枚的外翈灰褐色外，其他初级飞羽和次级飞羽黑褐色；尾上覆羽白色，尾羽暗褐色，具白色端斑。颏和喉部灰褐色，前端具一小白斑；前颈、上胸暗褐色，下胸灰褐色；腹白色而杂以不规则块斑。两胁灰褐色，羽端黄白色；肛周和尾下覆羽纯白色。虹膜褐色，嘴肉色或玫瑰肉色，嘴甲淡白色；跗跖和脚橄榄黄色，爪淡白色。幼鸟体色较成鸟为淡，嘴肉色，嘴甲黑色，额部和腹部均无白斑。

生态习性 其习性与白额雁相似，栖息于湖泊、沼泽地带。喜欢集群，但不与白额雁混群。空中飞行时发出的叫声比白额雁尖锐且频率快。性机警。善于在地上行走，且奔跑迅速。也善游泳和潜水。遇危险时，常迅速向四方奔逃，然后分别藏于乱石中或草丛中，如在水里则向四处游开，或潜入水中，仅将头露出水面。小白额雁的栖息和采食活动基本与白额雁相同。夜晚多栖息于芦苇水域。通常天刚亮就集群离开飞到觅食地觅食，离开时常在上空边叫边飞翔几圈后再飞走。中午通常返回夜栖地休息，返回时，常先在夜栖地上空盘旋几圈后再降落，有时飞得很高再突然直冲而下，有时它们也在觅食地夜宿。主要在陆地上觅食，春季多在湖边草地上觅食植物芽苞、嫩叶和嫩草，秋季则主要在平原、草原、水边沼泽和农田地区觅食各种草本植物、谷类、种子和农作物幼苗。小白额雁在本地为旅鸟，见于每年的4月和9~10月。迁徙时成群，边飞边鸣叫。迁徙多在晚上进行，白天多停下来觅食和休息。通常成群活动。

分布 逊克、爱辉。

濒危状况及致危原因 在中国，虽然该物种并未被列入保护名录，但实际上全球种群数量非常稀少，在中国境内（包括本地）更是难得一见。由于在越冬期间本物种有集群的习性，种群密度很大，因而会受到传染病的威胁。在中国长江中下游的湖泊周围居住的居民常常会捕猎越冬的雁鸭类水鸟作为野味向游客兜售，因而该物种也受到非法捕猎的威胁。适栖生境的缺少也严重威胁着种群的生存。

保护及利用 小白额雁是一种重要的狩猎鸟类，其绒羽是优质保温填充材料，翼翎可制成高档工艺品，具有重要的经济价值；也有一定的观赏价值；同时对生物多样性保育、生态系统平衡维持具有重要的意义。已被列入《国家保护的有益的或者有重要经济、科学研究价值的陆生野生动物名录》，为《中日保护候鸟及栖息环境协定》共同保护鸟类，IUCN濒危物种红色名录（ver 3.1）等级为易危。

主要参考文献

高中信. 1995. 小兴安岭野生动物. 哈尔滨：黑龙江科学技术出版社.

马建章. 1992. 黑龙江省鸟类志. 北京：中国林业出版社.

约翰·马敬能, 等. 2000. 中国鸟类野外手册. 长沙：湖南教育出版社.

赵正阶. 2001. 中国鸟类志·上卷·非雀形目. 长春：吉林科学技术出版社.

（执笔人：高智晟）

小白额雁 *Anser erythropus* Linnaeus　　摄影：郭玉民

4.29 灰 雁　　*Anser anser* Linnaeus

地方名　大雁
英文名　Greylag Goose
俄文名　Серый Гусь
分类地位　鸟纲、雁形目、鸭科、雁属
识别特征　大型雁类。体长 700~880mm，体重 2.1~4kg。雌雄相似，雄略大于雌。羽色较其他雁类淡。头顶和后颈褐色；上体灰褐色，各羽均具棕白色羽缘，使上体具扇贝形图纹；腰灰色，两侧白色；初级飞羽和次级飞羽黑褐色，初级覆羽灰色，其余翅上覆羽灰褐色至暗褐色，尾上覆羽白色；尾羽褐色，具白色端斑，且由中央向两侧逐渐加宽，最外侧两对尾羽全白色。头侧、颏和前颈全灰色，胸、腹污白色，缀有不规则的暗褐色斑，由胸向腹逐渐增多。两胁淡灰褐色，羽端灰白色，尾下覆羽白色。虹膜褐色，嘴肉色，跗跖亦为肉色，爪褐色。幼鸟体色较成鸟淡，头顶及上体黄褐色，两颊及后颈黄色，胸和腹前部灰褐色，没有黑色斑块，两胁亦缺少白色横斑。下体淡黄色。嘴黑褐色，嘴甲褐色。跗跖黑褐色。
生态习性　栖息于淡水或者盐碱水域的平原地带，停栖于旷野、河川、湖泊、沼泽等水生植物丰富的地方，有时也游荡于湖泊中。除繁殖期外，成群活动，常和鸿雁混群。6~8 月换羽，此时会集结成大群，隐蔽于人迹罕至的蒲苇丛中。在地上行走灵活，行动敏捷，休息时常用一只脚站立。游泳、潜水均好。性机警。主要以野草的种子和鲜嫩的叶子及茎为食，采食量大，也食少量的虾、软体动物及昆虫，秋季也会食谷物。灰雁在本地为夏候鸟，3 月末至 4 月初迁来，9~10 月迁离。雌雄共同营巢。巢由芦苇、蒲草和其他干草构成，巢四周和内部垫以绒羽，其大小因巢材不同而异。4 月初至 4 月末产卵，通常 1 天 1 枚。窝卵数 4~8 枚，一般 4 或 5 枚。卵白色，并缀以橙黄色斑点。卵重 156~178g，大小为（84.5~90.5mm）×（60.5~63.2mm）。同步孵化，由雌鸟单独承担，雄鸟在巢附近警戒，孵化期 27~29 天。一般 2~3 龄性成熟。
分布　逊克、五大连池、嫩江。

濒危状况及致危原因　灰雁在中国种群数量较大，特别是越冬种群，与鸿雁、豆雁、白额雁一样，为中国历史上传统的狩猎对象。由于过度狩猎和越冬环境恶化，种群数量下降明显，正在恢复中。在黑河市其种群数量稀少。
保护及利用　灰雁是重要狩猎鸟类之一。体大肉多，肉味鲜美，素为上等野味，绒羽丰满，也是很好的保温御寒填充材料。由于其易于驯养繁殖，已成为很好的养殖对象。列入《国家保护的有益的或者有重要经济、科学研究价值的陆生野生动物名录》《黑龙江省地方重点保护野生动物名录》，IUCN 濒危物种红色名录（ver 3.1）等级为无危。

主要参考文献

高中信．1995．小兴安岭野生动物．哈尔滨：黑龙江科学技术出版社．

马建章．1992．黑龙江省鸟类志．北京：中国林业出版社．

约翰·马敬能，等．2000．中国鸟类野外手册．长沙：湖南教育出版社．

赵正阶．1988．东北鸟类．沈阳：辽宁科学技术出版社．

赵正阶．2001．中国鸟类志·上卷·非雀形目．长春：吉林科学技术出版社．

（执笔人：高智晟）

灰雁 *Anser anser* Linnaeus　　摄影：李显达

4.30 鸳鸯 *Aix galericulata* Linnaeus

地方名 官鸭
英文名 Mandarin Duck
俄文名 Мандаринка
分类地位 鸟纲、雁形目、鸭科、鸳鸯属
识别特征 游禽。体长380～450mm，体重0.43～0.59kg。雌雄异色。雄鸟额和头顶中央金属绿紫色；枕部铜赤色，与后颈的暗紫绿色长羽组成羽冠。眼先淡黄色；眉纹白色，宽且长，后延构成羽冠的一部分。颈侧领羽细长如矛，呈辉栗色。背、腰暗褐色，并具铜绿色金属光泽。初级飞羽暗褐色；次级飞羽褐色，羽端白色；三级飞羽黑褐色，外翈呈金属绿色，与内侧次级飞羽外翈上的绿色共同组成蓝绿色翼镜，而其内翈则扩大成扇状，直立如帆，形成翼帆，栗黄色，非常醒目，野外极易辨认。尾羽暗褐色而带金属绿色。颔、喉纯栗色。上胸和胸侧金属暗紫色，下胸两侧绒黑色，具两条白色斜带；胁部大多橘黄色。脚近黄色。雌鸟无冠羽和翼帆，嘴黑色，头颈背面和上体灰褐色，具白色环眼纹，其后连一细的白色眉纹，极为醒目；胸胁两侧褐色，具白斑。雏鸟额顶至背部有1条深褐色的条带和背部连接，颔、喉、颈至腹部全为乳黄色。上嘴青灰色，嘴甲和下嘴肉红色；跗跖青黄色，蹼色较深。

鸳鸯 *Aix galericulata* Linnaeus   摄影：杨文亮、李显达

生态习性　多栖息于针叶林和针阔混交林及附近的溪流、沼泽、芦苇塘和湖泊等处。善于游泳和潜水。喜欢成群活动，有时也同其他鸭类混群。夜晚栖息于林缘或者林中，早晨聚集在水塘边，在有树荫或芦苇丛的水面上漂浮、取食。性机警，受惊立即起飞，边飞边叫，叫声短促响亮。杂食性，春秋季迁徙时，以草籽、玉米等植物性食物为食，繁殖季节则以蛙、鱼类、昆虫等动物性食物为主。鸳鸯在本地为夏候鸟，每年4月迁来，9月南迁。春季迁来时集群，迁徙时常成7~8只或10多只的小群。4月中下旬进入繁殖期，营巢于紧靠水边老龄树的天然树洞中，距地高4~20m。巢内为树木本身的木屑及雌鸟从自己身上拔下的绒羽。5月中下旬开始产卵，窝卵数7~12枚，卵圆形、白色，光滑无斑，大小为（47~52mm）×（37~40mm），重18~45g。雌鸟孵卵。孵化期28~30天。雏鸟早成性，孵出第2天，雏鸟即能从高高的树洞中跳下，进入水中后即能游泳和潜水。

分布　逊克、孙吴、五大连池、爱辉、嫩江。

濒危状况及致危原因　鸳鸯是中国传统出口和观赏鸟类之一，在中国曾拥有很大的种群数量，每年都有大量活鸟被捕猎以供应国内各动物园和出口。由于森林砍伐和过度捕猎，致使种群数量日趋减少。在黑河市其种群数量十分稀少。

保护及利用　鸳鸯颜色鲜艳，姿态优美，具有很高的观赏价值，深受人们的喜爱，同时也被作为爱情和友谊的象征。被列为国家Ⅱ级重点保护野生动物，列入《中国濒危动物红皮书》和《黑龙江省地方重点保护野生动物名录》，IUCN濒危物种红色名录（ver 3.1）等级为无危。

主要参考文献

高中信. 1995. 小兴安岭野生动物. 哈尔滨：黑龙江科学技术出版社.

马建章. 1992. 黑龙江省鸟类志. 北京：中国林业出版社.

约翰·马敬能，等. 2000. 中国鸟类野外手册. 长沙：湖南教育出版社.

赵正阶. 1988. 东北鸟类. 沈阳：辽宁科学技术出版社.

赵正阶. 2001. 中国鸟类志·上卷·非雀形目. 长春：吉林科学技术出版社.

（执笔人：高智晟）

4.31 赤颈鸭　*Anas penelope* Linnaeus

地方名　鹅子鸭

英文名　Eurasian Wigeon

俄文名　Обыкновенная Свиязь

分类地位　鸟纲、雁形目、鸭科、河鸭属

识别特征　游禽。体长410~520mm，体重0.50~0.88kg。雌雄异色，雄鸟（夏羽）头和颈棕红色，额至头顶有一皮黄色宽纵带。背和两胁灰白色，杂以暗褐色波状细纹；翼镜翠绿色，前后衬有绒黑色阔边；翅上覆羽大多纯白色，初级飞羽暗褐色。在水中时可见体侧形成的显著白斑，飞翔时和后面的绿色翼镜形成鲜明对照，容易和其他鸭类相区别。尾羽黑褐色，较长的尾上覆羽和尾下覆羽均绒黑色。雄鸟非繁殖羽似雌鸟。雌鸟上体大都灰褐色，杂以浅棕色细纹；颏和喉污白色，具褐点；腰羽边缘灰白色，外侧尾羽的外缘白色，翅上覆羽大都淡褐色，飞羽黑褐色，有白边，三级飞羽的白边特别显著。翼镜灰褐色，前后及内侧均有白边。胸及两胁棕色；腹白色。虹膜褐色，嘴峰蓝灰色，尖端黑色；跗跖铅蓝色，爪黑褐色。

生态习性　栖息于江河、湖泊、水塘、河口、沼泽等各类水域中，尤其喜欢在远离岸边的、富有水生植物的开阔水域中活动，常在较浅的水域觅食。除繁殖期外，常成群活动，也和其他鸭类混群。善游泳和潜水。主要以植物性食物为食。常成群在水边浅水处水草丛中或沼泽地上觅食眼子菜、藻类和其他水生植物的根、茎、叶和果实。赤颈鸭在本地为夏候鸟，每年4月迁来，9~10

赤颈鸭 *Anas penelope* Linnaeus 摄影：郭玉民

月迁离。通常在越冬期间即已形成对，到达繁殖地后不久即开始营巢繁殖。繁殖期5~7月。通常营巢在富有水生植物或岸边有灌木和植物生长的小型湖泊、水塘和小河边地上草丛或灌木丛中。地面简单巢，多系地上一个5~7cm深的凹坑，内垫少许枯草，有时根本无任何内垫物，但巢的四周常用大量绒羽围起来，离巢时用它将卵盖住。窝卵数7~11枚，一般8~9枚，1天产1枚卵，白色或乳白色、光滑无斑，平均大小为（50~60mm）×（33~41mm），重41~47g。产第1枚卵后即开始孵卵，孵化期22~25天，由雌鸟承担。雏鸟早成性，雏鸟孵出后在雌鸟带领下经过40~45天即能飞翔。幼鸟1龄时性成熟。

分布 逊克、嫩江、五大连池、北安。

濒危状况及致危原因 赤颈鸭在中国种群数量较为丰富，是较为常见的野鸭之一，但迁到黑河市的种群数量较少，其主要原因是过度狩猎，故应加强种群管理。另外，适栖生境的不断减少也是该物种濒危的主要原因。

保护及利用 赤颈鸭雄鸟翼镜称为鸭翠，可做饰羽，而且肉丰满，是我国的产业鸟之一；同时对生物多样性保育、生态系统平衡维持具有重要的意义。已被列入《国家保护的有益的或者有重要经济、科学研究价值的陆生野生动物名录》、《黑龙江省地方重点保护野生动物名录》，为《中日保护候鸟及栖息环境协定》共同保护鸟类，IUCN濒危物种红色名录（ver 3.1）等级为无危。

主要参考文献

高中信. 1995. 小兴安岭野生动物. 哈尔滨：黑龙江科学技术出版社.

马建章. 1992. 黑龙江省鸟类志. 北京：中国林业出版社.

约翰·马敬能，等. 2000. 中国鸟类野外手册. 长沙：湖南教育出版社.

赵正阶. 1988. 东北鸟类. 沈阳：辽宁科学技术出版社.

赵正阶. 2001. 中国鸟类志·上卷·非雀形目. 长春：吉林科学技术出版社.

（执笔人：高智晟）

4.32 花脸鸭　　　*Anas formosa* Georgi

地方名　王鸭、小巴鸭、野鸭子
英文名　Baikal Teal
俄文名　Клоктун
分类地位　鸟纲、雁形目、鸭科、河鸭属
识别特征　游禽。体长370～440mm，体重0.36～0.68kg。雄鸟繁殖羽极为艳丽，特别是脸部由黄、绿、黑、白等多种色彩组成的花斑纹极为醒目；繁殖羽头顶至后颈上部黑褐色，具淡棕色羽端。脸部自眼后有一宽阔的翠绿色金属带斑延伸至后颈下部；绿带与头颈部黑褐色之间有一白色狭纹，其余脸部呈乳黄色；在绿色带斑与乳黄色斑之间夹有黑色细线，并向颈侧下方延伸；黑色线与黄色脸斑之间还有白色细线；眼周黑色，并有一黑纹自眼周向下至喉部，从而将脸部乳黄色斑分割为前后两块；胸侧和尾基两侧各有一条垂直白带，为明显的一个野外识别特征。上体灰褐色，下体棕白色；翼镜铜绿色，后面转为黑色，再后白色。非繁殖羽似雌鸟。雌鸟上体暗褐色，羽缘稍淡；头顶褐色较浓近黑色，缀以棕色羽端；翼镜较雄鸟小，且铜绿色辉亮光泽亦差；头侧和颈侧白色，杂以暗褐色细纹；眼先在嘴基处有一棕白色或白色斑，眼后上方具棕白色眉纹；颏棕白色，喉与前颈白色；胸与雄鸭相似，但斑点较少，腹亦为白色，下腹中央微具淡褐色粗斑。虹膜棕色，嘴黑色，跗跖铅蓝色，爪黑色。

生态习性　主要栖息于各种淡水或咸水水域，包括湖泊、江河、水库、水塘、沼泽、河湾及农田原野等各类生境。花脸鸭在本地为旅鸟，见于4月初至5月中旬及9～10月间。迁徙停留期间，主要食藻类和其他水生植物等，也会少量食用水生无脊椎动物等。白天多在安全的大水面或隐蔽性较好的芦苇沼泽处休息和嬉戏；晨昏和夜晚采食于水边或水田中，多在浅水处活动。可直接从水面起飞，声音嘈杂，叫声洪亮而短，很远即能听见。性喜集群，多成小群活动，也常和别的鸭类混群。

分布　逊克、北安、嫩江。

濒危状况及致危原因　花脸鸭曾是中国主要狩猎鸟类之一，数量极为丰富，特别是在长江流域一带，每年猎取量极为可观，迁徙期有时集群多达1000～2000只，但现已变得极为稀少。花脸鸭在世界范围内的种群数量亦在减少，全球花脸鸭的种群数量约为5万只。种群数量减少的原因主要是过度捕猎。在黑河市其种群数量十分稀少。另外，适栖生境的不断减少也是该物种濒危的原因之一。

保护及利用　花脸鸭肉味鲜美，可食用；羽色华丽，可饰用；同时对生物多样性保育、生态系统平衡维持具有重要的意义。已被列入《国家保护的有益的或者有重要经济、科学研究价值的陆生野生动物名录》，为《中日保护候鸟及栖息环境协定》共同保护鸟类和《濒危野生动植物种国际贸易公约》（CITES）附录Ⅱ物种，IUCN濒危物种红色名录（ver 3.1）等级为无危。

主要参考文献

高中信. 1995. 小兴安岭野生动物. 哈尔滨：黑龙江科学技术出版社.

马建章. 1992. 黑龙江省鸟类志. 北京：中国林业出版社.

约翰·马敬能，等. 2000. 中国鸟类野外手册. 湖南教育出版社.

赵正阶. 1988. 东北鸟类. 沈阳：辽宁科学技术出版社.

赵正阶. 2001. 中国鸟类志·上卷·非雀形目. 长春：吉林科学技术出版社.

（执笔人：高智晟）

花脸鸭 *Anas formosa* Georgi　　摄影：郭玉民

4.33 白眉鸭 *Anas querquedula* Linnaeus

地方名 风鸭、小石鸭、小八鸭
英文名 Garganey
俄文名 Чирок трескунок
分类地位 鸟纲、雁形目、鸭科、河鸭属
识别特征 游禽。体长340～410mm，体重0.24～0.47kg。雌雄异色。雄鸭嘴黑色，头和颈淡栗色，具白色细纹；眉纹白色，宽而长，一直延伸到头后，故得名。上体棕褐色；肩羽延长成尖形，且呈黑白二色。翅上覆羽浅蓝灰色；大覆羽具宽的白色端斑；初级覆羽淡灰褐色，外翈具宽阔白边；翼镜绿色，前后均衬以宽阔的白边。胸棕黄色而杂以暗褐色波状斑；两胁棕白色而缀有灰白色波浪形细斑，同前后的暗色形成鲜明对照。雌鸭上体黑褐色，下体白色而带棕色；眉纹白色，但不及雄鸭显著；翼镜暗橄榄色带白色羽缘，不明显。繁殖期过后雄鸟似雌鸟，仅飞行时羽色图案有别，雄鸟飞行时翅上覆羽呈蓝灰色。幼鸟似雌鸟，但胸和两胁更多棕色，下体斑纹较多。虹膜黑褐色，嘴黑褐色，嘴甲黑色，跗跖灰黑色。
生态习性 栖息于开阔的湖泊、江河、沼泽、河口、池塘、沙洲等水域中，也出现于山区水塘、河流和海滩上。迁徙时，多与绿翅鸭混群。白天结群在静水中栖息，多夜晚觅食。飞行迅速，很少鸣叫。性胆怯而机警，常在有水草隐蔽处活动和觅食，见人立即游向隐蔽处，如有声响，立刻从水中冲出，直升而起。飞行快捷，起飞和降落均甚灵活。杂食性，以水生植物及其种子为食，也食小型水生动物等。白眉鸭在本地为夏候鸟，3月中旬迁来，9月末及10月初迁离。通常在冬季越冬地时即已配成对，时常以对为单位结成小群到达繁殖地。4月下旬开始繁殖。营地面巢，巢多置于沼泽地及近水灌丛下面。开始产卵后雌鸟还将从自己身上拔下的绒羽围在巢周，当它离巢觅食时，亦用绒羽将卵盖住。窝卵数6～14枚，常见7～10枚，卵淡黄色，平均大小45mm×32mm，孵化由雌鸟承担，孵化期21～23天。雏鸟早成性。1龄时性成熟。
分布 逊克、北安、五大连池、嫩江。
濒危状况及致危原因 白眉鸭是中国主要产业鸟类之一，种群数量较大，但现在国内种群数量已相当少，在黑河市其种群数量十分稀少，主要原因是过度狩猎，而适栖生境的不断减少也是该物种受胁的主要原因。
保护及利用 白眉鸭是中国东南部冬季主要产业鸟之一。体型较小，肉可食用；体羽还可做鸭绒和装饰品；同时对生物多样性保育、生态系统平衡维持具有重要的意义。已被列入《国家保护的有益的或者有重要经济、科学研究价值的陆生野生动物名录》《黑龙江省地方重点保护野生动物名录》，为《中日保护候鸟及栖息环境协定》与《中澳保护候鸟及栖息环境协定》共同保护鸟类，IUCN濒危物种红色名录（ver 3.1）等级为无危。

主要参考文献

高中信. 1995. 小兴安岭野生动物. 哈尔滨：黑龙江科学技术出版社.

马建章.1992. 黑龙江省鸟类志. 北京：中国林业出版社.

约翰·马敬能，等. 2000. 中国鸟类野外手册. 长沙：湖南教育出版社.

赵正阶. 1988. 东北鸟类. 沈阳：辽宁科学技术出版社.

赵正阶. 2001. 中国鸟类志·上卷·非雀形目. 长春：吉林科学技术出版社.

（执笔人：高智晟）

白眉鸭 *Anas querquedula* Linnaeus　　摄影：杨克杰

4.34 琵嘴鸭 *Anas clypeata* Linnaeus

地方名 琵琶嘴、琵琶嘴鸭
英文名 Northern Shoveler
俄文名 Широконоска
分类地位 鸟纲、雁形目、鸭科、河鸭属

识别特征 游禽。体长430～510mm，体重0.45～0.73kg。嘴特大而扁平，末端扩展呈匙形，易于与其他鸭类区别。雌雄异色。雄鸟头至上颈暗绿色而具光泽；背黑色，背的两边及外侧肩羽和胸皆白色，且连成一体；翼镜金属绿色，腹和两胁栗色，脚橘黄色。雌鸟略较雄鸟为小，外貌特征亦不及雄鸟明显，体褐色斑驳，尾近白色，贯眼纹深色，翼镜较小，也有大而呈匙状的嘴。虹膜褐色，繁殖期雄鸟嘴近黑色，雌鸟橘黄褐色。爪蓝黑色。翼上覆羽浅灰蓝色，飞羽深色，飞行时二者与绿色的翼镜形成明显的对比。

生态习性 栖息于开阔地区的河流、湖泊、水塘等水域环境及低山丘陵地带开阔地区的沼泽等处。游泳速度慢，很少潜水，多于浅水处活动，不喜欢在植物茂密的水域觅食，经常在岸边泥土中水流缓慢的沙滩上用琵琶嘴掘沙觅食，有时也在浑浊的水坑中滤水取食。常成对或成3～5只的小群，也见有单只活动的。飞行能力不强，但飞行快而有力。杂食性，喜食动物性食物，也食部分水草及草籽。琵嘴鸭在本地为夏候鸟，每年4月初迁来，10月初迁离。迁来时，常与其他鸭类混群活动于冰缝中，也常在冰面上休息。性机警，但不很怕人。在南方越冬地时即已配对，常成对或以对为单位组成的小群到达繁殖地，在迁徙季节亦可集成较大的群体。随后雄鸟开始占区，雌鸟则开始寻觅营巢位置。营巢于水域附近、隐蔽、干扰少的地上草丛中。巢较简陋，利用天然凹坑稍加修整而成，内垫干草茎和草叶，在开始孵卵后也放一些绒羽于巢四周。5月上旬开始产卵，窝卵数7～13枚，通常10枚，1天产1枚卵。卵淡黄色或淡绿色，平均大小（48～58mm）×（34～39mm）。雌鸟单独孵卵，孵化期23～25天。雄鸟用很大一部分时间和活动护卫鸟巢和领域。雏鸟早成性。

分布 逊克、北安、五大连池、嫩江。

濒危状况及致危原因 琵嘴鸭是中国传统狩猎鸟类之一，由于过度狩猎和生存环境条件的恶化，全球数量已很少，在黑河市其种群数量十分稀少。

保护及利用 琵嘴鸭可做狩猎之用，其肉味可口；而且雄鸟的蓝色肩羽，被称为蓝鸭公子，翼镜称为鸭翠，都是价值较高的装饰羽，具有比较重要的经济价值；同时对生物多样性保育、生态系统平衡维持具有重要的意义。已被列入《国家保护的有益的或者有重要经济、科学研究价值的陆生野生动物名录》《黑龙江省地方重点保护野生动物名录》，为《中日保护候鸟及栖息环境协定》与《中澳保护候鸟及栖息环境协定》共同保护鸟类，IUCN濒危物种红色名录（ver 3.1）等级为无危。

主要参考文献

高中信. 1995. 小兴安岭野生动物. 哈尔滨：黑龙江科学技术出版社.

马建章. 1992. 黑龙江省鸟类志. 北京：中国林业出版社.

约翰·马敬能，等. 2000. 中国鸟类野外手册. 长沙：湖南教育出版社.

赵正阶. 1988. 东北鸟类. 沈阳：辽宁科学技术出版社.

赵正阶. 2001. 中国鸟类志·上卷·非雀形目. 长春：吉林科学技术出版社.

（执笔人：高智晟）

第4章 珍稀濒危野生动物 | 071

琵嘴鸭 *Anas clypeata* Linnaeus

摄影：赵文阁、杨克杰

4.35 青头潜鸭 *Aythya baeri* Radde

地方名 青头鸭

英文名 Baer's Pochard

俄文名 Нырок (чернеть) Бэра

分类地位 鸟纲、雁形目、鸭科、潜鸭属

识别特征 游禽，善于潜水。体长430～490mm，体重0.55～0.73kg。雌雄异色。雄鸟头和颈黑色，具绿色光泽；上体黑褐色，肩有褐色蠹状斑；次级飞羽白色，端部暗褐色，形成明显的白色翼镜和暗褐色后缘；腰和尾上覆羽黑深棕色；腹部白色，与胸部栗色截然分开，并向上扩展到两胁前面，下腹杂有褐斑；两胁淡栗褐色，具白色端斑；尾下覆羽白色。雌鸟头和颈黑褐色，头侧、颈侧棕褐色，眼先与嘴基之间有一栗红色近似圆形斑；上体暗褐色，背和两肩羽缘较淡；胸淡棕褐色，具淡色羽缘；翼、腰和尾上尾下覆羽；胸腹部等与雄鸟相似。幼鸟似雌鸟，但体色较暗；头颈为暗皮黄褐色，胸红褐色，腹白色，缀有褐色，两胁前面白色更明显。虹膜雄鸟白色，雌鸟褐色或淡黄色；嘴深灰色，嘴基和嘴甲黑色；跗跖铅灰色。

生态习性 喜欢水流缓慢的水域，主要栖息在芦苇和蒲草等水生植物丰富的湖泊中，也常出入于山区森林地带多水草的小型湖泊、水塘和沼泽地带。杂食性，以各种水草、杂草种子及小型无脊椎动物为食。性胆怯机警。飞行迅速，善于潜水。青头潜鸭在本地为夏候鸟，3月末4月初迁来，10月中下旬南迁。迁徙时常成对或成小群活动，也常见与其他鸭类混群。4月中旬开始配对，然后分散到人为干扰少、水深1m以内的苇塘中，随后开始筑巢产卵，多为地面巢，离水很近，也有部分筑水面巢，圆盘状，用水草编织而成。窝卵数6～9枚，日产1枚卵，大小为52.5mm×38.6mm，淡黄色，有巢寄生现象。雌性孵化，雄性警戒，孵化期23～25天。雏鸟早成性。

分布 逊克、北安、五大连池。

濒危状况及致危原因 青头潜鸭曾经是黑龙江省最常见的夏候鸟之一，但是由于过度狩猎及其繁殖和越冬的湿地被破坏等，总体数量已很稀少。在黑河市其种群数量十分稀少。

保护及利用 青头潜鸭是一种重要的狩猎鸟类，也可加工为其他经济利用，比如肉可食用，羽毛可作为填充材料和装饰品等；同时对生物多样性保育、生态系统平衡维持具有重要的意义。已被列入《国家保护的有益的或者有重要经济、科学研究价值的陆生野生动物名录》《黑龙江省地方重点保护野生动物名录》，为《中日保护候鸟及栖息环境协定》共同保护鸟类，IUCN濒危物种红色名录（ver 3.1）等级为极危，应该加大保护和研究力度。

主要参考文献

高中信. 1995. 小兴安岭野生动物. 哈尔滨：黑龙江科学技术出版社.

马建章. 1992. 黑龙江省鸟类志. 北京：中国林业出版社.

约翰·马敬能，等. 2000. 中国鸟类野外手册. 长沙：湖南教育出版社.

赵正阶. 1988. 东北鸟类. 沈阳：辽宁科学技术出版社.

赵正阶. 2001. 中国鸟类志·上卷·非雀形目. 长春：吉林科学技术出版社.

（执笔人：高智晟）

青头潜鸭 *Aythya baeri* Radde   摄影：郭玉民

4.36 斑头秋沙鸭　　*Mergus albellus* Linnaeus

地方名　秋沙鸭、油鸭、花头锯嘴鸭、白秋沙鸭
英文名　Smew
俄文名　Белый крохаль
分类地位　鸟纲、雁形目、鸭科、秋沙鸭属
识别特征　游禽，秋沙鸭中嘴形较短的一种。体长340～442mm，体重0.42～0.70kg。雌雄异色。雄鸟繁殖期以黑白色为主，体白色，但眼周、枕纹、上背、初级飞羽及胸两侧的狭窄条纹为黑色，中覆羽白色，形成大型翼镜；下体白色；体侧具有灰色蠕虫状细纹；腰和尾灰色。非繁殖期雄鸟似雌鸟。雌鸟上体灰色，具两道白色翼斑；下体白色，喉白色，眼周近黑色，颊、顶及枕部栗色。虹膜褐色；嘴近黑色；跗跖灰色。

生态习性　主要栖息于森林或森林附近的湖泊、河流、水塘等水域中，喜欢小而平静、隐蔽性好的水域，但更喜欢低地河岸森林，有时会与其他鸭类混群。性机警，稍受惊扰就飞走，飞行迅速。善于游泳和潜水，潜水深度和每次潜水的时间长短均不及其他秋沙鸭，通常一次潜水时间多在15～20s。几乎整天都在湖面活动。游动轻快而稳，游泳时颈伸得很直，有时也将头浸入水中，并频频潜水。休息时多在湖边或河边水域中来回游荡，或栖于水边石头上和浸在水中的物体上，很少上岸。飞行快而直，两翅扇动较快。起飞时显得很笨拙，需要两翅在水面急速拍打并在水面助跑一阵才能飞起。也能在地上行走，时常出现在城市公园湖泊中。通常一边游泳一边频频潜水取食。属于杂食性鸟类，主要以鱼类和无脊椎动物为食，也食少量植物性食物，如水草、种子、树叶等。斑头秋沙鸭在本地为旅鸟，见于3月末4月初，以及9月底或者10月初。常成群活动，通常7～8只至10余只一群，有时也见多至数十只的大群。通常雌雄分别集群。

分布　逊克、北安、五大连池、爱辉。

濒危状况及致危原因　其种群数量在黑河市十分稀少。斑头秋沙鸭外表美丽，泳姿逍遥，是著名的观赏鸟。目前湿地环境的日益破坏已威胁到这一物种的生存，种群数量已明显减少，变得相当稀少和不常见，需要加强保护工作。

保护及利用　斑头秋沙鸭作为著名的观赏鸟，其唯一的缺陷是人工繁殖极其困难，但雏鸟的存活率非常高，且易于饲养；但是肉味腥，经济价值不高。已被列入《中日保护候鸟及栖息环境协定》共同保护鸟类，IUCN濒危物种红色名录（ver 3.1）等级为无危。

主要参考文献

高中信. 1995. 小兴安岭野生动物. 哈尔滨：黑龙江科学技术出版社.

马建章. 1992. 黑龙江省鸟类志. 北京：中国林业出版社.

约翰·马敬能，等. 2000. 中国鸟类野外手册. 长沙：湖南教育出版社.

赵正阶. 1988. 东北鸟类. 沈阳：辽宁科学技术出版社.

赵正阶. 2001. 中国鸟类志·上卷·非雀形目. 长春：吉林科学技术出版社.

（执笔人：高智晟）

斑头秋沙鸭 *Mergus albellus* Linnaeus　　　　　　摄影：聂延秋

4.37 红胸秋沙鸭　　*Mergus serrator* Linnaeus

地方名　　油鸭
英文名　　Red-breasted Merganser
俄文名　　Средний крохаль
分类地位　　鸟纲、雁形目、鸭科、秋沙鸭属
识别特征　　游禽。体长516~598mm，体重0.60~1.10kg。嘴细长而带钩，捕食鱼类。丝质冠羽长而尖。雌雄异色。雄鸟头部黑色，具绿色金属光泽，枕部具黑色羽冠；上颈白色，形成一宽的白色颈环；下颈和胸锈红色，因此得名；背黑色，下背暗褐色，腰和尾上覆羽灰褐色，具细密的黑白相间虫蠹状细纹，尾羽灰褐色；初级飞羽和覆羽暗褐色，次级飞羽白色，外侧具黑色羽缘；大覆羽、中覆羽白色，小覆羽褐灰色，在翅上形成白色翼镜和大型白色翅斑；下胸至尾下覆羽白色，两胁具蠕虫状细纹。非繁殖期雄鸟似雌鸟。雌鸟色暗而褐，头部近红色渐变成颈部的灰白色，背、肩一直到尾灰褐色，具灰色尖端；颏白色；喉和前颈淡棕白色，前胸污白色，两胁灰褐色，其余下体白色。虹膜雄鸟红色，雌鸟红褐色；嘴深红色；跗跖红色。幼鸟似雌鸟，但胸和下体中部多灰褐色而少白色。

生态习性　　主要栖息于森林中的河流、湖泊及河口地区，喜欢清洁的水域。性机敏，难于靠近。善于潜水，游泳时常将头浸入水中，探视水中食物，并频频潜水；休息时常漂浮在水面，头高高举起。飞行快而直。起飞时两翅需在水面急速拍打一阵才能飞起，显得有些吃力而笨拙。常成小群活动。食物以鱼类为主，也食其他水生无脊椎动物，有时也食用植物性食物。红胸秋沙鸭在本地为夏候鸟，4月初迁来，10月迁离。迁徙时常与其他鸭类混群。通常在冬末和春季迁徙的路上形成繁殖对，也有的在到达繁殖地后繁殖对才形成。雄鸟发情时发出多种轻柔而似猫的喵喵叫声。雌鸟发情及飞行时均发出似喘息的叫声。营巢于湖泊、河流等水域岸边地上灌丛，或草丛中地面隐蔽处，或河边岩石下及岩石缝隙中，有时也在树洞和地坑中营巢，巢内通常垫有少许枯草和大量绒羽。窝卵数8~12枚，通常10枚；卵平均大小为（55~71mm）×（40~48mm）；卵光滑无斑，淡橄榄色或深皮黄色。雌鸟孵卵，孵

红胸秋沙鸭 *Mergus serrator* Linnaeus

摄影：聂延秋、杨文亮

化期31～35天。雌鸟开始孵卵后,雄鸟即离开雌鸟独自去换羽。雏鸟早成性。2龄时性成熟。

分布　逊克、爱辉、嫩江。

濒危状况及致危原因　红胸秋沙鸭曾经是中国最常见的一种秋沙鸭,但近来却变得相当稀少,种群数量明显减少,适栖生境的不断减少是该物种濒危的主要原因,需要加强保护工作。在黑河市其种群数量十分稀少。

保护及利用　由于红胸秋沙鸭主要以鱼类为食,因此对渔业生产有一定影响;其羽毛可作为鸭绒进行经济利用,但其肉味不佳;对生物多样性保育、生态系统平衡维持具有重要的意义。已被列入《国家保护的有益的或者有重要经济、科学研究价值的陆生野生动物名录》,为《中日保护候鸟及栖息环境协定》共同保护鸟类,IUCN濒危物种红色名录(ver 3.1)等级为无危。

主要参考文献

高中信. 1995. 小兴安岭野生动物. 哈尔滨:黑龙江科学技术出版社.

马建章. 1992. 黑龙江省鸟类志. 北京:中国林业出版社.

约翰·马敬能,等. 2000. 中国鸟类野外手册. 长沙:湖南教育出版社.

赵正阶. 1988. 东北鸟类. 沈阳:辽宁科学技术出版社.

赵正阶. 2001. 中国鸟类志·上卷·非雀形目. 长春:吉林科学技术出版社.

（执笔人：高智晟）

4.38　中华秋沙鸭　*Mergus squamatus* (Gould)

地方名　鳞肋秋沙鸭

英文名　Chinese Merganser,Scaly-sided Merganser

俄文名　чешуйчатый крохаль

分类地位　鸟纲、雁形目、鸭科、秋沙鸭属

识别特征　游禽。全长490～630mm。嘴长而窄,近红色,形侧扁,前端尖出,其尖端具钩。羽冠长而明显,成双冠状。下体近白色,两肋羽片白色而羽缘及羽轴黑色形成特征性鳞状纹。翼镜白色。雄鸟的头和上背及肩羽黑色;下背、腰和尾上覆羽白色,杂以黑色斑纹;尾灰色。雌鸟色暗而多灰色;头和颈棕褐色;上背褐色,下背、腰和尾上覆羽由褐色逐渐变为灰色,并具白色横斑;尾黑褐色,沾灰色。虹膜褐色;脚橘黄色。

生态习性　主要栖息于阔叶林或针阔混交林的溪流、河谷、草甸、水塘及草地。性机警,稍有惊动就昂首缩颈不动,随即起飞或迅速游至隐蔽处。成对或以家庭为群活动。潜水捕食鱼类,觅食多在缓流深水处,捕到鱼后先衔出水面而行吞食。主食鱼类、石蚕科的蛾及甲虫等。中华秋沙鸭在本地为夏候鸟,一般每年4月上中旬到达繁殖地,迁徙前会集成大的群体,到达繁殖地以后,很快就由集群状态分散开,以家族和雌雄配对的方式活动,家族和家族之间通常会保持一定的距离。然后开始筑巢,在距离水体较近的树上营巢,巢多筑在紧靠河边的老杨树的天然树洞中,洞口距地面13m左右,雄鸟常有伪巢。巢内垫以木屑,上面覆盖着绒羽,并混有少量羽毛和青草叶。在溪流中交配。交配前雄鸭围绕雌鸭游动嬉戏,当雌鸭靠近时雄鸭猛扑到雌鸭背上进行交配。4月初到4月中旬产卵,通常1天产1枚,产最后1枚时常间隔1天;年产1窝,窝卵数8～14枚,平均10枚左右;卵平均大小63.25mm×45.91mm,平均重61.9g。卵为长椭圆形,浅灰蓝色,遍布不规则的锈斑,钝端尤为明显。雌鸭在产完最后1枚卵后开始孵卵,孵卵期28～35天。雏鸟在刚刚孵化出来的一两天内出巢,出巢时由亲鸟带领从树洞里跳出来,然后快速进入水中。进入水中后,成家族群活动。

分布　北安、五大连池。

濒危状况及致危原因　中华秋沙鸭是第三纪冰川期后残存下来的物种,距今已有1000多万年,是中国特产稀有鸟类,在黑河市其数量极其稀少。栖息繁殖地呈孤岛状、破碎化严重等是其致危原因。

保护及利用　中华秋沙鸭主要产于我国,有重要

的观赏价值，其羽毛也可用于装饰，同时对生物多样性保育、生态系统平衡维持具有重要的意义。

已被列为国家Ⅰ级重点保护野生动物，列入《中国濒危动物红皮书》《黑龙江省地方重点保护野生动物名录》，IUCN濒危物种红色名录（ver 3.1）等级为濒危，应该加大保护和研究力度。

主要参考文献

高中信. 1995. 小兴安岭野生动物. 哈尔滨：黑龙江科学技术出版社.

马建章. 1992. 黑龙江省鸟类志. 北京：中国林业出版社.

约翰·马敬能，等. 2000. 中国鸟类野外手册. 长沙：湖南教育出版社.

赵正阶. 1988. 东北鸟类. 沈阳：辽宁科学技术出版社.

赵正阶. 2001. 中国鸟类志·上卷·非雀形目. 长春：吉林科学技术出版社.

（执笔人：高智晟）

中华秋沙鸭 *Mergus squamatus* (Gould)

摄影：杨克杰

4.39 鹗 *Pandion haliaetus* (Linnaeus)

地方名 鱼鹰
英文名 Osprey
俄文名 Скопа
分类地位 鸟纲、隼形目、鹗科、鹗属
识别特征 中型猛禽，体长 510~640mm。雄鸟头白色杂褐色纵纹；头侧的宽黑带经过眼睛汇合于背部；上体为暗褐色；下体为白色，颏部、喉部微具细的褐色纵纹；胸部具有赤褐色的斑纹；尾褐色杂褐色横斑。雌鸟头褐色；颏喉羽干褐色；胸褐横斑较宽，羽缘淡黄色和白色。飞翔时两翅狭长，不能伸直，翼角向后弯曲成一定的角度，常在水面的上空翱翔盘旋，从下面看，白色的下体和翼下覆羽同翼角的黑斑，胸部的暗色纵纹和飞羽及尾羽上相间排列的横斑均极为醒目。虹膜淡黄色或橙黄色，眼周裸露皮肤铅黄绿色，嘴黑色，蜡膜铅蓝色，脚和趾黄色，爪黑色。
生态习性 多栖息于江河及湖泊等水域，尤其喜欢在山地森林中的河谷或有树木的水域地带。冬季也常到开阔无林地区的河流、水库、水塘地区活动。停息时多在水域的岸边枯树上或电线杆上。性情机警，叫声响亮。主要以鱼类为食，有时也捕食蛙、蜥蜴、小型鸟类等其他小型陆栖动物。捕食时收翼俯冲伸脚捕捉，甚至身体没入水中，捕获鱼后飞到水域附近的树上或岸边岩石上撕食。它平时常在水面上空缓慢地扇动两翅成圆圈状飞行，两眼注视着水中的鱼类，在距离水面 30~90m 时，还能够迅速地振动双翅，迎风悬停在空中，以便仔细地观察水中猎物的情况。鹗在本地为夏候鸟，4 月上旬到达东北繁殖地，9 月中旬往南迁徙。常单独或成对活动，迁徙期间也常集成 3~5 只的小群，多在水面缓慢地低空飞行，有时也在高空翱翔和盘旋。繁殖期多为 5~8 月。雄鸟和雌鸟配对以后常常比翼双飞，鸣声不断。岩壁或树上巢，巢材为树枝、海草、枯草、苔藓、内垫羽毛、破布等，每窝产卵 2 或 3 枚，偶尔有多至 4 枚的。卵椭圆形，灰白色，被红褐色斑点。亲鸟轮流参与孵卵，但以雌鸟为主，孵卵期 32~40 天。孵出后由亲鸟共同喂养大约 42 天后才能离巢。

分布 逊克、爱辉、五大连池、嫩江。
濒危状况及致危原因 鹗多栖息于江河、湖泊等水域，在黑河市其种群数量十分稀少。主要的威胁来自于人类的干扰（狩猎不是主要的致危因素），林业和农业活动导致的适栖生境的不断减少是该物种濒危的主要原因。
保护及利用 鹗具有药用价值，中医传统理论认为鹗去掉羽毛及肉，取骨晾干、续筋接骨、消肿止痛。已被列为国家Ⅱ级重点保护野生动物，列入《中国濒危动物红皮书》。和《濒危野生动植物国际贸易公约》（CITES）附录Ⅱ应该加大保护和研究力度，以便更好地对其进行利用。

主要参考文献

常家传. 1995. 东北鸟类图鉴. 哈尔滨：黑龙江科学技术出版社.

高玮. 2006. 中国东北地区鸟类及其生态学研究. 北京：科学出版社.

马建章. 1992. 黑龙江省鸟类志. 北京：中国林业出版社.

约翰·马敬能，等. 2000. 中国鸟类野外手册. 长沙：湖南教育出版社.

赵正阶. 1999. 中国东北地区珍稀濒危动物志. 北京：中国林业出版社.

（执笔人：于东）

鹗 *Pandion haliaetus* (Linnaeus) 　　摄影：于晓东、杨克杰

4.40 凤头蜂鹰 *Pernis ptilorhynchus* (Temminck)

地方名 八角鹰、雕头鹰、蜜鹰
英文名 Crested Honey Buzzard
俄文名 Хохлатый осоед
分类地位 鸟纲、隼形目、鹰科、蜂鹰属
识别特征 中型猛禽，体长约630mm。头略小，颈稍长。头顶暗褐色至黑褐色，头侧具有短而硬的鳞片状羽毛，而且较为厚密，是其独有的特征之一。后枕部通常具有短而硬挺的黑色羽冠；嘴黑色，稍细弱。体羽色变异较大，上体近黑色或褐色；头侧为灰色，喉部白色，具有黑色的中央斑纹；下体和翼下覆羽淡棕色或栗褐色，具有淡红褐色和白色相间排列的横带和粗着的黑色中央纹，颚纹和颊纹在喉以横斑相连；初级飞羽暗灰色，尖端黑色，翼下为白色或灰色，具黑色横带，尾羽为灰色或暗褐色，具有3~5条暗色宽带斑及灰白色的波状横斑。虹膜金黄色；蜡膜和脚黄色；爪黑色。
生态习性 栖息于不同海拔的林地中，尤以疏林和林缘地带较为常见，有时也到林外村庄、农田和果园等小林内活动。主要以黄蜂、胡蜂、蜜蜂和其他蜂类为食，不仅喜食蜂类的成虫，还食它们的幼虫、虫卵，以及蜂蜜、蜂蜡等，也食其他昆虫和昆虫幼虫，偶尔也食小型蛇类、蜥蜴、蛙、小型哺乳动物、鼠类、鸟、鸟卵和幼鸟等动物性食物。通常在飞行中捕食。凤头蜂鹰大多在林中的树上或者地上觅食，常用爪在地面上刨掘蜂窝，就像家鸡刨食一样，啄食蜂巢中的各种食物。凤头蜂鹰在本地为夏候鸟。平时常单独活动。飞行灵敏具特色，多为鼓翅飞翔。振翼几次后便作长时间滑翔，两翼平伸翱翔高空。常快速地扇动两翅从一棵树飞到另一棵树，偶尔也在森林上空翱翔，或徐徐滑翔，边飞边叫，叫声短促，像吹哨一样。有时也见停息在高大乔木的树梢上或林内树下部的枝杈上。繁殖期为4~6月。求偶时，雄鸟和雌鸟双双在空中滑翔，然后急速下降，再缓慢盘旋，两翅向背后折起6~7次。营巢于阔叶树或针叶树上，巢距离地面的高度为10~28m。巢呈盘状，主要由枯枝构成，中间稍微下凹，内垫少许草茎和草叶，有时也利用鸢和苍鹰等其他猛禽的旧巢。5月下旬到6月产卵，每窝产卵2~3枚，一般为2枚。卵为砖红色或黄褐色，被有咖啡色的斑点。孵卵期30~35天，育雏期40~45天。

分布 孙吴、爱辉、嫩江。

濒危状况及致危原因 黑河市凤头蜂鹰的种群数量十分稀少。林业和农业活动导致的栖息地破坏和迁徙期的乱捕滥猎，是影响种群数量的主要因素。

保护及利用 凤头蜂鹰具有一定的狩猎、观赏价值及文化科学意义，但是因为其种群数量稀少，已被列为国家Ⅱ级重点保护野生动物，列入《中国濒危动物红皮书》、IUCN濒危物种红色名录和《濒危野生动植物种国际贸易公约》(CITES)附录Ⅱ。应该加大保护和研究力度，以便更好地对其进行利用。

主要参考文献

常家传. 1995. 东北鸟类图鉴. 哈尔滨：黑龙江科学技术出版社.

高玮. 2006. 中国东北地区鸟类及其生态学研究. 北京：科学出版社.

马建章. 1992. 黑龙江省鸟类志. 北京：中国林业出版社.

约翰·马敬能，等. 1995. 中国鸟类野外手册. 长沙：湖南教育出版社.

赵正阶. 1999. 中国东北地区珍稀濒危动物志. 北京：中国林业出版社.

（执笔人：于东）

第4章 珍稀濒危野生动物

凤头蜂鹰 *Pernis ptilorhynchus* (Temminck)

摄影：刘志远、杨文亮

4.41 鸢 *Milvus migrans* (Gmelin)

地方名 黑鸢、老鹞子
英文名 Black Kite
俄文名 Чёрный коршун
分类地位 鸟纲、隼形目、鹰科、鸢属
识别特征 中型猛禽，体长约610mm。前额基部和眼先灰白色，耳羽黑褐色，头顶至后颈棕褐色，具黑褐色羽干纹。上体暗褐色，微具紫色光泽和不甚明显的暗色细横纹和淡色端缘，尾棕褐色，呈浅叉状，其上宽度相等的黑色和褐色横带相间排列，尾端具淡棕白色羽缘；初级飞羽黑褐色，外侧飞羽内翈基部白色，形成翼下一大型白色斑；飞翔时极为醒目。下体颏、颊和喉灰白色，具细的暗褐色羽干纹；胸、腹及两胁暗棕褐色，具粗着的黑褐色羽干纹，下腹至肛部羽毛稍浅淡，呈棕黄色，几无羽干纹。幼鸟全身大都栗褐色，头、颈大多具棕白色羽干纹；胸、腹具有宽阔的棕白色纵纹，翅上覆羽具白色端斑，尾上横斑不明显，其余似成鸟。虹膜暗褐色，嘴黑色，蜡膜和下嘴基部黄绿色；脚和趾黄色或黄绿色，爪黑色。

生态习性 栖息于开阔平原、草地和低山丘陵地带，也常在城郊、村屯、田野、湖泊上空活动。主要以小鸟、鼠类、蛇、蛙、鱼、野兔、蜥蜴和昆虫等动物性食物为食，偶尔也食家禽和腐尸。发现猎物时，即迅速俯冲直下，扑向猎物，用利爪抓劫而去，飞至树上或岩石上啄食。鸢在本地为夏候鸟。鸢白天活动，常单独在高空飞翔。飞行快而有力，能很熟练地利用上升的热气流升入高空长时间地盘旋翱翔，两翅平伸，尾亦散开，像舵一样不断摆动和变换形状以调节前进方向，两翅亦不时抖动。秋季有时亦成2或3只的小群。通常呈圈状盘旋翱翔，边飞边鸣，鸣声尖锐，似吹哨一样，很远即能听到。视力亦很敏锐，在高空盘旋时即能见到地面动物的活动。性

鸢 *Milvus migrans* (Gmelin)

摄影：杨文亮、赵文阁

机警，人很难接近。鸢的繁殖期4～7月。营巢于高大树上，距地高10m以上，也营巢于悬崖峭壁上。巢呈浅盘状，主要由干树枝构成，结构较为松散，内垫枯草、纸屑、破布、羽毛等柔软物。每窝产卵2或3枚，偶尔有少至1枚和多至5枚的，钝椭圆形，污白色、微缀血红色点斑。雌雄亲鸟轮流孵卵，孵化期38天。雏鸟晚成性，孵出后由雌雄亲鸟共同抚育，大约经过42天的巢期生活后，雏鸟即可飞翔。

分布 逊克、爱辉、嫩江。

濒危状况及致危原因 黑河市鸢的种群数量十分稀少。林业和农业活动导致的栖息地破坏和迁徙期的乱捕滥猎，是影响种群数量的主要因素。

保护及利用 鸢的种群数量稀少，已被列为国家Ⅱ级重点保护野生动物，列入《中国濒危动物红皮书》、IUCN濒危物种红色名录和《濒危野生动植物国际贸易公约》（CITES）附录Ⅱ。应该加大保护和研究力度，以便更好地对其进行利用。

主要参考文献

常家传. 1995. 东北鸟类图鉴. 哈尔滨：黑龙江科学技术出版社.

高玮. 2006. 中国东北地区鸟类及其生态学研究. 北京：科学出版社.

高中信. 1995. 小兴安岭野生动物. 哈尔滨：黑龙江科学技术出版社.

马建章. 1992. 黑龙江省鸟类志. 北京：中国林业出版社.

约翰·马敬能，等. 2000. 中国鸟类野外手册. 长沙：湖南教育出版社.

赵正阶. 1999. 中国东北地区珍稀濒危动物志. 北京：中国林业出版社.

（执笔人：于东）

4.42 白尾海雕 *Haliaeetus albicilla* (Linnaeus)

地方名 白尾雕、芝麻雕

英文名 White-tailed Sea Eagle

俄文名 Орлан - белохвост

分类地位 鸟纲、隼形目、鹰科、海雕属

识别特征 大型猛禽，体长约890mm。头顶、后头、耳羽、后颈淡黄褐色，具暗褐色羽轴纹和斑纹；背、肩、腰淡棕褐色，羽端暗褐色；长尾上覆羽中部杂有白斑，尾较短，呈楔状，尾全白色或基部褐色；尾下覆羽淡棕色，具褐色斑；颏、喉部淡黄褐色，胸部淡褐色，具暗褐色羽轴纹和淡色羽缘，其余下体褐色；飞羽黑褐色，翅上覆羽褐色，具淡黄褐色羽缘；展翼近长方形，翅下覆羽和腋羽暗褐色。幼鸟嘴黑色，尾和体羽褐色。不同年龄的亚成体，羽色在深浅上和斑纹的多少上亦有所不同，特别在下体。体羽接近成鸟羽色需要在5龄以后，而头要达到典型成鸟的淡黄褐色或沙褐色、蜡膜为黄色则需要8～10年。虹膜黄色，嘴和蜡膜黄色，脚和趾黄色，爪黑色。

生态习性 主要栖息于河口、江河附近的广大沼泽地区，繁殖期间尤其喜欢在有高大树木的水域或森林地区的开阔湖泊与河流地带。主要以鱼为食，常在水面低空飞行，发现鱼后用爪伸入水中抓取。此外也食野鸭、雁、天鹅、雉鸡、鼠类、野兔、狍子等，有时还食动物尸体，常通过在空中翱翔和滑翔搜寻猎物。白尾海雕白天活动，单独或成对在大的湖面上空飞翔。飞翔时两翅平直，常轻轻扇动飞行一阵后接着又是短暂的滑翔，有时亦能快速地扇动两翅飞翔。休息时停栖在岩石和地面上，有时也长时间停立在乔木枝头。白尾海雕在本地为夏候鸟。繁殖期4～6月。通常营巢于湖边、河岸或附近的高大树上，比较固定，一般在没有干扰的情况下，一个巢可使用很多年。巢多置于树木顶端枝杈上或粗大的侧枝上，距离地面的高度为15～25m，偶尔也有营巢于悬崖岩石上的。巢呈盘状，主要由树枝构成，内垫细小的枝叶和羽毛，通常每窝产卵2枚。卵的颜色为白色，光滑无斑，偶尔带有少许不清晰的赭色斑。第1枚卵产出后即开始孵卵。孵卵由雌雄亲鸟轮换进行，以雌鸟为主，孵化期35～45天。雏鸟晚成性，孵出后由雌雄亲鸟共同喂养，经过约70天的巢期生活，雏鸟即具有飞翔能力和离巢。

分布 逊克。

濒危状况及致危原因　白尾海雕在本地十分罕见。由于环境污染、生境丧失和乱捕滥猎等人为压力的增加，种群数量明显减少。大量剧毒的农药在它体内富集影响到钙质的新陈代谢，使得卵壳变得非常薄，孵卵时在母鸟的重压下，往往会破碎，也是影响种群数量的主要因素。

保护及利用　白尾海雕的种群数量十分稀少，已被列为国家Ⅰ级重点保护野生动物，列入《中国濒危动物红皮书》、IUCN濒危物种红色名录和《濒危野生动植物国际贸易公约》（CITES）附录Ⅱ。应该加大保护和研究力度，以便更好地对其进行利用。

主要参考文献

常家传. 1995. 东北鸟类图鉴. 哈尔滨：黑龙江科学技术出版社.

高玮. 2006. 中国东北地区鸟类及其生态学研究. 北京：科学出版社.

马建章. 1992. 黑龙江省鸟类志. 北京：中国林业出版社.

约翰·马敬能，等. 2000. 中国鸟类野外手册. 长沙：湖南教育出版社.

赵正阶. 1999. 中国东北地区珍稀濒危动物志. 北京：中国林业出版社.

（执笔人：于东）

白尾海雕 *Haliaeetus albicilla*（Linnaeus）　　　　　摄影：杨克杰、于晓东

4.43 秃鹫　*Aegypius monachus* (Linnaeus)

地方名　秃鹰、座山雕
英文名　Vulture
俄文名　Стервятник
分类地位　鸟纲、隼形目、鹰科、秃鹫属
识别特征　大型猛禽，体长约1100mm。是高原上体格最大的猛禽，翼展大约有2000mm（大者可达3000mm以上），600mm宽。成年秃鹫头部为褐色绒羽，后头羽色稍淡，嘴基无蜡膜，密生黑须，连黑眉纹；颏下有黑须簇；颈裸出，呈铅蓝色，皱领白褐色；上体暗褐色，翼上覆羽亦为暗褐色；翼形尖长，飞时翼角甚突出；初级飞羽黑色；尾羽黑褐色；下体暗褐色；胸前具绒羽，两侧具矛状长羽；胸、腹具淡色纵纹；尾下覆羽淡褐色。嘴强大，由于食尸的需要，它那带钩的嘴变得十分厉害，可以轻而易举地啄破和撕开坚韧的牛皮，拖出沉重的内脏；鼻孔圆形。幼鸟和成鸟基本相似，但体色较暗，头更裸露。虹膜褐色，嘴端黑褐色，蜡膜铝蓝色，跗跖和趾灰色，爪黑色。

秃鹫 *Aegypius monachus* (Linnaeus)　　　　摄影：李显达、于晓东

生态习性　秃鹫栖息范围较广，主要栖息于低山丘陵和山谷溪流及林缘地带，冬季偶尔也到山脚平原地区的村庄、牧场、草地及荒漠和半荒漠地区。主要以大型动物的尸体为食。它也常在开阔而较裸露的山地和平原上空翱翔，窥视动物尸体，偶尔主动攻击中小型兽类、两栖类、爬行类和鸟类，甚至袭击家畜。秃鹫飞得很高时未必能发现地面上的动物尸体，但其他食尸动物的活动可以为其提供目标。如果发现它们正在撕食尸体，秃鹫会降低飞行高度，假如确实发现了食物，它们会迅速降落。这时，周围几十公里外的秃鹫也会接踵而来，以每小时100km以上的速度，冲向目标食物。秃鹫在本地为留鸟。常单独活动，偶尔也成小群，特别在食物丰富的地方。白天活动，常在高空悠闲地翱翔和滑翔，有时也进行低空飞行。翱翔和沿翔时两翅平伸，初级飞羽散开呈指状，翼端微向下垂。休息时多站于突出的岩石、电线杆或者树顶的枯枝上。不善鸣叫。筑巢于高大乔木上，以树枝为材，内铺小枝和兽毛等。通常每窝产卵1或2枚。

分布　嫩江。

濒危状况及致危原因　作为医药成分被捕猎，中医传统理论认为秃鹫除去内脏和羽毛，取肉和骨骼，肉有滋阴补虚的功能；骨有软坚散结的功能，治甲状腺肿大，因此被利用。同时由于环境污染、生境丧失等人为压力的增加，种群数量在它分布的大多数地区均已明显减少。秃鹫形态特殊，可供观赏，其羽毛有较高经济价值。长期以来常有人捕杀制作标本，作为一种畸形的时尚装饰，加上秃鹫本身繁殖能力较低，使本种群受到了一定破坏。

保护及利用　已被列为国家Ⅱ级重点保护野生动物，列入《中国濒危动物红皮书》、IUCN濒危物种红色名录和《濒危野生动植物种国际贸易公约》（CITES）附录Ⅱ。应该加大保护和研究力度，以便更好地对其进行利用。

主要参考文献

高玮. 2006. 中国东北地区鸟类及其生态学研究. 北京：科学出版社.

高中信. 1995. 小兴安岭野生动物. 哈尔滨：黑龙江科学技术出版社.

马建章. 1992. 黑龙江省鸟类志. 北京：中国林业出版社.

约翰·马敬能, 等. 2000. 中国鸟类野外手册. 长沙：湖南教育出版社.

赵正阶. 1999. 中国东北地区珍稀濒危动物志. 北京：中国林业出版社.

（执笔人：于东）

4.44　白腹鹞　*Circus spilonotus* Kaup

地方名　泽鹞、白尾巴根子
英文名　Eastern Marsh Harrier
俄文名　Восточный болотный лунь
分类地位　鸟纲、隼形目、鹰科、鹞属

识别特征　中型猛禽，体长约530mm。雄鸟头至背、前颈和上胸黑色并满布白色纵纹。背部杂有白色点斑；尾上覆羽白色杂有褐斑；尾银灰色；翼主银灰色，仅中覆羽和小覆羽黑色杂白点斑；下胸以后和翼下覆羽白色或杂细纹；翼端飞羽黑色杂白色横斑；翼下次级飞羽有次端黑色横斑。雌鸟头、颈、胸棕褐色，杂棕白色羽缘斑；背部褐色；腹以下和翼下覆羽棕褐色，杂棕白色羽缘斑；飞羽暗褐色，翼端飞羽下面显褐色横斑；尾上覆羽棕褐色杂白色；尾棕灰色，有5条褐色横斑。亚成鸟似雌鸟但色深，上体较暗棕色，下体颔、喉部白色或皮黄白色，其余下体棕褐色，胸常具棕白色羽缘。雄鸟虹膜黄色，雌鸟及幼鸟虹膜浅褐色；嘴灰色；脚黄色；爪黑色。

生态习性　通常栖息于沼泽低湿地带，尤其是多草沼泽地带或芦苇地等开阔地。白天活动，性机警而孤独，常单独或成对活动。多见在沼泽和芦苇上空低空飞行，两翅向上举成浅"V"字形，缓慢而长时间地滑翔，偶尔扇动几下翅膀。栖息时多在地上或低的土堆上，不喜欢像其他猛禽那样

栖在高处。主要以小型鸟类、啮齿类、蛙、蜥蜴、小型蛇类和大的昆虫为食，有时也在水面捕食各种中小型水鸟如䴙䴘、野鸭和地上的雉类、鹑类及野兔等动物，也有食死尸和腐肉的报道。通常在白天觅食，整天多数时候都在地面低空飞翔寻找食物，发现后则突然降下捕猎，并就地撕裂后吞食。白腹鹞在本地为夏候鸟。繁殖期4~6月。繁殖前期常成对在空中翱翔进行求偶表演，迁到本地的时间多在4月初至4月中旬，4月中旬至4月末开始营巢，10月末至11月初离开繁殖地。在湿地、旱地营巢，边孵卵边修巢，甚至雏鸟出壳时巢才最后成型，通常营巢于地上芦苇丛中，偶尔也在灌丛中营巢。巢呈盘状，由芦苇构成。每窝产卵4~5枚，偶尔有多至6枚和少至3枚的，卵青白色。主要由雌鸟孵卵，孵化期33~38天。雏鸟晚成性，雏鸟孵出后全身被有白色绒羽，经过35~40天的巢期生活后才能离巢。

分布 爱辉、嫩江。

濒危状况及致危原因 由于环境污染、生境丧失和乱捕滥猎等人为压力的增加，加之林业和农业活动导致栖息地质量下降，分布区域碎片化，种群数量已明显减少。

保护及利用 白腹鹞是重要的猛禽，具有一定的观赏价值及文化科学意义，但是因为其种群数量稀少，已被列为国家Ⅱ级重点保护野生动物，列入《中国濒危动物红皮书》、IUCN濒危物种红色名录和《濒危野生动植物国际贸易公约》（CITES）附录Ⅱ，也是《中华人民共和国政府和日本国政府保护候鸟及其栖息环境协定》共同保护鸟类。应该加大保护和研究力度，以便更好地对其进行利用。

主要参考文献

常家传. 1995. 东北鸟类图鉴. 哈尔滨：黑龙江科学技术出版社.

高玮. 2006. 中国东北地区鸟类及其生态学研究. 北京：科学出版社.

高中信. 1995. 小兴安岭野生动物. 哈尔滨：黑龙江科学技术出版社.

马建章. 1992. 黑龙江省鸟类志. 北京：中国林业出版社.

约翰·马敬能，等. 2000. 中国鸟类野外手册. 长沙：湖南教育出版社.

赵正阶. 1999. 中国东北地区珍稀濒危动物志. 北京：中国林业出版社.

（执笔人：于东）

白腹鹞 *Circus spilonotus* Kaup　　摄影：杨克杰、郭玉民

4.45 白尾鹞 *Circus cyaneus* (Linnaeus)

地方名 灰鹰、白抓、灰鹞

英文名 Northern Harrier

俄文名 Лунь

分类地位 鸟纲、隼形目、鹰科、鹞属

识别特征 中型猛禽，体长约500mm。雄鸟前额污灰白色，头顶灰褐色，后头暗褐色，具棕黄色的羽缘，耳羽的后下方向下至颏有一圈蓬松而稍微卷曲的羽毛所形成的皱翎，后颈微蓝灰色，常缀以褐色或黄褐色的羽缘；背、肩和腰蓝灰色；翼下面除翼端黑色、翼后缘灰褐色外，其余部分为纯白色；中央尾羽银灰色，横斑不明显，接着的两对尾羽蓝灰色，具有暗灰色横斑，外侧尾羽则是白色，杂以暗灰褐色横斑，尾上覆羽为白色，所以被叫作白尾鹞。雌鸟的头、颈、翼覆羽和胸以下橙黄色或棕白色，杂褐色或棕色纵纹；上体余部褐色；尾上覆羽白色；尾有4条黑褐色横斑；下体和翼下覆羽明显沾黄色。虹膜为黄色；嘴黑色，基部蓝灰色；蜡膜黄绿色；脚和趾黄色；爪黑色。

生态习性 栖息于平原和低山丘陵地带，尤其是平原上的湖泊、沼泽、河谷、草原、荒野，以及低山、林间沼泽和草地，农田和芦苇塘等开阔地区。常沿地面低空飞行，极为敏捷迅速，特别是在追击猎物的时候。有时又在草地上空滑翔，两翅上举呈"V"字形，缓慢地移动，并不时地抖动两翅，滑翔时两翅微向后弯曲。有时又栖于地上不动，注视草丛中猎物的活动。主要以小型鸟类、鼠类、蛙、蜥蜴和大型昆虫等动物性食物为食。主要在白天活动和觅食，尤以早晨和黄昏最为活跃，叫声洪亮。常沿地面低空飞行搜寻猎物，发现后急速降到地面捕食。白尾鹞在本地为夏候鸟。繁殖期4~7月，繁殖前期常见成对在空中作求偶飞行，彼此相互追逐。营巢于枯芦苇丛、草丛或灌丛间地上。巢呈浅盘状，主要由枯芦苇、蒲草、细枝构成。窝卵数4或5枚，偶尔有少至3枚和多至6枚的。卵刚产出时为淡绿色或白色、被有肉桂色或红褐色斑。第1枚卵产出后即开始孵卵，由雌鸟承担，孵卵期29~31天。雏鸟晚成性，刚孵出时被有短的白色绒羽。经过35~42天的巢期生活，雏鸟才能离巢。

分布 爱辉、嫩江。

濒危状况及致危原因 林业和农业活动导致栖息地质量下降，分布区域碎片化，种群数量已明显减少。环境污染和乱捕滥猎等人为压力的增加，也是种群数量减少的主要原因。

保护及利用 白尾鹞是重要的猛禽，具有一定观赏价值及文化科学意义，但是因为其种群数量稀少，已被列为国家Ⅱ级重点保护野生动物，列入《中国濒危动物红皮书》、IUCN濒危物种红色名录和《濒危野生动植物国际贸易公约》（CITES）附录Ⅱ，也是《中华人民共和国政府和日本国政府保护候鸟及其栖息环境协定》共同保护鸟类。应该加大保护和研究力度，以便更好地对其进行利用。

主要参考文献

常家传. 1995. 东北鸟类图鉴. 哈尔滨：黑龙江科学技术出版社.

高玮. 2006. 中国东北地区鸟类及其生态学研究. 北京：科学出版社.

高中信. 1995. 小兴安岭野生动物. 哈尔滨：黑龙江科学技术出版社.

马建章. 1992. 黑龙江省鸟类志. 北京：中国林业出版社.

约翰·马敬能，等. 2000. 中国鸟类野外手册. 长沙：湖南教育出版社.

赵正阶. 1999. 中国东北地区珍稀濒危动物志. 北京：中国林业出版社.

（执笔人：于东）

白尾鹞 *Circus cyaneus* (Linnaeus)　　摄影：付建国

4.46 白头鹞 *Circus aeruginosus* (Linnaeus)

地方名 白尾巴根子、泽鹫、泽鹞
英文名 Eurasian Marsh Harrier
俄文名 Болотный лунь
分类地位 鸟纲、隼形目、鹰科、鹞属
识别特征 中型猛禽，体长约510mm。雄鸟似雄性白腹鹞的亚成鸟，但头部多皮黄色而少深色纵纹；上体黑色；下体色淡；头颈部有黑褐色纵斑；翼背面的初级飞羽基部有灰色部分；张开翼时初级飞羽先端的黑色羽十分鲜明。雌鸟及亚成鸟似白腹鹞，但背部深褐色更深；尾无横斑；头顶少深色粗纵纹；雌鸟腰无浅色；翼下初级飞羽的白色块斑（如果有）少深色杂斑。雄鸟虹膜黄色；雌鸟及幼鸟虹膜淡褐色；嘴灰色；脚黄色。
生态习性 栖息于平原和低山丘陵地带，尤其是平原上的湖泊、沼泽、河谷，以及低山、林间沼泽和草地，农田、沿海沼泽和芦苇塘等开阔地区。食物主要以鸣禽和水禽如鸭科、黑水鸡和骨顶鸡为主（一般是幼鸟）；假如有足够多的田鼠的话它们的食物组成部分也可能包含大量田鼠。此外，还有少量小哺乳动物（至麝鼠大小）及鱼、蛙、蜥蜴和比较大的昆虫。虽然在它们的食物中鸟类占相当大的比例，但是在它们的巢附近很难找到猎物的羽毛。一般它们就在抓到食物的地方吃，这往往就在旷野或者在树桩上，不像其他一些猛禽，它们没有专门进食的地方。白头鹞使用低空、翅膀呈"V"字形、左右摇晃地滑行来寻找食物，它们试图出其不意地袭击，一般它们在地面上袭击，很少在水上或者空中。白头鹞在本地为夏候鸟。从5月开始可以观察到雄鸟的求偶飞行；它们对雌鸟俯冲，然后突然向旁边斜飞出去。在芦苇丛中筑巢。芦苇密集的地方或者沼泽地植被多的地面上，偶尔也会筑在麦田里，很少筑在草地上。巢由一大堆树枝、芦苇和类似的物质组成，白头鹞的巢比其他鹞属鸟的巢大。几乎只有雌鸟参加筑巢的工作。营巢持续到孵化期。每年只孵育1次。窝卵数4或5枚。卵为青色或青白色，表面光滑，没有光泽。孵卵期31～36天。幼鸟孵出后不能飞，也不能走，它们只有在头上、躯干上和大腿上有绒毛，绒毛无法覆盖住身体，因此可以看到粉色的皮肤。

分布 嫩江。

濒危状况及致危原因 白头鹞在芦苇丛中筑巢，由于湿地大量减少和芦苇丛大量枯死使其生境丧失，无法繁殖，导致它们的数量锐减。环境污染和乱捕滥猎等人为压力的增加，也导致种群数量明显减少。

保护及利用 白头鹞是重要的猛禽，具有一定观赏价值及文化科学意义，但是因为其种群数量稀少，已被列为国家Ⅱ级重点保护野生动物，列入《中国濒危动物红皮书》、IUCN濒危物种红色名录和《濒危野生动植物国际贸易公约》（CITES）附录Ⅱ，也是《中华人民共和国政府和日本国政府保护候鸟及其栖息环境协定》共同保护鸟类。应该加大保护和研究力度，以便更好地对其进行利用。

主要参考文献

常家传. 1995. 东北鸟类图鉴. 哈尔滨：黑龙江科学技术出版社.

高玮. 2006. 中国东北地区鸟类及其生态学研究. 北京：科学出版社.

高中信. 1995. 小兴安岭野生动物. 哈尔滨：黑龙江科学技术出版社.

马建章. 1992. 黑龙江省鸟类志. 北京：中国林业出版社.

约翰·马敬能，等. 2000. 中国鸟类野外手册. 长沙：湖南教育出版社.

赵正阶. 1999. 中国东北地区珍稀濒危动物志. 北京：中国林业出版社.

（执笔人：于东）

白头鹞 *Circus aeruginosus* (Linnaeus)
摄影：郭玉民

4.47 鹊鹞 *Circus melanoleucos* (Pennant)

地方名 喜鹊鹞、喜鹊鹰
英文名 Pied Harrier
俄文名 Пегий лунь
分类地位 鸟纲、隼形目、鹰科、鹞属
识别特征 小型猛禽，体长约450mm。雄鸟上体和三级飞羽黑色，并向两侧伸至翼角；翼端黑色；小覆羽白色或杂灰色；尾上覆羽白色；尾羽灰褐色，具灰白色端斑和较宽的黑褐色次端斑；另外还具4或5道黑褐色横斑；下体和翼下除颏至上胸和翼端黑色外，其余部分皆为白色。雌鸟似白尾鹞雌鸟，体型较雄鸟为大。上体灰褐色，前额乳白色或缀有淡棕黄色，头顶至后颈灰褐色或鼠灰色，具有较多羽基显露出来的白斑，上体自背至尾上覆羽灰褐色或褐色，尾上覆羽通常具白色羽尖，尾羽和飞羽暗褐色，头侧和脸乳白色，微沾淡棕黄色，并缀有细的暗褐色纵纹。下体乳白色，颏和喉部具较宽的暗褐色纵纹，胸、腹和两胁及覆腿羽均具暗褐色横斑，其余似雄鸟。虹膜橙黄色；嘴暗铅灰色，尖端黑色，基部黄绿色；蜡膜黄色或黄绿色；脚和趾橙黄色；爪黑色。
生态习性 栖息于沼泽、针叶林、混交林、阔叶林等山地森林和林缘地带，尤其喜欢在林缘、河谷、采伐迹地的次生林和农田附近的小块丛林地带活动。常单独活动，多在林边草地和灌丛上空低空飞行，飞行时两翅上举呈"V"字形，两翅不动，慢慢地飘浮在空中，时高时低地进行上下和向前的活动，并不时地抖动两翅和身体或者短暂地鼓动几下翅膀。主要以小鸟、鼠类、林蛙、蜥蜴和昆虫等为食，也捕鸠鸽类和鹑鸡类等体型稍大的鸟类及野兔、蛇等。鹊鹞在本地为夏候鸟。繁殖期5~7月。5月初开始营巢。喜在高山幼树上筑巢，也多见于疏林中灌丛草甸的塔头草墩上或地面上。巢呈浅盘状，由干苔草的草茎和草叶构成。如果没有干扰，巢可以多年使用。窝卵数4或5枚，卵为青色或青白色，通常没有斑点，偶尔被有褐色斑点。产出第1枚卵后即开始孵卵，由亲鸟轮流进行，但以雌鸟为主。孵化期约30天，雏鸟晚成性，亲鸟共同抚养1个多月后才能离巢。

分布 逊克、孙吴、五大连池、爱辉、北安、嫩江。

濒危状况及致危原因 由于环境污染、生境丧失和乱捕滥猎等人为压力的增加，种群数量在它分布的大多数地区均已明显减少。栖息地大量减少和生境破碎化使其生境丧失，导致它们的数量锐减。

保护及利用 白头鹞是重要的猛禽，具有一定的观赏价值及文化科学意义，但是因为其种群数量稀少，已被列为国家Ⅱ级重点保护野生动物，列入《中国濒危动物红皮书》、IUCN濒危物种红色名录和《濒危野生动植物国际贸易公约》（CITES）附录Ⅱ，也是《中华人民共和国政府和日本国政府保护候鸟及其栖息环境协定》共同保护鸟类。应该加大保护和研究力度，以便更好地对其进行利用。

主要参考文献

常家传. 1995. 东北鸟类图鉴. 哈尔滨：黑龙江科学技术出版社.

高玮. 2006. 中国东北地区鸟类及其生态学研究. 北京：科学出版社.

高中信. 1995. 小兴安岭野生动物. 哈尔滨：黑龙江科学技术出版社.

马建章. 1992. 黑龙江省鸟类志. 北京：中国林业出版社.

赵正阶. 1999. 中国东北地区珍稀濒危动物志. 北京：中国林业出版社.

（执笔人：于东）

鹊鹞 *Circus melanoleucos* (Pennant)   摄影：李显达

4.48 日本松雀鹰 *Accipiter gularis* Temminck et Schlegel

地方名 松儿、松子鹰
英文名 Japanese Sparrowhawk
俄文名 Японский перепелятник
分类地位 鸟纲、隼形目、鹰科、鹰属

识别特征 小型猛禽，体长约280mm。雌鸟比雄鸟体型大。它的外形和羽色很像松雀鹰，但喉部中央的黑纹较为细窄，不似松雀鹰那样宽而粗著；翅下的覆羽为白色而具有灰色的斑点，而松雀鹰翅下覆羽为棕色；另外，日本松雀鹰的腋下羽白色而具有灰色横斑，而松雀鹰的腋羽棕色而具有黑色横斑。雄鸟背面暗蓝灰色，头颈尤暗色；后颈、肩和三级飞羽杂白色；翼下覆羽具灰褐色横斑；腹面白色，颏喉部中央具1条褐色纵纹；胸腹有不明显的棕色横斑；或全棕色仅正中杂褐色横斑。雌鸟上体褐色；喉部中纹比雄鸟宽；下胸以后密布棕褐色横斑；腹中央杂纵纹。亚成鸟似雌鸟，但上体羽缘黄褐色或棕褐色；胸、腹、胁有棕褐色圆形、心形斑或横斑。虹膜黄色；嘴黑色，蜡膜灰色；腿及脚黄色。

生态习性 主要栖息于山地针叶林和混交林中，也出现在林缘和疏林地带，是典型的森林猛禽。白天活动，喜欢出入于林中溪流和沟谷地带。多单独活动。常见栖息于林缘高大树木的顶枝上，有时亦见在空中飞行，两翅鼓动甚快，常在快速鼓翼飞翔之后接着又进行一段直线滑翔，有时还伴随着高而尖锐的叫声。主要以山雀、莺类等小型鸟类为食，也食昆虫、蜥蜴、石龙子等小型爬行动物。常在林缘上空捕猎食物，有时也停息在大树顶端，发现地面或路过的猎物时才突然直飞而下捕猎。日本松雀鹰在本地为夏候鸟。繁殖期5~7月，常营巢于茂密的山地森林和林缘地带，尤其喜欢在针叶林或针阔混交林中的河谷、溪流附近的高大树上营巢，巢小而坚实，呈圆而厚的皿状或盘状，外层为粗树枝，内层由细枝和带针叶的鲜松枝构成，从上方看恰如一团绿枝，隐蔽较好。窝卵数4或5枚。卵浅蓝白色，钝端周围带有明显的赤褐色斑点，余部斑纹小而稀。亲鸟在孵卵期间有强烈的护巢行为，当发现有人进入巢区时常表现出向人攻击的姿势或俯冲过来。

分布 爱辉、北安、嫩江。

濒危状况及致危原因 由于栖息地质量下降、分布区域碎片化，影响繁殖。环境污染和乱捕滥猎等人类压力的增加，导致它们的数量锐减，种群数量已明显减少。

保护及利用 日本松雀鹰是重要的猛禽，具有一定观赏价值及文化科学意义，但是因为其种群数量稀少，已被列为国家Ⅱ级重点保护野生动物，列入IUCN濒危物种红色名录和《濒危野生动植物国际贸易公约》（CITES）附录Ⅱ，也是《中华人民共和国政府和日本国政府保护候鸟及其栖息环境协定》共同保护鸟类。应该加大保护和研究力度，以便更好地对其进行利用。

主要参考文献

常家传. 1995. 东北鸟类图鉴. 哈尔滨：黑龙江科学技术出版社.

高玮. 2006. 中国东北地区鸟类及其生态学研究. 北京：科学出版社.

高中信. 1995. 小兴安岭野生动物. 哈尔滨：黑龙江科学技术出版社.

马建章. 1992. 黑龙江省鸟类志. 北京：中国林业出版社.

约翰·马敬能，等. 2000. 中国鸟类野外手册. 长沙：湖南教育出版社.

赵正阶. 1999. 中国东北地区珍稀濒危动物志. 北京：中国林业出版社.

（执笔人：于东）

日本松雀鹰 *Accipiter gularis* Temminck et Schlegel　　摄影：李显达

4.49 雀鹰 *Accipiter nisus* (Linnaeus)

地方名 黄鹰、鹞鹰
英文名 Sparrowhawk
俄文名 Перепелятник
分类地位 鸟纲、隼形目、鹰科、鹰属

识别特征 小型猛禽，体长约360mm。雄鸟上体苍灰色，头顶、枕和后颈较暗，前额微缀棕色，后颈羽基白色，常显露于外；尾上覆羽羽端有时缀有白色；尾羽灰褐色，具4或5道黑褐色横斑；初级飞羽暗褐色，内翈白色而具黑褐色横斑；翅上覆羽暗灰色，眼先灰色，具黑色刚毛，有的具白色眉纹，头侧和脸棕色，具暗色羽干纹。下体白色，颏和喉部满布褐色羽干细纹；胸、腹和两胁具红褐色或暗褐色细横斑；尾下覆羽亦为白色，常缀不甚明显的淡灰褐色斑纹。雌鸟体型较雄鸟大。上体灰褐色，前额乳白色或缀有淡棕黄色，头顶至后颈灰褐色或鼠灰色，具有较多羽基显露出来的白斑，上体自背至尾上覆羽灰褐色或褐色。下体乳白色，颏和喉部具较宽的暗褐色纵纹，胸、腹和两胁及覆腿羽均具暗褐色横斑，其余似雄鸟。虹膜橙黄色，嘴暗铅灰色、尖端黑色、基部黄绿色，蜡膜黄色或黄绿色，脚和趾橙黄色，爪黑色。

生态习性 雀鹰栖息于针叶林、混交林、阔叶林等山地森林和林缘地带，尤其喜欢在林缘、河谷，采伐迹地的次生林和农田附近的小块丛林地带活动。日出性，常单独生活。或飞翔于空中，或栖于树上和电柱上。飞翔时先两翅快速鼓动飞翔一阵后，接着滑翔，二者交互进行。飞行有力而灵巧，能巧妙地在树丛间穿行飞翔。雀鹰主要以鸟、昆虫和鼠类等为食，也捕食鸠鸽类和鹑鸡类等体型稍大的鸟类及野兔、蛇等。雀鹰在本地为夏候鸟。繁殖期5~7月。营巢于森林中的树上，距地高4~14m。巢通常放在靠近树干的枝杈上。常在中等大小的椴树、红松树或落叶松等阔叶或针叶树上营巢，有时也利用其他鸟巢经补充和修理而成。巢区和巢均较固定，常多年利用。巢呈碟形，主要由枯树枝构成，内垫松枝和新鲜树叶，以及羽毛、废纸、布屑等。窝卵数4或5枚，通常间隔1天产1枚卵。卵青灰色，杂栗色、淡紫色斑纹。雌鸟孵卵，雄鸟偶尔亦参与孵卵活动，孵化期32~35天。雏鸟晚成性，24~30天离巢。

分布 逊克、孙吴、五大连池、嫩江。

雀鹰 *Accipiter nisus* (Linnaeus)　　摄影：李显达

濒危状况及致危原因 由于栖息地质量下降、分布区域碎片化，影响繁殖。环境污染和乱捕滥猎等人为压力的增加，导致它们的数量锐减，种群数量已明显减少。

保护及利用 雀鹰的分布广泛，特别是捕食大量的鼠类和害虫，对于农业、林业和牧业均十分有益，对维持生态平衡也起到了积极的作用。雀鹰可驯养为狩猎禽。具有一定观赏价值及文化科学意义，已被列为国家Ⅱ级重点保护野生动物，列入 IUCN 濒危物种红色名录和《濒危野生动植物国际贸易公约》(CITES)附录Ⅱ。应该加大保护和研究力度，以便而更好地对其进行利用。

主要参考文献

常家传. 1995. 东北鸟类图鉴. 哈尔滨：黑龙江科学技术出版社.

高玮. 2006. 中国东北地区鸟类及其生态学研究. 北京：科学出版社.

高中信. 1995. 小兴安岭野生动物. 哈尔滨：黑龙江科学技术出版社.

马建章. 1992. 黑龙江省鸟类志. 北京：中国林业出版社.

约翰·马敬能，等. 2000. 中国鸟类野外手册. 长沙：湖南教育出版社.

赵正阶. 1999. 中国东北地区珍稀濒危动物志. 北京：中国林业出版社.

（执笔人：于东）

4.50 苍 鹰 *Accipiter gentilis* (Linnaeus)

地方名 鹰、牙鹰
英文名 Northern Goshawk
俄文名 Ястреб-тетеревятник
分类地位 鸟纲、隼形目、鹰科、鹰属
识别特征 中型猛禽，体长约530mm。前额、头顶、枕和头侧黑褐色；颈部羽基白色；眉纹白色而具黑色羽干纹；耳羽黑色；上体到尾灰褐色；飞羽有暗褐色横斑，内翈基部有白色块斑。尾灰褐色，具4或5道黑褐色横斑。喉部有黑褐色细纹及暗褐色斑。胸、腹、两胁和覆腿羽白色并布满较细的横纹，羽干黑褐色。肛周和尾下覆羽白色，有少许褐色横斑。雌鸟羽色与雄鸟相似，但较暗，体型较大。亚成鸟上体都为褐色，杂有棕黄色或白色斑。眉纹不明显；耳羽褐色；腹部淡黄褐色，有黑褐色纵行点斑。虹膜金黄色或黄色，蜡膜黄绿色；嘴黑色基部沾蓝色；脚和趾黄色；爪黑色；跗跖前后缘均具盾状鳞。

生态习性 栖息于疏林、林缘和灌丛地带，次生林中也较常见。栖息于不同海拔的针叶林、混交林和阔叶林等森林地带，也见于山势平原和丘陵地带的疏林、林缘和灌丛地带。次生林中也较常见。通常以鼠类、野兔、雉类、榛鸡、鸠鸽类及其他中小型鸟类为食，一旦发现森林中的猎物则迅速俯冲，呈直线追击，用利爪抓捕猎获物。白天活动。性甚机警，视觉敏锐，善于飞翔。是森林中肉食性猛禽。通常单独活动，叫声尖锐洪亮。在空中翱翔时两翅水平伸直，或稍稍向上抬起，偶尔亦伴随着两翅的扇动，但除迁徙期间外，很少在空中翱翔，多隐蔽在森林中树枝间窥视猎物，飞行快而灵活，能利用短圆的翅膀和长的尾羽来调节速度及改变方向，在林中或上或下、或高或低地穿行于树丛间，并能加快飞行速度在树林中追捕猎物，有时也在林缘开阔地上空飞行或沿直线滑翔，窥视地面动物活动。苍鹰在本地为夏候鸟。4月下旬迁到本地区。在林密僻静处较高的乔木上筑巢，也有在苇丛、蒲草丛地面营巢的。常利用旧巢，巢材为新鲜桦树、糠椴及山榆和枝叶及少量羽毛。产卵后仍修巢。出雏后，修巢速度随雏鸟增长而加快。产卵最早见于4月末，有的在5月中旬。隔日1枚，窝卵数3或4枚。尖、钝端明显，浅鸭蛋青色。孵化期30～33天。雌、雄鸟共同育雏，以雌鸟为主。雄鸟主要是警戒。育雏期35～37天。

分布　爱辉、嫩江。

濒危状况及致危原因　由于栖息地质量下降、分布区域碎片化，影响繁殖。环境污染和乱捕滥猎等人为压力的增加，导致它们的数量锐减，种群数量已明显减少。

保护及利用　苍鹰已被列为国家Ⅱ级重点保护野生动物，列入IUCN濒危物种红色名录和《濒危野生动植物种国际贸易公约》（CITES）附录Ⅱ。应该加大保护和研究力度，以便更好地对其进行利用。

主要参考文献

常家传. 1995. 东北鸟类图鉴. 哈尔滨：黑龙江科学技术出版社.

高玮. 2006. 中国东北地区鸟类及其生态学研究. 北京：科学出版社.

高中信. 1995. 小兴安岭野生动物. 哈尔滨：黑龙江科学技术出版社.

马建章. 1992. 黑龙江省鸟类志. 北京：中国林业出版社.

约翰·马敬能，等. 2000. 中国鸟类野外手册. 长沙：湖南教育出版社.

赵正阶. 1999. 中国东北地区珍稀濒危动物志. 北京：中国林业出版社.

（执笔人：于东）

苍鹰 *Accipiter gentilis* (Linnaeus)

摄影：李显达、高智晟

4.51 灰脸鵟鹰 *Butastur indicus* (Gmelin)

地方名 灰脸鹰、灰面鹞
英文名 Grey-faced Buzzard
俄文名 Серое лицо канюки
分类地位 鸟纲、隼形目、鹰科、鵟鹰属
识别特征 中型猛禽，体长约450mm。头、颈灰褐色沾棕色；后颈白色，羽基常显露；上体暗褐色沾棕色，具有暗色细轴纹；翼上覆羽大都棕褐色；外侧飞羽栗褐色，内侧飞羽大都栗褐色，外翈及羽端仍为黑褐色；所有飞羽的内翈均具暗褐色的横斑；尾上覆羽白色而具暗褐色横斑；尾羽暗灰褐色，具黑褐色宽阔横斑。眼先白色，颊灰色；颏、喉白色，具较宽的暗褐色髭纹和喉纹；上胸栗褐色，下胸、腹、两胁白色，具栗褐色横斑。嘴黑色，嘴基橙黄色；虹膜褐色；脚黄色；跗跖鳞前缘大于后缘。幼鸟眉纹皮黄色；背面褐色；腹面有栗色纵纹；胁有横斑。
生态习性 栖息于阔叶林、针阔混交林及针叶林等山林地带，秋冬季节则大多栖息于林缘、山地、丘陵、草地、农田和村屯附近等较为开阔的地区，有时也出现在荒漠和河谷地带。飞行轻快，动作敏捷。飞行时两翅不断鼓动，有时作直线飞行，有时围绕着某一地点作圈状翱翔。常单独活动，只有迁徙期间才成群。白天在森林的上空盘旋、在低空飞行，或者呈圆圈状翱翔，有时也栖止于沼泽地中枯死的大树顶端和空旷地方孤立的枯树枝上，或者在地面上活动。性情较为胆大，叫声响亮，有时也飞到城镇和村屯内捕食。主要以小型蛇类、蛙、蜥蜴、鼠类、松鼠、野兔和小鸟等动物性食物为食，有时也食大的昆虫和动物尸体。觅食主要在早晨和黄昏。觅食方法主要是栖于空旷地的孤立树梢上，两眼注视着地面，发现猎物时才突然冲下来扑向猎物。有时也在低空飞翔捕食，或在地上来回徘徊觅找和捕猎食物。灰脸鵟鹰在本地为夏候鸟。迁徙时通常下午3~4时成群在栖息地上空不停地盘旋，直至黄昏，才在栖宿地山坡树林中停息。繁殖期5~7月。营巢于阔叶林或针阔混交林中靠河岸的疏林地带或林中沼泽草甸和林缘地带的树上，也见在林缘地边的孤立树梢上营巢。巢多置于树顶端的枝杈上，距地面的高度为7~15m。巢呈盘状，主要由枯树枝构成，内垫枯草茎、草叶、树皮和羽毛。窝卵数3或4枚，偶尔有少至2枚的。卵白色，具锈色或红褐色斑。
分布 嫩江。
濒危状况及致危原因 灰脸鵟鹰春、秋二季经迁徙途中，因数量庞大，引起当地居民乱捕滥猎，因而面临强大压力。环境污染、生境丧失等人为压力的增加，种群数量已明显减少。
保护及利用 灰脸鵟鹰具有一定的观赏价值及文化科学意义，但是本地种群数量稀少，已被列为国家Ⅱ级重点保护野生动物，列入IUCN濒危物种红色名录和《濒危野生动植物种国际贸易公约》(CITES)附录Ⅱ，也是《中华人民共和国政府和日本国政府保护候鸟及其栖息环境协定》共同保护鸟类。应该加大保护和研究力度，以便更好地对其进行利用。

主要参考文献

常家传. 1995. 东北鸟类图鉴. 哈尔滨：黑龙江科学技术出版社.
高玮. 2006. 中国东北地区鸟类及其生态学研究. 北京：科学出版社.
高中信. 1995. 小兴安岭野生动物. 哈尔滨：黑龙江科学技术出版社.
马建章. 1992. 黑龙江省鸟类志. 北京：中国林业出版社.
约翰·马敬能, 等. 2000. 中国鸟类野外手册. 长沙：湖南教育出版社.
赵正阶. 1999. 中国东北地区珍稀濒危动物志. 北京：中国林业出版社.

（执笔人：于东）

灰脸鵟鹰 *Butastur indicus* (Gmelin)　　摄影：王小平

4.52 普通鵟 *Buteo buteo* (Linnaeus)

地方名　土豹
英文名　Common Buzzard
俄文名　Обыкновенный канюк
分类地位　鸟纲、隼形目、鹰科、鵟属

识别特征　中型猛禽，体长约530mm。中间型：上体多呈灰褐色，羽缘白色，微缀紫色光泽；头具窄的暗色羽缘；尾羽暗灰褐色，具数道不清晰的黑褐色横斑和灰白色端斑。外侧初级飞羽黑褐色，内翈基部和羽缘污白色或乳黄白色，并缀有赭色斑；内侧飞羽黑褐色，内翈基部和羽缘白色，展翅时形成显著的翼下大型白斑，飞羽内外翈均具暗色或棕褐色横斑。下体乳黄白色，颏和喉部具淡褐色纵纹，胸和两胁具粗的棕褐色横斑和斑纹，腹近乳白色，有的被有细的淡褐色斑纹，腿覆羽黄褐色，缀暗褐色斑纹，肛区和尾下覆羽乳黄白色而微具褐色横斑。黑型：除后颈、胸、中覆羽杂黄白色或污白色斑，小覆羽和翼下覆羽羽缘微栗色外，体全褐色，包括尾下覆羽；尾褐色，翼下似中间型。棕型：上体包括两翅棕褐色、羽端淡褐色或白色，飞羽较暗色型稍淡，尾羽棕褐色，羽端黄褐色，亚端斑深褐色，往尾基部横斑逐渐不清晰，代之以灰白色斑纹。颏、喉乳黄色，具棕褐色羽干纹；胸和两胁具大型棕褐色粗斑，体侧尤甚，腹部乳黄色，有淡褐色细斑。尾下覆羽乳黄色，尾羽下面银灰色，有不清晰的暗色横斑。嘴黑褐色；脚与蜡膜黄色；虹膜褐色。

生态习性　主要栖息于山地森林和林缘地带，常见在开阔平原、荒漠、旷野、开垦的耕作区、林缘草地和村庄上空盘旋翱翔。多单独活动，有时亦见2~4只在天空盘旋。性机警，视觉敏锐。主要以森林鼠类为食，除啮齿类外，也食蛙、蜥蜴、蛇、野兔、小鸟和大型昆虫等动物性食物，有时亦到村庄捕食鸡等家禽。普通鵟在本地为夏候鸟。繁殖期5~7月。通常营巢于林缘或森林中高大的树上，尤喜针叶树。通常置巢于树冠上部近主干的枝丫上，距地高7~15m。也有营巢于悬崖上的，有时也侵占乌鸦巢。巢结构较简单，主要由枯树枝堆集而成，内垫松针及细枝条和枯叶，有时也垫有羽毛和兽毛。5~6月产卵，窝卵数2或3枚，卵青白色，被有栗褐色和紫褐色斑点与斑纹。第1枚卵产出后即开始孵卵，由雌雄亲鸟共同承担，以雌鸟为主，孵化期约28天，雏鸟经过40~45天离巢。

分布　逊克、孙吴、五大连池、爱辉、北安、嫩江。

濒危状况及致危原因　由于环境污染、生境丧失等人为压力的增加，繁殖能力受到破坏，种群数量已明显减少。普通鵟形态特殊，可供观赏，有较高经济价值，常有人捕杀制作标本，种群数量明显减少。

保护及利用　普通鵟具有一定的观赏价值及文化科学意义，但是本地种群数量稀少，已被列为国家Ⅱ级重点保护野生动物，列入IUCN濒危物种红色名录和《濒危野生动植物种国际贸易公约》（CITES）附录Ⅱ。应该加大保护和研究力度，以便更好地对其进行利用。

主要参考文献

常家传. 1995. 东北鸟类图鉴. 哈尔滨：黑龙江科学技术出版社.

高玮. 2006. 中国东北地区鸟类及其生态学研究. 北京：科学出版社.

马建章. 1992. 黑龙江省鸟类志. 北京：中国林业出版社.

约翰·马敬能，等. 2000. 中国鸟类野外手册. 长沙：湖南教育出版社.

赵正阶. 1999. 中国东北地区珍稀濒危动物志. 北京：中国林业出版社.

（执笔人：于东）

普通鵟 *Buteo buteo* (Linnaeus)　　摄影：李显达

4.53 大䴔 *Buteo hemilasius* Temminck et Schlegel

地方名 豪豹、大豹
英文名 Upland Buzzard
俄文名 Большой канюк
分类地位 鸟纲、隼形目、鹰科、䴔属
识别特征 大型猛禽，体长约630mm。两性同色，有暗色型、淡色型，但中间型最常见：淡型头顶、后颈几为纯白色，具暗色羽干纹。眼先灰黑色，耳羽暗褐色，背、肩、腹暗褐色，具棕白色纵纹的羽缘。尾羽淡褐色，羽干纹及外侧尾羽内翈近白色，具8~9条暗褐色横斑，尾上覆羽淡棕色，具暗褐色横斑，飞时翼角下有褐色斑，飞羽的斑纹与暗色型的相似，但羽色较暗色型为淡；翼端黑色；覆腿羽暗褐色；跗跖前缘全被羽，个别大跗跖之半；下体白色淡棕色，胸侧、下腹及两胁具褐色斑，尾下腹羽白色，覆腿羽暗褐色。暗色型：除头、后颈和胸露白色羽外，全体暗褐色。淡色型：主为灰褐色。虹膜黄褐色，嘴黑褐色，蜡膜绿黄色，跗跖和趾黄褐色，爪黑色。

生态习性 栖息于山地、山脚平原和草原等地区，也出现在高山林缘和开阔的山地草原与荒漠地带。冬季也常出现在低山丘陵和山脚平原地带的农田、芦苇沼泽、村庄、甚至城市附近。主要

大䴔 *Buteo hemilasius* Temminck et Schlegel

摄影：聂延秋、杨文亮

以啮齿动物及蛙、蜥蜴、野兔、蛇、黄鼠、鼠兔、雉鸡、昆虫等动物性食物为食。捕食方式主要通过在空中盘旋飞翔，通过锐利的眼睛观察和寻觅，一旦发现地面猎物，突然快速俯冲而下，用利爪抓捕。此外也栖息于树枝或电线杆上等高处等待猎物，当猎物出现在眼前时才突袭捕猎。平时白天活动。常单独或成小群活动，飞翔时两翼鼓动较慢，常在天气暖和的时候在空中作圈状翱翔。性凶猛、也十分机警，休息时多栖于地上、山顶、树梢或其他突出物体上。大鵟在本地为留鸟。繁殖期5~7月。通常营巢于悬崖峭壁上或树上，巢的附近大多有小的灌木掩护。巢呈盘状，可以多年利用，但每年都要对巢材进行补充，因此有的使用年限较为长久的巢，直径可达1m以上。巢主要由干树枝构成，内垫干草、兽毛、羽毛、碎片和破布。窝卵数通常2~4枚，偶尔也有多至5枚的，卵淡赭黄色，被有红褐色和鼠灰色的斑点，以钝端较多。孵化期约30天。雏鸟晚成性，孵出后由亲鸟共同抚育约45天，然后离巢飞翔。

分布 嫩江。

濒危状况及致危原因 黑河市大鵟的种群数量十分稀少。林业和农业活动导致的栖息地破坏和迁徙期的乱捕滥猎，是影响种群数量的主要因素。大鵟以鼠类和鼠兔等为主要食物，猎物数量减少和灭鼠药的使用也是种群数量减少的主要原因。

保护及利用 大鵟以鼠类和鼠兔等为主要食物，在草原保护中具有很大作用。已被列为国家Ⅱ级重点保护野生动物，列入IUCN濒危物种红色名录和《濒危野生动植物种国际贸易公约》（CITES）附录Ⅱ。应该加大保护和研究力度，以便更好地对其进行利用。

主要参考文献

常家传. 1995. 东北鸟类图鉴. 哈尔滨：黑龙江科学技术出版社.

高玮. 2006. 中国东北地区鸟类及其生态学研究. 北京：科学出版社.

马建章. 1992. 黑龙江省鸟类志. 北京：中国林业出版社.

约翰·马敬能，等. 2000. 中国鸟类野外手册. 长沙：湖南教育出版社.

赵正阶. 1999. 中国东北地区珍稀濒危动物志. 北京：中国林业出版社.

（执笔人：于东）

4.54 毛脚鵟 *Buteo lagopus* (Pontoppidan)

地方名 雪白豹、毛足鵟
英文名 Rough-legged Buzzard
俄文名 Мохноногий курганник
分类地位 鸟纲、隼形目、鹰科、鵟属
识别特征 中型猛禽，体长约550mm。头、颈、胸白色，疏杂褐色纵纹；贯眼纹褐色；背、腰褐色，上背杂棕白色；下背和肩部常缀近白色的不规则横带；尾部覆羽常有白色横斑，圆而不分叉，与鸢形成明显差别。尾羽洁白色，末端具有黑褐色宽斑，末道宽而黑色。腹暗褐色；尾下覆羽白色；飞时翼上初级飞羽基部有弧形白斑，翼下主白色，翼角、翼端和翼后缘黑色。雌鸟及幼鸟的浅色头与深色胸成对比。幼鸟飞行时翼下黑色后缘较少。成年雄鸟头部色深，胸色浅。颏部为棕白色，并有黑褐色羽干纹。喉部和胸部为黄褐色，具有轴纹和大块轴斑。腹部为暗褐色，下体其余部分为白色。跗跖被羽达趾基，后缘被鳞。虹膜黄褐色；嘴深灰色；蜡膜黄色；脚黄色。

生态习性 栖息于稀疏的针阔混交林和原野、耕地等开阔地带，在繁殖期主要栖息于靠近北极地区，是较为耐寒的苔原针叶林鸟类，因此具有丰厚的羽毛覆盖脚趾。主要以田鼠等小型啮齿类动物和小型鸟类为食，也捕食野兔、雉鸡、石鸡等较大型的动物，捕食方式除在开阔地低空飞翔盘旋觅找和捕猎食物外，也通过埋伏在地上或站在电线杆和树上等待，当猎物到来时再突然出击的方式。毛脚鵟在本地为冬候鸟。5月末至8月初繁殖。通常营巢于苔原河流或森林河流两岸悬

崖峭壁上，或者干涸的河岸悬崖上和潮湿苔原地上，有时也见在树上营巢的。通常在5月末雪还未完全融化时即开始筑巢，巢的结构相当庞大，呈盘状，主要由枯枝和干草构成，窝卵数通常3或4枚，在鼠类等食物丰富的年代有时多至7枚，在食物贫乏的年代通常为2或3枚。卵的颜色为灰白色或黄白色，被有褐色或灰色斑点，尤以钝端较多。第1枚卵产出后即开始孵卵，主要由雌鸟承担，有时雄鸟也参与孵卵活动。孵化期28～31天。雏鸟晚成性，孵出后由亲鸟共同喂养，到35天左右体羽已经基本长成，但一直到41～45天才离巢出飞，开始独自觅食。

分布 逊克、孙吴、五大连池、爱辉、北安、嫩江。

濒危状况及致危原因 由于环境污染、生境丧失致使食物匮乏，导致种群数量明显减少。毛脚𫛭形态特殊，可供观赏，有较高经济价值，常有人捕杀制作标本，也是种群数量明显减少的主要原因。

保护及利用 毛脚𫛭以鼠类为主要食物，在草原和林业保护中具有很大作用。已被列为国家Ⅱ级重点保护野生动物，列入IUCN濒危物种红色名录和《濒危野生动植物种国际贸易公约》（CITES）附录Ⅱ，也是《中华人民共和国政府和日本国政府保护候鸟及其栖息环境协定》共同保护鸟类。应该加大保护和研究力度，以便更好地对其进行利用。

主要参考文献

高玮. 2006. 中国东北地区鸟类及其生态学研究. 北京：科学出版社.

高中信. 1995. 小兴安岭野生动物. 哈尔滨：黑龙江科学技术出版社.

马建章. 1992. 黑龙江省鸟类志. 北京：中国林业出版社.

约翰·马敬能，等. 2000. 中国鸟类野外手册. 长沙：湖南教育出版社.

赵正阶. 1999. 中国东北地区珍稀濒危动物志. 北京：中国林业出版社.

（执笔人：于东）

毛脚𫛭 *Buteo lagopus* (Pontoppidan)

摄影：杨克杰、李显达

4.55 草原雕 *Aquila rapax* (Temminck)

地方名 大花雕、角鹰
英文名 Steppe Eagle
俄文名 Степной орел
分类地位 鸟纲、隼形目、鹰科、雕属
识别特征 大型猛禽，体长约730mm。体羽以褐色为主，上体褐色；尾上长覆羽棕白色或黄白色，有淡褐色缘斑或端斑。头淡褐色杂白色；尾羽黑褐色微杂以灰褐色横斑；翼上覆羽缘淡褐色；翼下覆羽淡褐色，羽端稍缘为白色；飞羽隐约杂以较浓的褐色横斑；尾黑褐色或深褐色，有8~10道细而不清晰的褐灰色横斑；下体暗土褐色，胸、上腹及两胁杂以棕色纵纹。头显得较小而突出，两翼较长，翼指展开度较宽。飞行时两翼平直，滑翔时两翼略弯曲雌雄相似，雌鸟体型较大。幼鸟体淡褐色，翼下具白色横纹，尾黑色，尾端的白色及翼后缘的白色带与黑色飞羽成对比。翼上具两道皮黄色横纹，尾上覆羽具"V"字形皮黄色斑。尾有时呈楔形。嘴黑色，脚淡褐色。虹膜暗褐色；蜡膜和趾均纯黄色；爪黑色。
生态习性 栖息于开阔平原、草地和低山丘陵地带的荒原草地，但避开沙漠和茂密的林地。常停息在地面或高崖及枯树上。白天活动，或长时间地栖息于电线杆、孤立的树和地面上，或翱翔于草原和荒地上空。主要以黄鼠、鼠兔等啮齿类动物，以及野兔、蜥蜴、蛇和鸟类等小型脊椎动物及昆虫为食，有时也食动物尸体和腐肉。觅食方式主要是守在地上或守在鼠类的洞口等猎物出现时突然扑向猎物，有时也通过在空中飞翔来观察和觅找猎物。飞翔时较低，遇见猎物猛扑下去抓获。猎食的时间和啮齿类活动的规律很一致，大多在早上7~10时和傍晚。草原雕在本地为夏候鸟。繁殖期4~6月。营巢于悬崖上或山顶岩石堆中，也营巢于地面或者小山坡上。巢呈浅盘状，主要由枯枝构成，内垫枯草茎、草叶、羊毛和羽毛。窝卵数1~3枚，通常为2枚，卵为白色，具有艳斑并杂红褐色和苍灰色。产完第1枚卵后即开始孵卵，由亲鸟轮流孵卵。孵化期约45天。雏鸟晚成性，孵出后由亲鸟共同喂养55~60天后离巢。
分布 北安。
濒危状况及致危原因 黑河市草原雕的种群数量十分稀少。林业和农业活动导致的栖息地破坏和迁徙期的乱捕滥猎，是影响种群数量的主要因素。草原雕以鼠类和鼠兔等为主要食物，猎物数量减少和灭鼠药的使用也是种群数量减少的主要原因。
保护及利用 草原雕以鼠类为主要食物，在草原和林业保护中具有很大作用。已被列为国家Ⅰ级重点保护野生动物，列入IUCN濒危物种红色名录和《濒危野生动植物种国际贸易公约》（CITES）附录Ⅱ。应该加大保护和研究力度，以便更好地对其进行利用。

草原雕 *Aquila rapax* (Temminck)
摄影：郭玉民

主要参考文献

常家传. 1995. 东北鸟类图鉴. 哈尔滨：黑龙江科学技术出版社.

高玮. 2006. 中国东北地区鸟类及其生态学研究. 北京：科学出版社.

高中信. 1995. 小兴安岭野生动物. 哈尔滨：黑龙江科学技术出版社.

马建章. 1992. 黑龙江省鸟类志. 北京：中国林业出版社.

约翰·马敬能，等. 2000. 中国鸟类野外手册. 长沙：湖南教育出版社.

赵正阶. 1999. 中国东北地区珍稀濒危动物志. 北京：中国林业出版社.

（执笔人：于东）

4.56 乌 雕 *Aquila clanga* Pallas

地方名 花雕、大斑雕
英文名 spotted eagle
俄文名 Большой подорлик
分类地位 鸟纲、隼形目、鹰科、雕属
识别特征 中大型猛禽，体长约690mm。通体暗褐色；背肩部略微缀有紫色光泽；腰黄褐色；尾上覆羽端灰白色；颏部、喉部和胸部黑褐色，下腹和覆腿羽黄褐色；尾下覆羽棕白色；跗跖羽褐色、白色相杂；尾羽短而圆，基部有一个"V"字形白斑和白色端斑；飞行时两翅宽长而平直，两翅不上举。鼻孔圆形，而其他雕类的鼻孔均为椭圆形。幼鸟上体紫灰色；背和腰及大、中覆羽杂棕黄色纵纹；尾上覆羽白斑较显著；尾端污白色；腹部羽具有淡褐色纵纹。虹膜褐色，嘴黑色，基部较浅淡；蜡膜和趾黄色，爪黑褐色。

生态习性 栖息于低山丘陵和开阔平原地区的森林中，特别是河流、湖泊和沼泽地带的疏林与平原森林，也出现在水域附近的平原草地和林缘地带，有时沿河谷进入针叶林带，迁徙时栖息于开阔地区。白天活动，性情孤独，常长时间站立于树梢上，有时在林缘和森林上空盘旋。叫声音调较低而清晰。主要以野兔、鼠类、野鸭、蛙、蜥蜴、鱼和鸟类等小型动物为食，有时也食动物尸体和大的昆虫。觅食多在林间空地、沼泽、河流和湖泊地区，常见在林间沼泽和河谷地区上空盘旋觅食，也通过长时间地守候在树梢等高处，不断地注视着地面，发现猎物时才突然出击。乌雕在本地为夏候鸟。繁殖期5~7月。营巢于森林中松树或其他高大的乔木上，距地面的高度为8~20m。巢的结构较为庞大、简陋，呈平盘状，主要由枯树枝构成，内垫细枝和新鲜的小枝叶。窝卵数1~3枚，通常为2枚。卵为白色，被红褐色的斑点。第1枚卵产出后即开始孵卵，由雌鸟单独承担，孵化期42~44天。雏鸟晚成性，被有污白色绒羽，60~65天后离巢。离巢前期站在峭壁的平台处或凹处，时而伸颈蹬腿，时而展翅练飞，时而又将肛门朝向外面排泄粪便，更多的时候是在等候亲鸟回来喂食。

分布 嫩江。

濒危状况及致危原因 由于人类经济活动频繁等人为压力的增加，森林被砍伐，栖息环境被破坏，取食地也不断缩小，造成种群数量下降剧烈，是致危的主要因素。施放农药灭鼠，而使食鼠类为主的乌雕富集剧毒农药而第二次中毒或产卵畸形或孵化不出；以及当地猎民的捕猎也是濒危的主要原因。

保护及利用 乌雕在草原和林业保护中具有很大作用。已被列为国家Ⅱ级重点保护野生动物，列入IUCN濒危物种红色名录和《濒危野生动植物种国际贸易公约》(CITES)附录Ⅱ。应该加大保护和研究力度，以便更好地对其进行利用。

主要参考文献

常家传. 1995. 东北鸟类图鉴. 哈尔滨：黑龙江科学技术出版社.

高玮. 2006. 中国东北地区鸟类及其生态学研究. 北京：科学出版社.

高中信. 1995. 小兴安岭野生动物. 哈尔滨：黑龙江科学技术出版社.

马建章. 1992. 黑龙江省鸟类志. 北京：中国林业出版社.

赵正阶. 1999. 中国东北地区珍稀濒危动物志. 北京：中国林业出版社.

（执笔人：于东）

乌雕 *Aquila clanga* Pallas　　　　摄影：李显达

4.57 金 雕　　*Aquila chrysaetos* (Linnaeus)

地方名　鹫雕、金鹫、黑翅雕
英文名　Golden Eagle
俄文名　Беркут
分类地位　鸟纲、隼形目、鹰科、雕属
识别特征　大型猛禽，体长约870mm。上体暗褐色，头顶黑褐色，后头至后颈羽毛尖长，呈柳叶状，羽基暗赤褐色，羽端金黄色，具黑褐色羽干纹。肩部较淡，背肩部微缀紫色光泽；尾上覆羽淡褐色，尖端近黑褐色，尾羽灰褐色，具不规则暗灰褐色横斑或斑纹及一宽阔的黑褐色端斑；翅上覆羽暗赤褐色，羽端较淡，为淡赤褐色，初级飞羽黑褐色，内侧初级飞羽内翈基部灰白色，缀杂乱黑褐色横斑或斑纹；次级飞羽暗褐色，基部具灰白色斑纹，耳羽黑褐色。下体颏、喉和前颈黑褐色，羽基白色；胸、腹亦为黑褐色，羽轴纹较淡，覆腿羽、尾下覆羽和翅下覆羽及腋羽均为暗褐色，覆腿羽具赤色纵纹。跗跖全被羽。亚成鸟尾灰白色，端斑近黑色；翼下有一条内狭外宽的白横带。虹膜栗褐色；嘴端部黑色，基部蓝褐色或蓝灰色（雏鸟嘴铅灰色，嘴裂黄色），蜡膜和趾黄色；爪黑色。

生态习性　生活在草原、河谷，特别是高山针叶林中，冬季亦常在山地丘陵和山脚平原地带活动。白天常见在高山岩石峭壁之巅及空旷地区的高大树上歇息，或在荒山坡、墓地、灌丛等处捕食。主要以中小型兽类为食，有时也食鸟类。善于翱翔和滑翔，常在高空中一边呈直线或圆圈状盘旋，一边俯视地面寻找猎物，两翅上举呈"V"字形。金雕在本地为夏候鸟。繁殖期4～7月。筑巢于针叶林、针阔混交林或疏林内高大的红松、落叶松、杨树及柞树等乔木之上，有时也筑巢于山区悬崖峭壁、凹处石沿、侵蚀裂缝等处。巢由枯树枝堆积成盘状，

金雕 *Aquila chrysaetos* (Linnaeus)

摄影：杨克杰

结构十分庞大，外径近 2m，高达 1.5m，内垫细枝、松针、草茎、毛皮等物。窝卵数 2 枚，偶尔有少至 1 枚或多至 3 枚的，卵污白色或青灰白色、具红褐色斑点和斑纹。第 1 枚卵产出后即开始孵卵，雌雄亲鸟轮流孵卵，孵化期 45 天。雏鸟晚成性，3 个月后开始长羽毛。孵出后经亲鸟共同抚育 80 天即可离巢。

分布 五大连池、嫩江。

濒危状况及致危原因 由于人类经济活动频繁等人类压力的增加，森林被砍伐，栖息环境被破坏，造成种群数量明显下降。金雕形态庞大，可供观赏，有较高经济价值。长期以来常有人捕杀制作标本，使本种群受到了一定破坏。

保护及利用 金雕在草原和林业保护中具有很大作用。已被列为国家 I 级重点保护野生动物，列入 IUCN 濒危物种红色名录和《濒危野生动植物种国际贸易公约》（CITES）附录 II。应该加大保护和研究力度，以便更好地对其进行利用。

主要参考文献

常家传. 1995. 东北鸟类图鉴. 哈尔滨：黑龙江科学技术出版社.

高玮. 2006. 中国东北地区鸟类及其生态学研究. 北京：科学出版社.

高中信. 1995. 小兴安岭野生动物. 哈尔滨：黑龙江科学技术出版社.

马建章. 1992. 黑龙江省鸟类志. 北京：中国林业出版社.

约翰·马敬能，等. 2000. 中国鸟类野外手册. 长沙：湖南教育出版社.

赵正阶. 1999. 中国东北地区珍稀濒危动物志. 北京：中国林业出版社.

（执笔人：于东）

4.58 红隼 *Falco tinnunculus* Linnaeus

地方名 茶隼，红鹞子

英文名 Common Kestrel

俄文名 Пустельга

分类地位 鸟纲、隼形目、隼科、隼属

识别特征 小型猛禽，体长约 340mm。雄鸟背、肩和翅上覆羽砖红色，具近似三角形的黑色斑点；胸、腹和两胁棕黄色或乳黄色，胸和上腹缀黑褐色细纵纹，下腹和两胁具黑褐色矢状或滴状斑；腰和尾上覆羽蓝灰色，具纤细的暗灰褐色羽干纹。尾蓝灰色，具宽阔的黑色次端斑和窄的白色端斑；初级飞羽内翈具白色横斑，并微缀褐色斑纹；三级飞羽砖红色，眼下有一宽的黑色纵纹，沿口角垂直向下。颔、喉乳白色或棕白色，覆腿羽和尾下覆羽浅棕色或棕白色，飞羽下面白色，密被黑色横斑。雌鸟头、尾、背同为砖红色；翼下和下体同雄鸟。幼鸟锈红浓重，上体黑斑纹较粗著。虹膜暗褐色，嘴蓝灰色，先端黑色，基部黄色，蜡膜和眼睑黄色，脚、趾深黄色，爪黑色。

生态习性 栖息于山地森林、低山丘陵、草原、旷野、山区植物稀疏的混交林、开垦耕地、旷野灌丛草地、林缘、林间空地、河谷和农田地区。飞翔时两翅快速地扇动，偶尔进行短暂的滑翔。停息时多栖于空旷地区孤立的高树梢上或电线杆上。平常喜欢单独活动，尤以傍晚时最为活跃。飞翔力强，喜逆风飞翔，可快速振翅停于空中。常在空中盘旋，搜寻地面上的老鼠、雀形目鸟类、蛙、蜥蜴、松鼠、蛇等小型脊椎动物，也食蝗虫、蚱蜢、蟋蟀等昆虫。红隼猎食在白天，主要在空中搜寻，或在空中迎风飞翔，或低空飞行搜寻猎物，经常扇动两翅在空中作短暂停留观察猎物，一旦锁定目标，则收拢双翅俯冲而下直扑猎物，然后再从地面上突然飞起，迅速升上高空。红隼在本地为留鸟。繁殖期 5~7 月。通常营巢于悬崖、山坡岩石缝隙、土洞、树洞，以及喜鹊、乌鸦或其他鸟类在树上的旧巢中。巢较简陋，由枯枝构成，内垫草茎、落叶和羽毛。窝卵数通常 4~6 枚，通常每隔 1 或 2 天产 1 枚卵。卵白色或赭色、密被红褐色斑，有的仅在钝端被有少许红褐色

斑。孵卵主要由雌鸟承担，雄鸟偶尔亦替换雌鸟孵卵，孵化期28～30天。雏鸟晚成性，刚孵出时全身被有细薄的白色绒羽，10天后变为淡灰色绒羽。雏鸟由雌雄亲鸟共同喂养，经过30天左右，雏鸟才能离巢。

分布　逊克、孙吴、五大连池、北安。

濒危状况及致危原因　红隼分布范围广，但由于栖息地质量下降，分布区域碎片化，种群数量有减少趋势，环境污染和乱捕滥猎等人为压力的增加，也使种群数量明显减少。

保护及利用　已被列为国家Ⅱ级重点保护野生动物，列入IUCN濒危物种红色名录和《濒危野生动植物种国际贸易公约》（CITES）附录Ⅱ。应该加大保护和研究力度。

主要参考文献

常家传. 1995. 东北鸟类图鉴. 哈尔滨：黑龙江科学技术出版社.

高玮. 2006. 中国东北地区鸟类及其生态学研究. 北京：科学出版社.

高中信. 1995. 小兴安岭野生动物. 哈尔滨：黑龙江科学技术出版社.

马建章. 1992. 黑龙江省鸟类志. 北京：中国林业出版社.

约翰·马敬能，等. 2000. 中国鸟类野外手册. 长沙：湖南教育出版社.

赵正阶. 1999. 中国东北地区珍稀濒危动物志. 北京：中国林业出版社.

（执笔人：于东）

红隼 *Falco tinnunculus* Linnaeus

摄影：李显达、杨克杰

4.59 阿穆尔隼 *Falco amurensis* Radde

地方名 青燕子
英文名 Amur Falcon
俄文名 Амурский Кобчик
分类地位 鸟纲、隼形目、隼科、隼属
识别特征 小型猛禽，体长约310mm。腿、腹部及臀棕色；似红脚隼，但飞行时白色的翼下覆羽为其特征。雌鸟额白色；头顶灰色具黑色纵纹；背及尾灰色，尾具黑色横斑；喉白色，眼下具偏黑色线条；下体乳白色，胸具醒目的黑色纵纹，腹部具黑色横斑；翼下白色并具黑色点斑及横斑。亚成鸟似雌鸟，但下体斑纹为棕褐色而非黑色。虹膜褐色；嘴灰色，蜡膜红色；脚红色。

生态习性 通常栖息于山区植物稀疏的混交林、开垦耕地及旷野灌丛草地。尖厉叫声似红隼。主要以昆虫、两栖类、小型爬行类、小型鸟类和小型哺乳类为食。喜欢结群捕食。尤以傍晚时最为活跃。飞翔力强，喜逆风飞翔，可快速振翅停于空中。视力敏捷，取食迅速，见地面有食物时便迅速俯冲捕捉，也可在空中捕取小型鸟类和蜻

阿穆尔隼 *Falco amurensis* Radde

摄影：杨克杰、李显达

蜓等。阿穆尔隼在本地为夏候鸟。一般营巢于大树上，往往是喜鹊、乌鸦一类鸟的弃巢。喜立于电线上。通常在5～6月产卵，窝卵数通常3～4枚，有时最多6枚。孵化期28～30天。雌雄共同孵化和喂养雏鸟，1个月左右丰满，1龄性成熟。在每年一度的迁徙过程中，阿穆尔隼会在西伯利亚和南非之间来回，迁徙轨迹相当于在地球上空划了一个巨大的椭圆形。在前往南非时，阿穆尔隼会途经印度，在印度北部山区做短暂休息，并以该地区的昆虫为食以补充能量。

分布　逊克、孙吴、五大连池、爱辉、北安、嫩江。

濒危状况及致危原因　阿穆尔隼分布范围广，但由于栖息地质量下降，分布区域碎片化，种群数量有减少趋势，环境污染和乱捕滥猎等人为压力的增加，也使种群数量明显减少。另外，在印度那加兰邦山区，丛林肉依然是当地部分居民食物的主要来源之一。每年秋季，当大批鸟类向南非迁徙过程中途经该地区时，它们就成为了当地人餐桌上最丰盛的美食。在每年一度为期约2周的鸟类大屠杀中，阿穆尔隼是最大的鸟类牺牲品之一。据估计，每年途经该地的阿穆尔隼，死于那加兰邦山区猎人之手的多达12万～14万只。

保护及利用　已被列为国家Ⅱ级重点保护野生动物，列入 IUCN 濒危物种红色名录和《濒危野生动植物种国际贸易公约》（CITES）附录Ⅱ。应该加大保护和研究力度。

主要参考文献

常家传. 1995. 东北鸟类图鉴. 哈尔滨：黑龙江科学技术出版社.

高玮. 2006. 中国东北地区鸟类及其生态学研究. 北京：科学出版社.

高中信. 1995. 小兴安岭野生动物. 哈尔滨：黑龙江科学技术出版社.

马建章. 1992. 黑龙江省鸟类志. 北京：中国林业出版社.

约翰·马敬能，等. 2000. 中国鸟类野外手册. 长沙：湖南教育出版社.

赵正阶. 1999. 中国东北地区珍稀濒危动物志. 北京：中国林业出版社.

（执笔人：于东）

4.60　灰背隼　*Falco columbarius* Linnaeus

地方名　灰鹞子、朵子
英文名　Merlin
俄文名　Дербник
分类地位　鸟纲、隼形目、隼科、隼属
识别特征　小型猛禽，体长约290mm。雄鸟上体灰蓝色；羽轴黑色，头上更显著；后颈具一道杂有黑斑的棕色领圈；飞羽黑褐色，内翈具灰白色横斑；第1枚飞羽外缘白色；翼下覆羽白色，具黑褐色斑；尾羽末端淡灰色或白色，具有宽阔黑色次端斑；腋羽和翼下覆羽近白色沾棕色，杂棕褐色纵纹；覆腿羽深棕色，羽轴微黑色；额、眼先、眉纹、头顶两侧及下体均白色沾棕色，头颈两侧杂以细纹，髭纹不显著；胸、腹与两胁布满棕褐色粗纹，羽周黑色；雌鸟上体褐色沾蓝灰色，杂淡棕色横斑，羽轴黑褐色；飞羽具棕色横斑；尾由后向前黑色渐淡，6条等宽淡棕色横斑向尾基变灰色，尾端具有狭形灰白色端斑；下体灰白色或棕白色；颏、喉部无斑；胸、腹具棕褐色纵纹虹膜暗褐色。嘴铅蓝灰色，尖端黑色，基部黄绿色；眼周和蜡膜黄色；脚和趾橙黄色；爪黑褐色。

生态习性　栖息于开阔的低山丘陵、山脚平原、森林地带，特别是林缘、林中空地、山岩和有稀疏树木的开阔地方。冬季和迁徙季节也见于荒山河谷、平原旷野、草原灌丛和开阔的农田草坡地区。主要以小型鸟类、鼠类和昆虫等为食，也食蜥蜴、蛙和小型蛇类。常单独活动，叫声尖锐。多在低空飞翔，在快速地鼓翼飞翔之后，偶尔又进行短暂的滑翔，发现食物则立即俯冲下来捕食。休息时在地面上或树上。主要在空中飞行捕

食，常追捕鸽子，所以俗称为"鸽子鹰"。灰背隼在本地为夏候鸟。繁殖期5～7月。通常营巢于树上或悬崖岩石上，偶尔也在地上，特别喜欢占用乌鸦、喜鹊或其他鸟类的旧巢，有时也自己营巢。如果繁殖成功，巢还可以继续利用。巢呈浅盘状，结构较为简陋，主要由枯枝构成。窝卵数3或4枚，偶尔多至5或6枚。有时也有多至7枚和少至2枚的。卵砖红色，被有暗红褐色斑点。由亲鸟轮流孵卵，孵化期28～32天。雏鸟晚成性，孵出后由亲鸟轮流育雏，25～30天后离巢。长大一些的幼鸟常常高兴地飞到空中去追逐飘舞的羽毛或者蒲公英的花序，并且向这些东西发动模拟进攻，这是它们在为将来的捕猎生涯作准备。

分布　五大连池。

濒危状况及致危原因　灰背隼分布范围广，但由于栖息地质量下降，分布区域碎片化，种群数量有减少趋势，环境污染和乱捕滥猎等人为压力的增加，也使种群数量明显减少。

保护及利用　已被列为国家Ⅱ级重点保护野生动物，列入《濒危野生动植物种国际贸易公约》（CITES）附录Ⅱ，也是《中日保护候鸟及栖息环境协定》共同保护鸟类。应该加大保护和研究力度，以便更好地对其进行利用。

主要参考文献

常家传. 1995. 东北鸟类图鉴. 哈尔滨：黑龙江科学技术出版社.

高玮. 2006. 中国东北地区鸟类及其生态学研究. 北京：科学出版社.

高中信. 1995. 小兴安岭野生动物. 哈尔滨：黑龙江科学技术出版社.

马建章. 1992. 黑龙江省鸟类志. 北京：中国林业出版社.

赵正阶. 1999. 中国东北地区珍稀濒危动物志. 北京：中国林业出版社.

（执笔人：于东）

灰背隼 *Falco columbarius* Linnaeus　　　　　　　　　　　　　　　　　　　　　　　　　　　　摄影：聂延秋

4.61 燕隼 *Falco subbuteo* Linnaeus

地方名 青条子、蚂蚱鹰、青尖
英文名 Hobby
俄文名 Чеглок
分类地位 鸟纲、隼形目、隼科、隼属
识别特征 小型猛禽，体长300mm左右，大小如鸽，形似雨燕，为小型猛禽。飞翔时翅膀狭长而尖，像镰刀一样，翼下白色，密布黑褐色横斑。翅膀折合时，翅尖几乎到达尾羽的端部。雌雄体色相似，但雌性稍大。雄鸟上体暗蓝灰色，颊部、耳羽和髭纹黑色，具一条细细的白色眉纹，颈部侧面、喉部、胸部和腹部均为白色，胸、腹部有黑色的纵纹，下腹、尾下覆羽和覆腿羽棕栗色。初级飞羽第2枚最长，第1枚甚至长于第4枚。飞羽黑褐色，内翈具有棕色横斑，初级飞羽仅第1枚内翈、第2枚外翈具有显著切刻。雌鸟上体较褐色，下腹和尾下覆羽淡棕色或淡棕黄色，具有黑褐色纵纹。幼鸟羽色与雌鸟相似，但上体淡灰褐色，背、肩、腰部均具锈红色横斑，下体淡黄色，胸、腹和两胁具淡棕色纵纹。虹膜黑褐色，眼周和蜡膜黄色，嘴蓝灰色，尖端黑色；脚、趾黄色；爪黑色。
生态习性 栖息于山区林间空地、农田边缘或林缘灌丛、居民点附近，或开阔的沼泽、疏林等。单只或成对在白天活动，两翼急速拍动，飞行迅速而敏捷，也可短距离滑翔，在空中可鼓动双翅迎风停留，发现猎物后可迅速猛冲，在空中捕捉猎物，用两翅拍打或用脚猛击，可多次俯冲捕捉。停飞时多栖息于高树、电线或电线杆上。黄昏时捕食活动频繁，主要以麻雀、山雀等雀形目小型鸟类为食，也大量捕食昆虫、蜥蜴、鼠类和蝙蝠等。燕隼在本地为夏候鸟，每年4月中下旬迁徙到黑河地区，5～7月繁殖，营巢于高大乔木上，也常侵占乌鸦或喜鹊的巢。巢距离地面多10～20m，窝卵数2～4枚，多为3枚，卵白色，密布红褐色斑点，卵大小一般为37mm×50mm。孵卵由雌雄鸟轮流进行，但以雌鸟为主，孵化期28天。雏鸟晚成性，体被白绒羽，育雏由雌雄鸟共同完成，育雏期28～31天。

分布 逊克、孙吴、五大连池、爱辉、北安、嫩江。

濒危状况及致危原因 近些年由于栖息地破碎化和环境变化的影响，燕隼的种群数量和分布受到一定的影响，在黑河地区数量稀少，已经列入世界物种红色名录物种濒危等级中的无危（LC）等级。

保护及利用 燕隼具有猎用、羽用和观赏价值，主要捕食啮齿类动物，处于生态系统中较高的营养级，对鼠害防治、维持生态系统平衡具有重要的意义，为农林益鸟。燕隼已被列为国家Ⅱ级重点保护野生动物，IUCN将其列入《濒危野生动植物种国际贸易公约》（CITES）附录Ⅱ，为《中日保护候鸟及栖息环境协定》共同保护鸟类，应加以保护。

主要参考文献

高玮. 2006. 中国东北地区鸟类及其生态学研究. 北京：科学出版社.

高中信. 1995. 小兴安岭野生动物. 哈尔滨：黑龙江科学技术出版社.

马建章. 1992. 黑龙江省鸟类志. 北京：中国林业出版社.

赵正阶. 1999. 中国东北地区珍稀濒危动物志. 北京：中国林业出版社.

（执笔人：刘鹏）

燕隼 *Falco subbuteo* Linnaeus 摄影：李显达

4.62 矛 隼　　*Falco rusticolus* Linnaeus

地方名　白隼、巨隼
英文名　Gyrfalcon
俄文名　Кречет
分类地位　鸟纲、隼形目、隼科、隼属
识别特征　中型猛禽，也是体型较大的隼类，体长500～630mm。嘴、脚强健并具利钩，适应于抓捕及撕食猎物，喙基部具蜡膜。索腭型头骨，头骨宽阔，上眼眶骨扩大，眼球较大，视野宽阔，视觉敏锐；听觉发达。头白色，具褐色的纵纹，两颊纵纹较轻，上体灰褐色，具白色横斑和斑点，尾羽棕褐色，具9～12道污白色横斑，尾端污白色，下体白色，腹部具有纤细的羽干纹，覆腿羽白色，具褐色横斑，跗跖部被羽。初级飞羽褐色，外侧羽片具有棕白色块斑，内侧羽片具有白色较大的横斑，第2枚飞羽最长，第1枚与第3枚几等长。脚和趾强健有力，通常3趾向前，1趾向后，呈不等趾型。幼鸟上体暗褐色，下体白色，具有粗的褐色纵纹，尾暗褐色。虹膜淡褐色，蜡膜黄褐色，嘴铅灰色；脚、趾黄色；爪黑色。
生态习性　栖息于森林、草原地带，也见于水库和沼泽地。常单独活动，在低空进行迅速的直线飞行，寻觅食物，食物以野鸭、海鸥、松鸡等鸟类及鼠类和野兔为主。捕捉猎物时，雄鸟和雌鸟配合巧妙，由雌鸟突然飞进鸟类栖息的洞穴中，将它们驱赶出来，雄鸟则在洞外等候，进行捕杀。捕猎时飞行的速度非常快，将两翅一收，突然急速俯冲而下，就像投射出去的一支矛枪，径直地冲向猎物，这就是"矛隼"名字的由来。矛隼在本地为冬候鸟。主要营巢于河谷悬崖岩石上，偶尔也营巢于树上。巢呈平盘状，结构较粗糙，主要由枯枝堆积而成。繁殖期5～7月，窝卵数通常3～4枚，卵椭圆形，褐色或赭色，具有暗褐色或红褐色斑点。卵平均大小为59.0mm×46.0mm，卵重约为70.0g。第1枚卵产出后即开始孵化，孵卵通常由雌鸟承担，当雌鸟外出取食时，雄鸟也参与孵卵。孵化期28～29天。雏鸟晚成性，孵出后由雌雄亲鸟共同喂养，育雏期46～49天。

分布　逊克、嫩江。
濒危状况及致危原因　矛隼的分布区狭小，主要分布在环北极地区，在黑河地区数量极为稀少，只在冬季偶见，已经列入世界物种红色名录物种濒危等级中的易危（VU）等级。
保护及利用　矛隼具有猎用、羽用和观赏价值，为农林益鸟，具有重要的经济价值和生态价值。矛隼因为体态雄伟、羽色奇特，在中国历史上的辽、金和清朝时，被北方的古代帝王用于狩猎，视为珍禽，称为"海东青"，当时矛隼已是价值连城的猛禽。早在唐代，海东青就已是满族先世

矛隼 *Falco rusticolus* Linnaeus　　摄影：郭玉民

朝奉中原王朝的名贵贡品。目前，矛隼已被列为国家Ⅱ级重点保护野生动物，IUCN将其列入《濒危野生动植物种国际贸易公约》（CITES）附录Ⅰ，为《中日保护候鸟及栖息环境协定》共同保护鸟类，应加以保护。

主要参考文献

高玮. 2006. 中国东北地区鸟类及其生态学研究. 北京：科学出版社.

高中信. 1995. 小兴安岭野生动物. 哈尔滨：黑龙江科学技术出版社.

马建章. 1992. 黑龙江省鸟类志. 北京：中国林业出版社.

赵正阶. 1999. 中国东北地区珍稀濒危动物志. 北京：中国林业出版社.

（执笔人：刘鹏）

4.63 游　隼　*Falco peregrinus* (Latham)

地方名　花梨鹰、鸭虎
英文名　Peregrine Falcon
俄文名　Сапсан
分类地位　鸟纲、隼形目、隼科、隼属
识别特征　中型猛禽，体长400mm左右。雌雄异色，雄性上体蓝灰色，头至后颈黑灰色而具蓝色光泽，具有宽而显著的黑色髭纹；腰和尾上覆羽亦为蓝灰色，但稍浅，黑褐色横斑亦较窄；尾暗蓝灰色，先端淡白色；翅上覆羽淡蓝灰色，具黑褐色羽干纹和横斑；飞羽黑褐色，具污白色端斑和微缀棕色斑纹，内翈具灰白色横斑；脸颊部和宽阔而下垂的髭纹黑褐色。下体白色或淡色，上胸具黑色斑点，下胸至尾下覆羽密被黑色横斑，尾具数条黑色横带。雌性较雄性体型稍大，羽毛颜色较淡。幼鸟上体黑褐色，下体、腹部淡黄褐色，胸部有黑褐色纵纹。虹膜暗褐色，蜡膜黄色，嘴铅蓝灰色，基部黄色；脚和趾橙黄色；爪黑色。

生态习性　主要栖息于山地、丘陵、草原、河流沼泽与湖泊沿岸，以及开阔的农田、耕地和村庄附近。性凶猛，多单独活动，叫声尖锐。翼狭长而尖，飞行迅速，便于在飞行中捕食，通常在快速鼓翼飞翔时伴随着一阵滑翔，也喜欢在空中翱翔。主要食物为雁鸭类、鸥类及野鸡等中小型鸟类，也偶尔捕食鼠类和野兔等小型哺乳动物。发现猎物时快速升上高空，占领制高点，然后将双翅折起，使飞羽和身体的纵轴平行，头收缩到肩部，向猎物猛扑。当靠近猎物时，双翅张开，以锐利的嘴咬穿猎物后枕部，并同时用后趾击打，使猎物受伤而失去飞翔能力，待猎物下坠时，再快速冲向猎物，用利爪抓住猎物，将猎物带到一个较为隐蔽的地方，用双脚按住，用嘴剥除羽毛后再撕裂成小块吞食。游隼在本地为旅鸟。繁殖期4～6月。营巢于林间空地、河谷悬崖、地边丛林中，也营巢于土丘、沼泽地、树

游隼 *Falco peregrinus* (Latham)　　　摄影：韩雪松

洞、建筑物上，有时也利用其他鸟类如乌鸦的巢等。巢主要由枯枝构成，内垫少许草茎、草叶和羽毛，或无任何内垫物。窝卵数2~4枚，多至5或6枚。卵红褐色，平均大小为（49~58mm）×（39~43mm）。雌雄亲鸟轮流孵卵，孵卵期间领域性极强，常常积极地保卫巢，孵卵期28~29天。雏鸟晚成性，孵出后由亲鸟抚养，经过35~42天的巢期生活后才能离巢。

分布 逊克。

濒危状况及致危原因 栖息地被破坏、有机农药对环境的污染，加之驯养后可以成为狩猎者很好的狩猎工具，有"鸭虎"之称，在一些地区捕捉游隼的现象时有发生，导致该物种数量不断减少，已经列入世界物种红色名录物种濒危等级中的易危（VU）等级。

保护及利用 游隼具有一定的猎用、羽用和观赏价值，对鼠害防治、维持生态系统平衡具有重要的意义，为农林益鸟。游隼已被列为国家Ⅱ级重点保护野生动物，IUCN将其列入《濒危野生动植物种国际贸易公约》（CITES）附录Ⅰ。

主要参考文献

高玮. 2006. 中国东北地区鸟类及其生态学研究. 北京：科学出版社.

高中信. 1995. 小兴安岭野生动物. 哈尔滨：黑龙江科学技术出版社.

马建章. 1992. 黑龙江省鸟类志. 北京：中国林业出版社.

赵正阶. 1999. 中国东北地区珍稀濒危动物志. 北京：中国林业出版社.

（执笔人：刘鹏）

4.64 黑琴鸡 *Lyrurus tetrix* Linnaeus

地方名 乌鸡
英文名 Black Grouse
俄文名 Тетерев
分类地位 鸟纲、鸡形目、松鸡科、琴鸡属
识别特征 雄鸟体长600mm左右，几乎通体黑色，头、颈、喉、下背具蓝绿色金属光泽。翅上覆羽为黑褐色，大覆羽和初级覆羽基部白色，形成白色翼镜。尾呈叉状，黑褐色，外侧3对尾羽特别延长并呈镰刀状向外弯曲，呈镰刀状。腹部黑褐色，肛周羽毛具有白色先端，尾下覆羽、腋下及翼下覆羽均为白色。腿部覆羽白色，具有褐色横斑。雄鸟在繁殖期眉纹裸露的皮肤红色肿胀，形似红色肉冠。雌鸟体型稍小，体长450mm左右，体羽棕褐色具褐色横斑，翅上白色翼镜不显著，尾亦呈叉状，但叉裂不大，尾羽不向外弯曲。虹膜深褐色，嘴黑色；爪黑色；腿上裸皮橘红色。

生态习性 黑琴鸡是落叶松和混交林的林栖鸟类，主要栖息于落叶松-白桦林、山杨-白桦林、樟子松林，也见于幼林及林间空地。夏季主要食物为乔灌木的嫩枝、叶、芽、花序（桦、柳等）、果实和浆果等；秋、冬季常成群活动觅食，多则上百只，少则3~5只，主食桦树、柳树、榛树的嫩芽和嫩枝等。3月末至4月初开始繁殖，早晚发情，黎明时较多。雄鸟几只或十几只飞到固定的求偶场后，开始鸣叫，发出求偶时特殊而高亢的叫声。尾羽垂直向上展开呈扇状，翅膀下垂，头颈下俯靠近地面，直冲前跑，有时左右摆动头部，不时地跳起来与其他雄鸟搏斗。由于觅偶相斗，互相追逐跑成一圈，俗称"跑圈"。跑圈时雄鸟"咕噜噜、咕噜噜、咕噜噜"地叫，口内吐出白沫，雌鸟跟随其后，发出"沙—沙—"之声，雌鸟尾往下扣，尾尖拖地，挺胸前进，并啄食雄鸟吐出的白沫。5月上中旬雌鸟开始营巢。巢多在倒木旁或草丛中，或在山杨、白桦、松林附近的隐蔽处。在凹坑中铺以少量的树叶、草或羽毛构成，结构简单，平均外径为17cm，巢高11cm，巢深8.5cm。平均大小为（49.9±2.3mm）×（35.6±1.9mm）。窝卵数以8~10枚居多。孵化期19~25天。雏鸟出壳1~2天即可离巢随雌鸟活动，1个月后能作短距离飞行。黑琴鸡在本地为留鸟。

分布 黑河市各区县的山区均有分布，但数量稀少。

濒危状况及致危原因 黑琴鸡曾经是黑龙江省的重要狩猎鸟类,由于森林被过度砍伐、开垦,使其赖以生存的栖息环境遭到破碎化,以及乱捕滥猎,是使其致危的主要因素。另外,黑琴鸡飞翔与扩散能力较弱,躲避天敌能力相对较差,使其所面临的威胁日趋严重,已经列入世界物种红色名录物种濒危等级中的易危(VU)等级。

保护及利用 黑琴鸡具有一定的猎用、羽用和观赏价值,已被列为国家Ⅱ级重点保护野生动物。尽管黑琴鸡具有食用、羽用、观赏等价值,但截至目前,黑琴鸡的饲养仅限于研究方面,尚未进行商业化养殖。

主要参考文献

高玮. 2006. 中国东北地区鸟类及其生态学研究. 北京:科学出版社.

马建章. 1992. 黑龙江省鸟类志. 北京:中国林业出版社.

赵正阶. 2001. 中国鸟类志(上卷). 长春:吉林科学出版社.

郑光美,王岐山. 1998. 中国濒危动物红皮书·鸟类. 北京:科学出版社.

(执笔人:李显达)

黑琴鸡 *Lyrurus tetrix* Linnaeus

摄影:于晓东、李显达

第4章 珍稀濒危野生动物

4.65 黑嘴松鸡 *Tetrao parvirostris* Bonaparte

地方名 树鸡、棒鸡

英文名 Black-billed Capercaillie

俄文名 Каменный Глухаръ

分类地位 鸟纲、鸡形目、松鸡科、松鸡属

识别特征 体大，嘴、脚及趾黑色。在两眼的上方有红色裸皮。雌雄鸟体羽异色。雄性体长约900mm，体羽黑褐色，头、颈、胸、腹和尾黑色而上面闪着金属光泽，颏、喉及胸等具绿色反光；背纯黑褐色；肩羽黑褐色，外翈端部具白色中央纹；尾羽纯黑褐色。凸尾。雌性体长约600mm。上体大都棕锈色而具黑褐闪蓝的横斑，喉棕黄色。雌雄鸡两性的肩、翅上覆羽、尾上覆羽和尾下覆羽等均具显著白端。雏鸟上体棕褐色；两翅较短，翼上覆羽具白色羽端及黑褐色斑。眼先、耳羽栗褐色，颏、喉及下体乳白色，嘴脚蜡黄色。

生态习性 黑嘴松鸡是典型的针叶林鸟类。主要喜栖于落叶松-白桦林、落叶松林里，在桦树林及混交林中亦可见到，栖息地随季节的变化而变化。其食物全部为桦树的花序及芽苞和嫩枝，其中以花序和芽苞为主；5月初还食忍冬的浆果和叶片、兴安落叶松嫩枝和乌拉草的小穗，还食昆虫等动物性食物。3~4月是松鸡发情期，常5~7只雄、雌集群于山坡向阳而具稀疏高大树木及小灌木地带的求偶场内配对。3：00黑嘴松鸡准时入场，4：00达到第1次高潮，5：00后稍事休息，6：00再次达到高潮，7：00左右开始陆续离场，此后的一天里很少再次光顾求偶场。黑嘴松鸡在本地为留鸟。5~6月进入繁殖期，雌鸟在巢附近活动，活动范围以巢为中心，直径在100~150m。雄鸟则单独活动。6月中下旬雏鸡孵出，随雌鸡到处游荡，并逐渐集成大群，一般为5~7只，多者达100只左右，直到8~10月，它们多活动在两山中间的低洼灌丛中取食。5月初筑巢，雌鸟用脚扒地面呈凹窝状，再叼些落叶松松针、少许树皮、小松枝和本身少量羽毛等垫入凹窝中，巢材主要是松针。窝卵数6~8枚。雌鸟孵卵，孵化期23~25

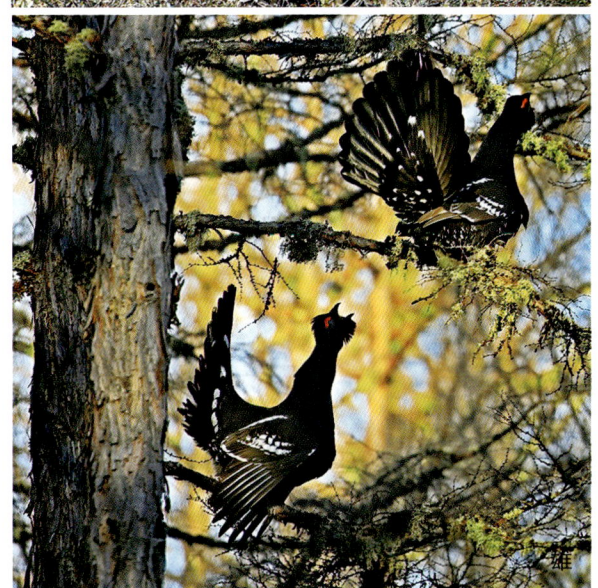

黑嘴松鸡 *Tetrao parvirostris* Bonaparte　　摄影：杨克杰、李显达

天。雏鸟生长迅速，半月余即能飞到3～4m的高树上。

分布 嫩江北部、爱辉北部。

濒危状况及致危原因 黑嘴松鸡的孵化率低，这可能与产卵和孵卵时气温较低有关。该鸟恋巢性较强，极易遭受天敌侵害。森林被过度砍伐、开垦，使其赖以生存的栖息环境遭到破碎化，以乱捕滥猎，是使其致危的外在因素，已经列入世界物种红色名录物种濒危等级中的濒危（EN）等级。

保护及利用 黑嘴松鸡具有一定的药用、猎用、羽用和观赏价值，已被列为国家Ⅰ级重点保护野生动物。目前，仅进行了研究性养殖。

主要参考文献

高玮. 2006. 中国东北地区鸟类及其生态学研究. 北京：科学出版社.

高中信. 1995. 小兴安岭野生动物. 哈尔滨：黑龙江科学技术出版社.

马建章. 1992. 黑龙江省鸟类志. 北京：中国林业出版社.

赵正阶. 2001. 中国鸟类志（上卷）. 长春：吉林科学出版社.

郑光美，王岐山. 1998. 中国濒危动物红皮书·鸟类. 北京：科学出版社.

（执笔人：李显达）

4.66 花尾榛鸡 *Bonasa bonasia* (Linnaeus)

地方名 飞龙

英文名 Hazel Grouse

俄文名 Рябчик

分类地位 鸟纲、鸡形目、松鸡科、榛鸡属

识别特征 雄鸟体长约400mm，鼻孔被有黑色羽，杂有少量淡黄色；额白色，后缘黑色羽；头顶棕褐色，杂以不显著的褐色斑，并具羽冠；后颈和上背均棕黄色，而具栗褐色细横斑，两颊白色；额、颊及颈侧的白色前后相连成一条显著的白色纵带；下背以至尾上覆羽转为棕灰色。中央一对尾羽棕褐色，外侧尾羽基部灰褐色，并具一条宽阔的黑褐色次端斑，羽端白色。肩羽棕褐色，外翈尖端具大型白斑，相连成一条白色纵带；两翅覆羽大都灰褐色，中覆羽具白色端斑，前后亦连成一系列白斑；飞羽暗褐色，外侧初级飞羽的外翈杂以棕白色的边缘。喉黑色，周缘有白色纵带；胸部暗棕褐色，具白色羽缘，两色之间有栗褐色横斑；腹、胁及尾下覆羽亦然，但白色更发达；两胁杂以红棕色。雌鸟体长约350mm，羽色和雄鸟相似，但颏和喉不为黑色而为棕白色。虹膜栗红色，雄鸟嘴黑色，雌鸟嘴淡黄色，趾黑褐色，各趾两侧具有栉状突。

生态习性 花尾榛鸡是一种典型的森林鸟类，主要栖息于山地森林中，特别喜欢栖居于林中路边与河谷次生杨桦林、阔叶林、针阔混交林和林缘地带。日活动时间较长，而且大部分时间均用于觅食，食饱后或晚上多成对或成小群蹲在树根旁、灌木丛间地上或雪窝里休息和过夜，也有在树上休息和过夜的。趋群性极强，除孵卵期间不成群活动外，其他时候多成群或成对活动。冬天多在树上活动，但一般不在树上栖息和过夜，而是在地上雪窝中过夜。花尾榛鸡以植物性食物为食，仅夏季和秋季食一部分动物性食物。尤以桦树和杨树的芽苞、花絮和灌木浆果最为重要。3～4月开始发情交配，一直持续到4月末5月初。交配结束后即开始营巢，巢多营于环境较安静、人迹罕见的混交林、针叶林和杨桦次生林内，通常在沟谷纵横、地势起伏、林下灌木和倒木较多，灌叶层较厚的地方营巢。巢较简陋，由雌鸟在地上刨一个小坑，内垫以树叶、干草和鸟类羽毛即成。产完卵后即开始孵卵，由雌鸟承担，孵卵期21～25天。孵卵期间雌鸟恋巢性极强，每天仅离巢1或2次觅食或休息，时间多在早晨和下午。其他时候从不轻易离巢，特别是孵卵后期。雏鸟早成性，出壳后即睁眼，全身被有湿的黄褐色绒羽，待羽毛干后即能跟随亲鸟活动和觅食。花尾榛鸡在本地为留鸟。

分布　黑河市各区县的山区均有分布，较为常见。

濒危状况及致危原因　列入IUCN红皮书易危种类。森林被过度砍伐、开垦，使其赖以生存的栖息环境遭到破碎化及乱捕滥猎，是使其致危的主要因素。

保护及利用　花尾榛鸡具有一定的药用、猎用、羽用和观赏价值，已被列为国家Ⅱ级重点保护野生动物。尽管花尾榛鸡食用价值很高，但截至目前，花尾榛鸡的人工饲养技术尚不成熟，还无法满足市场需求。

主要参考文献

高玮. 2006. 中国东北地区鸟类及其生态学研究. 北京：科学出版社.

马建章. 1992. 黑龙江省鸟类志. 北京：中国林业出版社.

赵正阶. 2001. 中国鸟类志（上卷）. 长春：吉林科学出版社.

郑光美, 王岐山. 1998. 中国濒危动物红皮书·鸟类. 北京：科学出版社.

（执笔人：李显达）

花尾榛鸡 *Bonasa bonasia* (Linnaeus)

摄影：李显达、赵文阁

4.67 黄脚三趾鹑 *Turnix tanki* (Blyth)

地方名 水鹌鹑

英文名 Button Quail

俄文名 Трёхпёрстка

分类地位 鸟纲、鹤形目、三趾鹑科、三趾鹑属

识别特征 小型鸟类，体长150mm左右，体型和鹌鹑相似，但较瘦弱。雌雄异色，嘴黄色，头顶至后枕暗褐色，羽缘沙棕色或棕黄色，中央具有棕黄色或淡黄色的中央冠纹，颏、喉棕白色或淡黄色，两颊具黑色羽端，后颈和颈侧具棕红色块斑，并缀有淡黄色和黑色细小斑点。上体呈黑褐色与栗黄色相间，胸和两胁浅棕黄色，具黑褐色圆形斑点，腹淡黄色或黄白色，尾下覆羽淡棕色，中央尾羽不延长，尾甚短小。初级飞羽和次级飞羽暗褐色，具棕色羽缘；三级飞羽和翅上覆羽沙棕色，具较大的黑色圆斑。脚淡黄色，仅3趾，后趾缺失。雌鸟和雄鸟相似，但体型较大，体色亦较雄鸟鲜艳，下颈和颈侧具棕栗色块斑，下体羽色亦稍较深。幼鸟头顶黄褐色，杂以黑色和淡黄色的斑纹，上体土黄褐色，并有黑色、淡黄色或灰白色的横斑或条纹，以黑色斑纹为主。腰部和尾上覆羽有波状黑色横斑，颈侧及翅上覆羽均为灰白色，额及喉部淡黄白色，胸、胁淡黄色，腹部灰白色，嘴短，尾羽不发达。虹膜淡黄白色或灰褐色，嘴黄色，嘴端黑色；脚黄色；爪黑色。

生态习性 主要栖息于低山丘陵和山脚平原地带的灌丛、草地，也出现于林缘灌丛、疏林、荒地和农田地带。常单独或成对活动，很少成群。善隐蔽，性畏人，一般难以见到。不善鸣叫，在地面奔跑、行走迅速，受惊吓时迅速进入草丛或沿地面作短距离的直线飞行，飞行迅速，两翅扇动很快，发出振翅声响，但通常飞不多远即又落入草丛。多在地上觅食，杂食性，主要以植物嫩芽、浆果、草子、谷粒、昆虫和其他小型无脊椎动物为食。黄脚三趾鹑在本地为夏候鸟，于4月中旬迁徙到本地区进行繁殖，10月初至10月中旬离开繁殖地。繁殖期5~8月，一雌多雄，雌鸟有争斗行为。多营巢于草丛、灌丛、麦地或黄豆地里，巢甚简陋，主要为地上的凹陷处，内垫枯草和落叶，巢四周有农作物或杂草隐蔽。窝卵数3~4枚，卵呈椭圆形或梨形，淡黄白色，被有浅褐色或红褐色和暗紫色斑点，平均大小为21mm×25mm，重6.5~7g。雏鸟早成性，刚孵出的雏鸟全身被有棕褐色和黄褐色绒羽，重仅3g，体长45mm，孵出后不久即能行走。孵卵和育雏全部由雄鸟担任，孵卵期12天。雏鸟10~12天出飞，在5~6周内换羽后与成鸟羽毛颜色相同，1个月后可以独立生活。

分布 嫩江。

濒危状况及致危原因 黄脚三趾鹑肉质细嫩而且肉味鲜美，人类的过度捕捉使得黄脚三趾鹑种群数量急剧减少，在黑河地区数量极少。

保护及利用 黄脚三趾鹑是狩猎鸟类之一，具有一定的药用和观赏价值，已经被列入《黑龙江省重点保护野生动物名录》和《中日保护候鸟及栖息环境协定》共同保护鸟类，应加以保护。

主要参考文献

高玮. 2006. 中国东北地区鸟类及其生态学研究. 北京：科学出版社.

高中信. 1995. 小兴安岭野生动物. 哈尔滨：黑龙江科学技术出版社.

马建章. 1992. 黑龙江省鸟类志. 北京：中国林业出版社.

赵正阶. 1999. 中国东北地区珍稀濒危动物志. 北京：中国林业出版社.

（执笔人：刘鹏）

黄脚三趾鹑 *Turnix tanki* (Blyth)　　摄影：钟平华

4.68 白鹤　　*Grus leucogeranus* (Pallas)

地方名　黑袖鹤
英文名　Great White Crane
俄文名　Стерх
分类地位　鸟纲、鹤形目、鹤科、鹤属
识别特征　大型涉禽，体长1300～1400mm，头顶和脸裸露无羽、鲜红色，体羽白色，初级飞羽黑色，次级飞羽和三级飞羽白色，三级飞羽延长呈镰刀状，覆盖于尾上，盖住了黑色初级飞羽，因此站立时通体白色，仅飞翔时可见黑色初级飞羽。雌雄相似。幼鸟头被羽，上体赤褐色，下体、两胁白色而缀赤褐色；肩石板灰色，基部色淡，羽缘桂红褐色；下背、腰和尾上覆羽亮赤褐色而具白色羽缘；中央尾羽石板灰色，羽端赤褐色，基部白色；初级飞羽黑色。虹膜棕黄色，嘴暗红色、脚肉红色、爪灰色。

生态习性　白鹤是鹤类中体型最大的一种，栖息于开阔平原上的芦苇沼泽、草甸、池塘、湖泊和水泡岸边浅水处，除了初级飞羽黑色外，身体羽毛纯白色，故称为"黑袖鹤"。除繁殖期成对活动外，常成家族群活动。飞行时两腿交叉，颈部伸直。白鹤在本地为旅鸟，每年春秋迁徙时经过本地区，但数量较少。多在富有植物的水边浅水处觅食，性胆小而机警，稍有动静，立刻起飞。采食时多逆风前进，每次采食时间持续在20min左右，采食时将嘴和头浸在水中，几乎与身体垂直，可以有力地将植物的水下部分连根拔起后抬头吞下。主要以眼子菜、苔草等植物的茎和块根为食，也取食水生植物的叶、嫩芽和少量昆虫、甲壳动物等动物性食物。白鹤多选择在人为干扰较少的滩涂地过夜，夜栖时，1或2只白鹤担任警戒，一旦遇到异常情况立即发出警报信号，整个鹤群全部起飞。白鹤是单配制，5月下旬到达营巢地，巢

白鹤　*Grus leucogeranus* (Pallas)

摄影：杨克杰、付建国

建在开阔沼泽的岸边，或周围水深 20～60cm 有草的土墩上。巢简陋，巢材主要是枯草，巢呈扁平形，中央略凹陷，高出水面 12～15cm，巢间距 10～20km，有时只有 2～3km。繁殖习性与丹顶鹤相似，以对唱对舞开始，然后开始交配行为。产卵期从 5 月下旬到 6 月中旬，每窝产卵 2 枚，卵呈暗橄榄色，钝端有大小不等的深褐色斑点，雌雄鹤交替孵卵，但以雌鹤为主，孵化期约 27 天。白鹤的幼鹤攻击性强，通常只有 1 只幼鹤能活到可以飞翔，较弱的 1 只常在长出飞羽之前死亡。幼鹤 70～75 日龄长出飞羽，90 日龄能够飞翔。

分布　五大连池。

濒危状况及致危原因　目前，白鹤种群数量极为稀少，是全世界 15 种鹤类中仅次于美洲鹤的种类，估计全球种群数量在 1000 只左右，栖息地的破坏和人类的捕捉是导致濒危的主要原因，已经列入世界物种红色名录物种濒危等级中的濒危（EN）等级。

保护及利用　白鹤具有一定的猎用、羽用和观赏价值，白鹤体态优美、鸣声动听、舞姿优雅，已被列为国家Ⅰ级重点保护野生动物，IUCN 将其列入《濒危野生动植物种国际贸易公约》（CITES）附录Ⅰ。应该加大保护和研究力度，以便更好地对其进行利用。

主要参考文献

高玮. 2006. 中国东北地区鸟类及其生态学研究. 北京：科学出版社.

高中信. 1995. 小兴安岭野生动物. 哈尔滨：黑龙江科学技术出版社.

马建章. 1992. 黑龙江省鸟类志. 北京：中国林业出版社.

赵正阶. 1999. 中国东北地区珍稀濒危动物志. 北京：中国林业出版社.

（执笔人：刘鹏）

4.69　白枕鹤　*Grus vipio* Pallas

地方名　红面鹤、红脸鹤
英文名　White-naped Crane
俄文名　Даурский журавль
分类地位　鸟纲、鹤形目、鹤科、鹤属

识别特征　大型涉禽，体长 1200～1500mm，前额、头顶前部、眼先、头的侧部及眼睛周围的皮肤裸出，均为鲜红色，其上着生有稀疏的黑色绒毛状羽。耳羽烟灰色。头顶的后部、枕部、后颈、颈侧和前颈的上部、颊部和喉部白色。颈侧和前颈的下部及下体呈暗石板灰色。上体石板灰色。尾羽暗灰色，末端具有宽阔的黑色横斑。初级飞羽黑褐色，具有白色的羽干纹，次级飞羽黑褐色，基部白色，三级飞羽淡灰白色，覆羽灰白色，初级覆羽黑色，末端白色。下体暗石板灰色。雌雄鸟体色相似，幼鸟体羽赭黄色，两颊部尚没有红色，后颈及颈侧羽毛黄色，两脚青色，背、翅羽色较深，腹色较淡。虹膜暗褐色，嘴黄绿色；腿、脚红色。

生态习性　主要栖息于开阔的平原芦苇沼泽和水草沼泽地带，也栖息于开阔的河流及湖泊岸边，以及邻近的沼泽草地。繁殖期白枕鹤具有很强的领域性，巢址几乎不变，相邻个体间为获得领域而发生激烈争夺。主要以植物种子、草根、嫩叶、嫩芽、谷粒、鱼、蛙、蜥蜴、蝌蚪、虾、软体动物和昆虫等为食。取食时主要用喙啄食，或用喙先拨开表层土壤，然后啄食埋藏在下面的种子和根茎，边走边啄食。白天多数时间用于觅食，非常警觉，通常在啄食几次后就抬头观望四周，一有惊扰，则立刻避开或飞走。起飞时先在地面上快跑几步，然后腾空而起，飞至一定高度后颈和脚分别向前后伸直，两翅扇动有力，飞行轻快。落地时两腿前伸，翅也向前摆动，从而克服惯性。起飞和降落均向着风源方向。白枕鹤在本地为夏候鸟。每年 3 月，白枕鹤从南方飞回繁殖地，4 月中旬至 5 月上旬，营巢于芦苇沼泽或水草沼泽中，水深 10～30cm，有时可达 80cm。由雌雄亲鸟共同营巢，以雌鸟为主。巢呈浅盘状，主要由枯芦苇、三棱草、苔草、莎草和芦苇花、叶构成。每窝产卵 2 枚，有补卵习性，可以连续补产多枚。卵灰绿色带有棕褐色斑点，雌雄

共同孵卵，孵化期29~30天。

分布 逊克、爱辉、五大连池、嫩江。

濒危状况及致危原因 目前，全球白枕鹤种群数量在4000只左右，分布区狭窄，加上农业和经济发展造成的湿地退化导致其数量稀少，已经列入世界物种红色名录物种濒危等级中的濒危（EN）等级。

保护及利用 白枕鹤具有一定的猎用、羽用和观赏价值，已被列为国家Ⅱ级重点保护野生动物，是《中日保护候鸟及栖息环境协定》共同保护鸟类，IUCN将其列入《濒危野生动植物种国际贸易公约》（CITES）附录Ⅰ。应该加大保护和研究力度，以便更好地对其进行利用。

主要参考文献

高玮. 2006. 中国东北地区鸟类及其生态学研究. 北京：科学出版社.

高中信. 1995. 小兴安岭野生动物. 哈尔滨：黑龙江科学技术出版社.

马建章. 1992. 黑龙江省鸟类志. 北京：中国林业出版社.

赵正阶. 1999. 中国东北地区珍稀濒危动物志. 北京：中国林业出版社.

（执笔人：刘鹏）

白枕鹤 *Grus vipio* Pallas　　　　　　　　　　摄影：杨克杰、李显达

4.70 灰 鹤　　Grus grus (Linnaeus)

地方名　千岁鹤
英文名　Common Crane
俄文名　серый журавль
分类地位　鸟纲、鹤形目、鹤科、鹤属
识别特征　大型涉禽，体长1050mm。头顶几乎无羽，裸露部分朱红色，眼先、头顶、颈部裸露处有稀疏的黑毛，眼后有一白色宽纹穿过耳羽至后枕，再沿颈部向下到上背，喉、前颈、后颈灰黑色，身体其余部分石板灰色，在背、腰灰色较深，胸、翅灰色较淡，背常沾有褐色。喉、前颈和后颈灰黑色。初级飞羽和次级飞羽黑色，三级飞羽前端略黑色，且延长弯曲呈弓状，其羽端的羽枝分离呈毛发状，尾羽端部黑褐色。雌雄同色，雌鹤略小。虹膜红褐色；嘴黑绿色，端部沾黄色；腿和脚灰黑色。幼体羽毛黄褐色，颈部及飞羽先端黑色不如成鸟明显，三级飞羽不如成鸟弯曲；虹膜浅灰色；嘴基肉色，尖端灰肉色；脚灰黑色。

生态习性　栖息于开阔平原、草地、沼泽、河滩、湖泊及农田地带。主要以植物叶、茎、嫩芽、块茎、昆虫、蛙、蜥蜴、鱼类等食物为食。灰鹤后趾小而高位，不能与前3趾对握，因此不能栖息在树上。栖息时常一只脚站立，另一只脚收于腹部。性机警，胆小怕人。活动和觅食时常有一只鹤担任警戒任务，不时地伸颈注视四周动静，发现有危险，立刻长鸣一声，并振翅飞翔，其他鹤亦立刻齐声长鸣，振翅而飞。飞行时，头、脚前后伸直，身体成为一条直线，鼓翅缓慢。休息时，常单腿站立，头部插在背部羽毛中。灰鹤在本地为旅鸟，春季于3月中下旬开始往繁殖地迁徙，秋季于9月末10月初迁往越冬地。迁徙时常为数个家族群组成的小群迁飞，有时也成40~50只的大群，冬天在越冬地集群个体多达数百只。繁殖为单配制，巢简陋，呈不规则盘状，中间有一个凹陷。4月下旬开始产卵，5月较集中，一直到6月仍有筑巢产卵的；每窝产卵2枚，灰褐色，与丹顶鹤卵的颜色接近，布满大小不等的深褐色斑点及斑块，钝端较密集，卵平均大小为96.7mm×60.5mm，卵重174.3g。产卵间隔通常为2天，产下第1枚卵后就开始孵卵，雌雄鸟轮流换孵，凉卵时间一般为5~10min，孵化期30天左右。幼鸟出壳前1~2天可听到其在壳内的叫声，出壳幼鸟被黄色绒羽，不睁眼，可爬动和不停鸣叫，24小时后可进

灰鹤 *Grus grus* (Linnaeus)　　摄影：李显达

食和行走，需要双亲共同育雏。

分布　五大连池。

濒危状况及致危原因　灰鹤是鹤类中数量较多，较为常见的一种，全世界有 10 000 只以上，种群数量稳定，列入世界物种红色名录物种濒危等级中的无危（LC）等级。

保护及利用　灰鹤具有一定的药用、猎用、羽用和观赏价值，已被列为国家 II 级重点保护野生动物，为《中日保护候鸟及栖息环境协定》共同保护鸟类。

主要参考文献

高玮. 2006. 中国东北地区鸟类及其生态学研究. 北京：科学出版社.

高中信. 1995. 小兴安岭野生动物. 哈尔滨：黑龙江科学技术出版社.

马建章. 1992. 黑龙江省鸟类志. 北京：中国林业出版社.

赵正阶. 1999. 中国东北地区珍稀濒危动物志. 北京：中国林业出版社.

（执笔人：刘鹏）

4.71　白头鹤　*Grus monacha* Temminck

地方名　玄鹤、锅鹤

英文名　Hooded Crane

俄文名　Чёрный журавль

分类地位　鸟纲、鹤形目、鹤科、鹤属

识别特征　大型涉禽，体长 960mm。成体大都呈石板灰色，眼睛前面和额部密被黑色的刚毛，头顶上的皮肤裸露无羽，呈鲜艳的红色，其余头部和颈的上部为白色。飞羽比体羽色深，三级飞羽延长，弯曲成弓状，覆盖于尾羽上，羽枝松散，似毛发状，尾羽颜色同体羽。颈长，喙长，腿长，胫下部裸露，蹼不发达，后趾细小，着生位较高。幼体头部及枕、颈上部淡棕黄色，无红色头顶裸出，眼周近黑色，形成 1 块较明显的黑色斑。虹膜深褐色，嘴黄绿色，胫的裸出部、跗跖和趾黑色。

生态习性　栖息于河流和湖泊的岸边泥滩、沼泽、芦苇沼泽及湿草地中。主要以甲壳类、小鱼、软体动物、多足类，以及直翅目、鳞翅目、蜻蜓目等昆虫和幼虫为食，也取食苔草、苗蓼、眼子菜等植物嫩叶、块根，小麦、稻谷等植物性食物和农作物。性情温雅，机警胆小。常成对或成家族群活动，有时有单独活动和由家族群组成的松散群体活动，常边走边在泥地上挖掘觅食。冬季也常到栖息地附近的农田活动和觅食。在没有干扰的情况下，栖息和觅食的地点均较为固定。性情机警，活动和觅食的时候常不断地抬头观望，有危险时鼓翼起飞，在空中盘旋，并且不停地鸣叫。白头鹤在本地为夏候鸟。繁殖期 4~6 月，在广阔的、生满苔藓的、有稀疏落叶松和灌木的沼泽地上营巢，巢材主要由枯草和苔藓所构成。4 月初迁到繁殖地，求偶方式为婚舞与对唱，雄鹤叫声为两声一度，雌鹤为一长一短，在对唱时张开三级飞羽，头颈反复伸长。4 月中旬交配，4 月末至 5 月初产卵，窝卵数 2 枚，卵绿红色，其上被有大的暗色斑点。雌雄鸟共同孵卵，主要由雌鹤担任，孵化期约 30 天，雏鹤重 85~93.5g，成鹤用蝌蚪和蚯蚓等喂雏鸟。8 月下旬到 9 月底离开繁殖地南迁。

分布　逊克、嫩江。

濒危状况及致危原因　越冬地和繁殖地的湿地被破坏是其种群数量减少的主要原因。目前，全球白头鹤种群数量在 9000 只左右，其越冬地不超过 10 个，数量少，面积小。

保护及利用　白头鹤具有一定的猎用、羽用和观赏价值，已被列为国家 I 级重点保护野生动物，为《中日保护候鸟及栖息环境协定》共同保护鸟类，IUCN 将其列入《濒危野生动植物种国际贸易公约》（CITES）附录 I，应该加大保护和研究力度。已经采取相应的保护措施，如在相关季节严禁人群在白头鹤栖息地放牧、狩猎、捕鱼、割苇，以减少人类活动的干扰；在稻田越冬地应保持稻田积水的深度，调控稻田积水，及时排除

洪涝，严禁施放烈性农药污染土壤和白头鹤的食物等。

主要参考文献

高玮. 2006. 中国东北地区鸟类及其生态学研究. 北京：科学出版社.

高中信. 1995. 小兴安岭野生动物. 哈尔滨：黑龙江科学技术出版社.

马建章. 1992. 黑龙江省鸟类志. 北京：中国林业出版社.

赵正阶. 1999. 中国东北地区珍稀濒危动物志. 北京：中国林业出版社.

（执笔人：刘鹏）

白头鹤 *Grus monacha* Temminck

摄影：杨克杰

4.72 丹顶鹤 *Grus japonensis* (Müller)

地方名 仙鹤

英文名 Japanese Crane

俄文名 Уссурийский (японский) журавль

分类地位 鸟纲、鹤形目、鹤科、鹤属

识别特征 大型涉禽，体长1200～1600mm。通体大多白色，喉和颈黑色，头顶裸出，鲜红色，耳至头枕白色，额部和眼先微具黑羽，次级飞羽和三级飞羽长而弯曲呈弓状，黑色，站立收拢时覆盖于白色尾羽上。虹膜褐色，嘴灰绿色，尖端稍浅。脚黑色。雌雄相似。幼鸟头、颈棕黄色，体羽白色而缀栗色斑点，头顶红褐色不明显，背部和两翅褐色，略深，次级飞羽和三级飞羽黑色。腹部颜色较淡，呈乳黄色。

生态习性 栖息于沼泽深处，常成对或成家族群和小群活动，夜间多栖息于四周环水的浅滩上或苇塘边。主要以鱼、虾、水生昆虫、软体动物、蝌蚪，以及水生植物的茎、叶、块根、球茎和果实为食。丹顶鹤在本地为夏候鸟，每年3月迁徙，4月开始配对和占领巢域，雌雄鸟彼此对鸣、跳跃和舞蹈，鸣叫时昂头、仰脖，声音清脆洪亮，嘴尖直朝天空，三级飞羽蓬起，且随叫声抖动。丹顶鹤高亢、洪亮的鸣叫声与其特殊的发音器官有关。它的鸣管长达1m以上，是人类气管长度的五六倍，末端卷成环状，盘曲

丹顶鹤 *Grus japonensis* (Müller)

摄影：杨克杰、李显达

于胸骨之间，发音时能引起强烈的共鸣，可以传到3~5km以外。营巢于开阔的大片芦苇沼泽地或水草地上，巢多置于有一定水深的芦苇丛或高的水草丛中。巢呈浅盘状，较简陋，浮巢，主要由芦苇、乌拉草、三棱草和芦花构成。窝卵数2枚，偶尔有产1枚的，如果巢或者卵被天敌破坏，有补卵的习性。卵椭圆形，浅灰褐色，布满棕色块斑，钝端的块斑较为密集，补产的卵色泽较淡。卵平均大小（66~70mm）×（104~108mm），重250~270g。由雌雄亲鸟轮流坐巢孵化，孵化期30~33天。雏鸟早成性，出壳时羽毛棕黄色，可蹒跚步行，几日后即可游泳，3个月后具有飞行能力，但在翌年繁殖期前一直跟随亲鸟活动。丹顶鹤的主要天敌为猛禽中的鹊鹞、白头鹞、白尾鹞等，这些鸟类盗食白头鹤的卵和雏鸟。丹顶鹤成鸟每年换羽两次，春季换成夏羽，秋季换成冬羽，属于完全换羽，会暂时失去飞行能力。

分布　逊克、北安、五大连池、嫩江。

濒危状况及致危原因　丹顶鹤需要洁净而开阔的湿地环境作为栖息地，是对湿地环境变化最为敏感的指示生物。由于人口的不断增长，使丹顶鹤的栖息地不断变为农田或城市，加之捡卵、偷猎等人为的干扰和破坏，使丹顶鹤种群数量的急剧减少，已经列入世界物种红色名录物种濒危等级中的濒危（EN）等级。

保护及利用　丹顶鹤具有一定的药用、猎用、羽用和观赏价值，被称为"仙鹤"，已被列为国家Ⅰ级重点保护野生动物名，IUCN将其列入《濒危野生动植物种国际贸易公约》（CITES）附录Ⅰ。应该加大保护和研究力度，以便更好地对其进行利用。

主要参考文献

高玮．2006．中国东北地区鸟类及其生态学研究．北京：科学出版社．

高中信．1995．小兴安岭野生动物．哈尔滨：黑龙江科学技术出版社．

马建章．1992．黑龙江省鸟类志．北京：中国林业出版社．

赵正阶．1999．中国东北地区珍稀濒危动物志．北京：中国林业出版社．

（执笔人：刘鹏）

4.73　反嘴鹬　*Recurvirostra avosetta* Linnaeus

地方名　反嘴鸻

英文名　Pied Avocet

俄文名　Шилоклювка

分类地位　鸟纲、鸻形目、反嘴鹬科、反嘴鹬属

识别特征　鸻形目中体型较大的种类，涉禽，全长355~430mm。嘴细长而上翘；头及后颈黑色，背与翅具明显的黑白两色，下体纯白；展翅时上体具有明显的7块黑斑。尾白色，末端灰色，中央尾羽常缀灰色。初级飞羽黑色。内侧初级飞羽和次级飞羽白色，三级飞羽黑色，外侧三级飞羽白色，并常缀有褐色。内肩、翅上中覆羽和外侧小覆羽黑色。最长的肩羽黑色，并缀有灰色。跗跖细长，但不超过中趾连爪的2倍，青灰色，趾间具有全蹼。雌雄同色。体羽黑色部分幼鸟呈现为褐色。虹膜红褐色，嘴黑色；脚淡蓝灰色。

生态习性　栖息于平原和半荒漠地区的湖泊、水塘及沼泽地带，有时也栖息于海边水塘和盐碱沼泽地。迁徙期间常出现于水稻田和鱼塘附近，而冬季多栖息于海岸及河口地带。常单独或成对活动和觅食，但栖息时却喜成群，在越冬地和迁徙季节时集群达数万只。常活动在水边浅水处，步履缓慢而稳健，边走边啄食，也常将嘴伸入水中或稀泥里面，左右来回扫动觅食，也善于游泳。反嘴鹬主要以小型甲壳类、水生昆虫、昆虫幼虫、蠕虫和软体动物等小型无脊椎动物为食。反嘴鹬在本地为旅鸟。繁殖期5~7月。营巢于开阔平原上的湖泊岸边、盐碱地或沙滩上，也在沼泽边的裸露干地上营巢。常成群繁殖，巢间距小，有时仅1m左右。巢多置于距水不远的裸露地上凹坑内，无任何内垫物，或仅垫有

小圆石或少许枯草，巢外径 18cm×21cm，内径 4cm×5cm。每窝产卵 4 枚，偶尔有少至 3 枚和多至 5 枚的。卵黄褐色或赭色，被有黑褐色斑点，卵平均大小（45~53mm）×（32~35mm）。孵化期 22~24 天，雌雄轮流孵卵，孵卵期间如遇入侵者，则全部飞至干扰者头顶上空不断鸣叫和飞翔，直至干扰者离开。

分布 逊克、爱辉。

濒危状况及致危原因 反嘴鹬在世界范围分布比较广泛，种群数量相对稳定，已经列入世界物种红色名录物种濒危等级中的无危（LC）等级，但在黑河地区数量极少。

保护及利用 反嘴鹬具有一定的猎用和观赏价值，可控制害虫数量，为农林益鸟，已被列入《国家保护的有益的或者有重要经济、科学研究价值的陆生野生动物名录》和《黑龙江省重点保护野生动物名录》，为《中日保护候鸟及栖息环境协定》共同保护鸟类。

主要参考文献

高玮. 2006. 中国东北地区鸟类及其生态学研究. 北京：科学出版社.

高中信. 1995. 小兴安岭野生动物. 哈尔滨：黑龙江科学技术出版社.

马建章. 1992. 黑龙江省鸟类志. 北京：中国林业出版社.

赵正阶. 1999. 中国东北地区珍稀濒危动物志. 北京：中国林业出版社.

（执笔人：刘鹏）

反嘴鹬 *Recurvirostra avosetta* Linnaeus

摄影：杨克杰、付建国

4.74 丘鹬 *Scolopax rusticola* Linnaeus

地方名 山鹬、大水扎子
英文名 Woodcock
俄文名 Вальдшнеп
分类地位 鸟纲、鸻形目、鹬科、丘鹬属
识别特征 涉禽，体长340mm。嘴长而细，眼位于头侧后部。前额灰褐色，杂有淡黑褐色及赭黄色斑。头顶和枕绒黑色，具3或4条不甚规则的灰白色或棕白色横斑；并缀有棕红色；后颈多呈灰褐色，有窄的黑褐色横斑；少数后颈缀有淡棕红色，并杂有黑色。头两侧灰白色或淡黄白色，杂有少许黑褐色斑点。自嘴基至眼有1条黑褐色条纹。颏、喉白色，其余下体灰白色，略沾棕色，密布黑褐色横斑。上体锈红色，杂有黑色、黄色横斑，背部具有4条灰白色纵带。下体白色，密布暗色横斑。尾羽12枚，黑色并具灰色端斑；跗跖裸露无羽，长度约为嘴峰长的一半。飞羽、覆羽黑褐色，具锈红色横斑和淡灰黄色端斑。其中外侧颜色较深；内侧较淡；呈土黄色，且仅限于内侧羽缘。第1枚初级飞羽外侧羽缘淡乳黄色。下背、腰和尾上覆羽具黑褐色横斑。尾羽黑褐色，内外侧均具锈红色锯齿形横斑，羽端表面淡灰褐色，下面白色。腋羽灰白色，密被黑褐色横斑。虹膜褐色，嘴基部肉红色，端部黑褐色，脚暗黄色。雌雄鸟体色相似，幼鸟比成鸟色暗，前额为乳黄白色，羽端沾黑色，上体棕红色，较成体鲜艳，黑斑也较成体少，尾上覆羽棕色，不具横斑，颏裸露，仅具绒羽。
生态习性 栖息于山地森林附近的河流、湖泊及沼泽中，也到稻田中觅食。夜行性，白天多隐伏在林中，很少飞出。如被惊起，只作短距离飞行。晚间或黄昏出来活动，飞行迅速，单独生活。主要以鞘翅目、鳞翅目和双翅目昆虫的幼虫为食，也取食一些小型的软体动物。丘鹬在本地为夏候鸟。繁殖期5～7月，通常到达繁殖地后不久雄鸟即开始求偶飞行，当太阳没落后或升起前，雄鸟即在森林上空振翅飞翔，并发出婉转多变的鸣声向雌鸟求爱。然后落到地上进行交配。交配后雄鸟即和雌鸟待在一起，直到雌鸟开始孵卵。巢由雌鸟建造，营巢在密林深处的灌丛下面或枯枝落叶中。巢呈浅坑状，巢材由干草叶和枯枝构成，直径为15.0cm左右。5月中下旬产卵，年产1窝，窝卵数3～4枚。卵呈长梨形，灰白色，平均大小（42～44mm）×（31～34mm），在钝端具有大小不等的黄乳白色斑点。雌鸟孵卵，孵化期22～24天。秋季迁走的时间较晚，可延至初雪之后。
分布 逊克、爱辉、嫩江、北安。
濒危状况及致危原因 丘鹬分布范围比较广泛，种群数量相对稳定，已经列入世界物种红色名录物种濒危等级中的无危（LC）等级，但在黑河地区数量较少。
保护及利用 丘鹬具有一定的猎用和观赏价值，已被列入《黑龙江省重点保护野生动物名录》和《国家保护的有益的或者有重要经济、科学研究价值的陆生野生动物名录》，也是《中日保护候鸟及栖息环境协定》共同保护鸟类。应该加大保护和研究力度。

主要参考文献

高玮. 2006. 中国东北地区鸟类及其生态学研究. 北京：科学出版社.

高中信. 1995. 小兴安岭野生动物. 哈尔滨：黑龙江科学技术出版社.

马建章. 1992. 黑龙江省鸟类志. 北京：中国林业出版社.

赵正阶. 1999. 中国东北地区珍稀濒危动物志. 北京：中国林业出版社.

（执笔人：刘鹏）

丘鹬 *Scolopax rusticola* Linnaeus　　摄影：李显达

4.75 孤沙锥 *Gallinago solitaria* Hodgson

地方名 水扎子
英文名 Solitary Snipe
俄文名 Горный дупель
分类地位 鸟纲、鸻形目、鹬科、沙锥属
识别特征 小型涉禽，全长300mm左右。上体赤褐色，杂以白色和栗色斑纹与横斑，背部横斑较窄。头顶的中央冠纹和眉纹白色，头侧和颈侧白色，具暗褐色斑点。后颈栗色，具黑色和白色斑点。背部具有4条白色纵带，胸淡黄褐色，喉部和腹部白色，两胁、腋羽和翼下覆羽白色而具有密集的黑褐色横斑。尾淡黄褐色，杂黑色横斑和棕色次端斑，尾羽14枚。翅上覆羽栗色，具黑褐色横斑和白色羽端。初级覆羽和飞羽深灰褐色，具灰白色尖端。头两枚初级飞羽具窄的白色羽缘。雌雄同色，雌体大于雄体，飞行时脚不伸过尾端。虹膜褐色，嘴灰褐色，嘴形直，脚土黄色。
生态习性 栖息于河边、沼泽等地，春季常成群活动，多沿河道飞行，飞翔力强，飞行时颈与脚均伸直，傍晚多在森林上空边飞边叫。在山涧溪流岸边取食，用长嘴插入泥土中上下活动，以水中的昆虫和软体动物为食，也取食一些植物。在地面从不鸣叫，通常单独栖息，故名"孤沙锥"。孤沙锥在本地为夏候鸟。繁殖期5～7月。雄鸟在繁殖初期常作空中求偶飞行。飞行时雄鸟敏捷地上升，在空中成小圈飞行，然后它将双翅半折叠，尾撒开如扇，垂直地从高空往下降落，并伴随发出尖厉的叫声。垂直降落时它不是一下就从高空降到地面，而是中途多次停止，分段向下垂直降落。快降落到地面时，又往高飞，飞到一定高度，再次分段垂直落下，反复重复上述过程。营巢于山区溪流、湖泊、水塘岸边草地上和沼泽地上，也在芦苇塘和生长有低矮桦树的水中小岛上营巢，隐蔽甚好。巢较简陋，多为地面的凹坑，或由亲鸟在落叶地上挖掘而成，无任何内垫物。6月初产卵，窝卵数5枚，卵梨形，淡黄褐色、具暗褐色疏而大的斑点与灰色小斑点。卵平均大小（40.2～45.0mm）×（28.3～32.7mm）。

分布 逊克、北安、五大连池、嫩江。
濒危状况及致危原因 孤沙锥分布范围比较广泛，种群数量相对稳定，已经列入世界物种红色名录物种濒危等级中的无危（LC）等级，但在黑河地区数量较少。
保护及利用 孤沙锥具有一定的猎用和观赏价值，肉味鲜美，是野味中的上品，活动隐蔽，不易被猎取，已被列入《黑龙江省重点保护野生动物名录》和《国家保护的有益的或者有重要经济、科学研究价值的陆生野生动物名录》，也是《中日保护候鸟及栖息环境协定》共同保护鸟类。应该加大保护和研究力度。

主要参考文献

高玮. 2006. 中国东北地区鸟类及其生态学研究. 北京：科学出版社.

高中信. 1995. 小兴安岭野生动物. 哈尔滨：黑龙江科学技术出版社.

马建章. 1992. 黑龙江省鸟类志. 北京：中国林业出版社.

赵正阶. 1999. 中国东北地区珍稀濒危动物志. 北京：中国林业出版社.

（执笔人：刘鹏）

孤沙锥 *Gallinago solitaria* Hodgson　　摄影：赵文阁

4.76 半蹼鹬 *Limnodromus semipalmatus* Blyth

地方名 水扎子
英文名 Snipe-billed Godwid
俄文名 Азиатский бекасовидный веретенник
分类地位 鸟纲、鸻形目、鹬科、半蹼鹬属
识别特征 涉禽，鹬类中中等大小种类，全长330mm左右。嘴直长，前端膨大，其上有许多细孔，嘴长超过尾长。夏羽通体赤褐色，头、颈棕红色，具有暗褐色纵斑，贯眼纹黑色，一直延伸到眼先。面颊、颈侧及颈下至胸、腹部褐色，下腹部色淡，两侧具有暗褐色横斑，翼覆羽暗褐色，飞羽暗褐色，下背、腰、尾上覆羽与尾羽白色，具黑白相间横斑。冬羽赤褐色消失，通体以灰褐色为主，上体暗灰褐色，具白色羽缘；下体白色。虹膜黑褐色。嘴黑色，尖端稍膨大。脚和趾黑褐色，前3趾间基部具蹼，尤以中趾和外趾间蹼较大。跗跖前面具盾状鳞，后面具网状鳞。幼鸟体色似冬羽，黄褐色较深，颜面部、颈侧、胸侧和腹侧均有灰褐色斑纹。
生态习性 主要栖息于湖泊、河流及沿海岸边草地和沼泽地上。常单独或成小群活动，性胆小而机警。常在湖边、河岸、水塘沼泽和海边潮润地带沙滩和泥地上觅食，频繁地将嘴插入泥中直至嘴基，主要以昆虫及其幼虫、蠕虫和软体动物为食。半蹼鹬在本地为旅鸟。繁殖期5～7月，配偶为一雌一雄制。常成小群在一起营巢，并与其他水鸟混居。通常营巢于水边或离水不远的地上草丛中或在沼泽中的小土丘上的草丛下。巢多利用地面凹坑，内垫草叶和草茎。巢外径23cm，内径11～16cm。窝卵数4枚。卵石板色或灰赤色，具暗茶色斑点，块斑在钝端较密；卵为梨形，平均大小为（47.5～54.5mm）×（32.5～34.5mm）。5月下旬产卵，雌雄鸟轮流孵卵，孵化期19～24天。
分布 逊克、五大连池。
濒危状况及致危原因 栖息地丧失、环境污染和捕猎造成半蹼鹬种群数量较少，已经列入世界物种红色名录物种濒危等级中的近危（NT）等级。
保护及利用 半蹼鹬具有一定的猎用和观赏价值，已被列入《黑龙江省地方重点保护野生动物名录》和《国家保护的有益的或者有重要经济、科学研究价值的陆生野生动物名录》，也是《中华人民共和国政府和澳大利亚政府保护候鸟及其栖息环境的协定》共同保护鸟类。应该加大保护和研究力度。

主要参考文献

高玮. 2006. 中国东北地区鸟类及其生态学研究. 北京：科学出版社.

高中信. 1995. 小兴安岭野生动物. 哈尔滨：黑龙江科学技术出版社.

马建章. 1992. 黑龙江省鸟类志. 北京：中国林业出版社.

赵正阶. 1999. 中国东北地区珍稀濒危动物志. 北京：中国林业出版社.

（执笔人：刘鹏）

半蹼鹬 *Limnodromus semipalmatus* Blyth　　摄影：聂延秋

4.77 大杓鹬 *Numenius madagascariensis* (Linnaeus)

地方名 油拉罐子、红腰杓鹬
英文名 Eastern curlew, Far eastern curlew
俄文名 Большой кроншнеп
分类地位 鸟纲、鸻形目、鹬科、杓鹬属

识别特征 涉禽,体型较大,全长600mm左右,为鹬类中体型最大者。上体黑褐色,具有特别长而向下弯曲的嘴,眉纹白色,腰羽边缘有浅红褐色和浅黄褐色混交的斑,下体乳黄色,具黑褐色羽干纹,其中喉和胸部的密而细,颏部白色,腋羽、翼下覆羽白色具有黑褐色横斑。外侧初级飞羽黑褐色,内侧初级飞羽、次级飞羽及三级飞羽淡褐色,具有黑褐色锯齿形轴斑。腰、尾上覆羽淡褐色,具有褐色纵纹。尾淡褐色沾棕色,具有黑褐色横纹。胁部及腹部淡褐色,具有黑褐色斑点。雌雄鸟羽毛颜色相同,雌鸟体型大于雄鸟,冬羽比夏羽色稍淡。嘴黑色,下嘴基部肉红色,虹膜暗褐色,脚青褐色。

生态习性 栖息于沼泽和江河沿岸,主要选择具有小片耕地和塔头的沼泽草甸进行繁殖。成对或结小群活动,性机警,不易接近。飞行时颈部收缩,两翼鼓动缓慢,但速度较快,伴以洪亮的叫声,着地滑翔时发出连续而渐弱的叫声。领域行为明显,攻击侵入领域的同种个体,也经常驱赶进入领域的乌鸦、红隼等鸟类,当人类接近其巢附近时,惊起的亲鸟在头上不断盘旋和惊叫。在未耕种的田地或沼泽的浅水泡中觅食,主要以蜥蜴、鱼类、蛙类、螺类、蜗牛,以及双翅目、半翅目、鞘翅目的昆虫为食,也取食少量的杂草种子。大杓鹬在本地为夏候鸟。繁殖期5~6月,营巢于河畔及沼泽附近的草丛中,巢简陋,只在地面凹陷处覆盖一些草茎、叶等。窝卵数4枚,卵梨形,深橄榄底色,并有褐色粗大斑点。雏鸟体密被黄褐色绒羽,奔跑迅速。9月中旬至10月初迁离,迁徙时可集成数十只甚至上百只大群。

分布 爱辉、嫩江。

濒危状况及致危原因 由于栖息地丧失、捕猎和污染造成的食物短缺等导致大杓鹬种群数量减少,已经列入世界物种红色名录物种濒危等级中的易危(VU)等级。

保护及利用 大杓鹬具有一定的药用、猎用和观赏价值,已被列入《黑龙江省地方重点保护野生动物名录》和《国家保护的有益的或者有重要经济、科学研究价值的陆生野生动物名录》,也是《中华人民共和国政府和日本国政府保护候鸟及其栖息环境协定》《中华人民共和国政府和澳大利亚政府保护候鸟及其栖息环境的协定》共同保护鸟类。应加大保护和研究力度。

主要参考文献

高玮. 2006. 中国东北地区鸟类及其生态学研究. 北京:科学出版社.

高中信. 1995. 小兴安岭野生动物. 哈尔滨:黑龙江科学技术出版社.

马建章. 1992. 黑龙江省鸟类志. 北京:中国林业出版社.

赵正阶. 1999. 中国东北地区珍稀濒危动物志. 北京:中国林业出版社.

(执笔人:刘鹏)

大杓鹬 *Numenius madagascariensis* (Linnaeus)   摄影:李显达

4.78 小 鸥 *Larus minutus* Pallas

地方名 叼鱼郎
英文名 Little Gull
俄文名 Малая чайка
分类地位 鸟纲、鸻形目、鸥科、鸥属
识别特征 鸥类中体型最小的种类，体长280~310mm。夏羽头、喉和上颈黑色，黑斑向后延伸至上颈（伸过嘴、眼延长线以下），后颈、腰、尾上覆羽和尾白色，尾微沾灰色，背、肩、翅上覆羽和飞羽上表面淡珠灰色，飞羽尖端白色。内侧肩羽、翼覆羽上表面有珍珠光泽，翼下表面暗灰黑色，无黑色翼端。下体白色，稍染粉红色泽。飞行时翼下面暗色，后缘白色，尾端稍凹或平尾。冬羽头白色，但头顶、耳羽和眼前具有新月形斑暗褐色。雌雄同色，幼鸟似冬羽，但后颈与背部同色而不是白色，尾白色，具宽阔的黑色端斑（中央较外侧宽而显著），三级飞羽和部分翼覆羽褐色，飞行时两翼上面前缘黑斑与翼上覆羽连成"M"形带状暗色斑。虹膜暗褐色，嘴细、暗红色，脚红色。幼鸟嘴黑褐色，脚肉红色。
生态习性 主要栖息于海岸、河口和附近湖泊与沼泽中，常成群在水面的上空飞翔。飞行轻快，敏捷，两翅扇动很轻，可在飞行中捕食或在陆地上觅食，主要以昆虫及其幼虫、甲壳类和软体动物为食。觅食主要在水面上，也在飞行中捕食飞行的昆虫，有时也在陆地上觅食。小鸥在本地为旅鸟。繁殖期5月中旬。巢简陋，主要为地上凹坑，巢材多以草叶及草茎为主。窝卵数3枚，偶见2枚，卵多为赭石色或淡绿色，被有黑褐色斑点。卵平均大小为（57.0~67.0mm）×（39.0~47.0mm）。孵化期3周，3龄性成熟。
分布 嫩江。
濒危状况及致危原因 小鸥数量较少，已被列入世界物种红色名录物种濒危等级中的无危（LC）等级。
保护及利用 小鸥具有一定的猎用和观赏价值，已被列为国家Ⅱ级重点保护野生动物。应该加大保护和研究力度，以便更好地对其进行利用。

主要参考文献

高玮. 2006. 中国东北地区鸟类及其生态学研究. 北京：科学出版社.

高中信. 1995. 小兴安岭野生动物. 哈尔滨：黑龙江科学技术出版社.

马建章. 1992. 黑龙江省鸟类志. 北京：中国林业出版社.

赵正阶. 1999. 中国东北地区珍稀濒危动物志. 北京：中国林业出版社.

（执笔人：刘鹏）

小鸥 *Larus minutus* Pallas 　　摄影：李显达

4.79 小杜鹃 *Cuculus poliocephalus* Latham

地方名 布谷鸟
英文名 Lesser Cuckoo
俄文名 Малая кукушка
分类地位 鸟纲、鹃形目、杜鹃科、杜鹃属
识别特征 雄鸟全长259～278mm，头顶和上体暗灰色，下背略沾蓝褐色，腰部与尾部蓝灰色，下体上胸浅灰色沾棕色，并杂以较宽的黑褐色横斑。头侧浅灰色，颏、喉和下颈灰白色。翼暗褐色而带灰色，初级飞羽内翈除了尖端外带有延长的白色横斑，尾羽褐灰色而带稀疏的白斑，且在尾端形成横斑。雌鸟全长198～272mm，上体棕褐色，上胸棕白色并杂以黑褐色横斑。幼鸟上体及头顶褐色，端部白色，头前及枕部有白色斑，上体余部有疏而宽的暗色横斑。嘴黑褐色，基部黄色；虹膜浅褐色，眼圈黄色，腿和趾均为黄色。

生态习性 主要栖息于次生杂木林及其林缘地带，栖息地海拔400～1000m。喜欢隐蔽停歇在枝繁叶茂的树上，有时到林区住家附近活动。5月左右可听见其鸣叫，叫声刚劲有力，音调起伏。7月的午间叫声最为频繁，尤在晨昏或阴雨天，每次鸣叫由6个音节组成，重复3次，与其他杜鹃类可以明显区分。主要以各种昆虫及其幼虫为食。小杜鹃在本地为夏候鸟。5～6月开始繁殖。营巢寄生，卵产在柳莺、姬鹟等小型鸟的鸟巢中，完全由寄主代为孵卵和育雏。8～9月开始南迁，不成群迁徙，居留期100天左右。

分布 逊克、五大连池、嫩江。

濒危状况及致危原因 栖息地破坏及人为干扰是小杜鹃种群数量减少的主要原因。此外，其所寄生的小型鸟类种群数量的减少也是该物种致危的重要原因。

保护及利用 小杜鹃具有一定的药用、猎用和观赏价值，为农林益鸟，大量啄食松毛虫、毒蛾和金龟子等农林害虫，在维护生态系统平衡方面具有重要作用，已被列入《黑龙江省地方重点保护野生动物名录》和《国家保护的有益的或者有重要经济、科学研究价值的陆生野生动物名录》，也是《中华人民共和国政府和日本国政府保护候鸟及其栖息环境协定》共同保护鸟类。应该加大保护和研究力度。

主要参考文献

高玮. 2006. 中国东北地区鸟类及其生态学研究. 北京：科学出版社.

高中信. 1995. 小兴安岭野生动物. 哈尔滨：黑龙江科学技术出版社.

马建章. 1992. 黑龙江省鸟类志. 北京：中国林业出版社.

赵正阶. 1999. 中国东北地区珍稀濒危动物志. 北京：中国林业出版社.

（执笔人：刘鹏）

小杜鹃 *Cuculus poliocephalus* Latham　　摄影：郭玉民

4.80 棕腹杜鹃 Cuculus fugax Horsfield

地方名 布谷鸟
英文名 Hawk-Cuckoo
俄文名 Ширококрылая кукушка
分类地位 鸟纲、鹃形目、杜鹃科、杜鹃属
识别特征 体长320mm左右，雌雄同色。额灰褐色；颊、眼周、耳羽亮灰色，头和上体石板灰色，微带蓝色，后颈基部有白色横斑。颏部灰色，喉和前颈近白色，胸部和腹部棕色，后腹和尾下覆羽白色，尾部淡灰褐色，露出4道黑横斑，后边2道距离较近，最后1道最宽，黑斑后缘及尾端棕色。初级飞羽和次级飞羽黑褐色，内侧具白色横斑；三级飞羽黑褐色，外侧微沾灰色，翅上覆羽暗灰色。飞行时尾部有明显的黑色条纹。幼鸟头顶和飞羽棕色而具浅赤褐色条纹，枕部有白色羽毛，飞羽外翈颜色变淡，2枚内侧的三级飞羽灰白色，眼中部具有黑斑点，颏、喉黑褐色，胸部浅棕色且具有宽纵纹，腹部具有较窄的斑纹，下体余部白色，尾羽具4~5条黑褐色条纹。虹膜橙色至朱红色，眼周黄色，上嘴角黑色，基部及下嘴角绿色，脚亮黄色。
生态习性 栖息于海拔800~1000m山地森林和林缘灌丛地带，以针叶林和针阔混交林为主，如落叶松、杉树等。喜欢在树冠处单独或成对活动，活动范围较大，没有固定的栖息地，常在一个地方活动1~2天后又移至他处。性机警而胆怯，喜在阴天、小雨或黄昏时鸣叫，鸣声尖锐、凄厉和连续，开始较弱，后逐渐加快、加强，高峰处骤停，然后再重新开始。主要以各种昆虫及其幼虫为食，也食少量的尺蠖幼虫、甲壳类动物及蜘蛛等。棕腹杜鹃在本地为夏候鸟。繁殖期5~6月。不营巢，将卵寄生在鸫类、歌鸲等鸟类的巢中，营巢寄生。卵以灰绿色、黄色到浅褐色为主，并布有红褐色斑点。卵大小一般为22.6mm×16.3mm。5月中旬迁来，8月底或9月初离开，居留期100天左右。
分布 嫩江。
濒危状况及致危原因 由于其寄生的小型鸟类种群数量的急剧减少导致棕腹杜鹃种群数量快速下降，已被列入世界物种红色名录物种濒危等级中的无危（LC）等级。
保护及利用 棕腹杜鹃具有一定的猎用和观赏价值，是食虫鸟类，为农林益鸟，已被列入《黑龙江省地方重点保护野生动物名录》和《国家保护的有益的或者有重要经济、科学研究价值的陆生野生动物名录》，也是《中华人民共和国政府和日本国政府保护候鸟及其栖息环境协定》共同保护鸟类。应该加大保护和研究力度。

主要参考文献

高玮. 2006. 中国东北地区鸟类及其生态学研究. 北京：科学出版社.

高中信. 1995. 小兴安岭野生动物. 哈尔滨：黑龙江科学技术出版社.

马建章. 1992. 黑龙江省鸟类志. 北京：中国林业出版社.

赵正阶. 1999. 中国东北地区珍稀濒危动物志. 北京：中国林业出版社.

（执笔人：刘鹏）

棕腹杜鹃 *Cuculus fugax* Horsfield　　摄影：李显达

4.81 领角鸮　　　　　Otus lettia Pennant

地方名　猫头鹰、夜猫子
英文名　Collared Scops Owl
俄文名　Ошейниковая совка
分类地位　鸟纲、鸮形目、鸱鸮科、角鸮属
识别特征　小型猛禽，全长200～250mm，雌雄鸟相似。上体暗褐色，并杂有暗色虫蠹状斑和黑色羽干纹，额和面盘白色或灰白色，稍缀以黑褐色细点；两眼前缘黑褐色，眼端刚毛白色具黑色羽端，眼上方羽毛白色。耳羽外翈黑褐色具棕褐色斑，内翈棕白色而杂以黑褐色斑点。后颈基部有一显著的、由棕白眼斑形成的翎领。肩和翅上外侧覆羽端具有棕色或白色大型斑点。初级飞羽黑褐色，外翈杂以宽阔的棕白色横斑。颏、喉白色，上喉有一圈皱领，微沾棕色，各羽具黑色羽干纹，两侧有细的横斑纹。第1枚初级飞羽短于第8枚。下体白色或皮黄色，缀有淡褐色波状横斑和黑色羽干纹。尾羽灰褐色，横贯以6道棕色带黑点的横斑，趾基部被羽，白色。幼鸟通体污褐色，杂以棕白色细斑点，腹面较淡、呈灰褐色，除飞羽和尾羽外，均呈绒羽状。初级飞羽黑褐色，内翈具灰黑色横斑，外翈具棕白色大斑；其余飞羽浅黑褐色，具污灰色和棕色斑；尾黑褐色，具浅棕色虫蠹状斑。虹膜黄色，嘴淡黄色沾绿色；趾、爪淡黄色。

生态习性　常见于山地森林和林缘，昼伏夜出，白天多隐蔽在密林中，夜间出来取食和鸣叫，鸣声低沉，飞行时迅速而无声。主要以啮齿类、小型鸟类、直翅目的蝗虫，以及鞘翅目的金龟子、蛙类等动物为食。领角鸮在本地为留鸟。4月中下旬开始繁殖。营巢于天然树洞内，或利用啄木鸟废弃的旧树洞，偶尔也见利用喜鹊的旧巢，洞内无垫物，仅有少量的羽毛和草叶，作为巢的树木一般位于较开阔的地带，周围树木稀疏。窝卵数3～6枚，多为3或4枚。卵白色，呈卵圆形，光滑无斑，卵平均大小为32.5mm×28.1mm，重17～19g，亲鸟轮流孵卵。6月中旬可见羽毛丰满的幼鸟在林间飞行。

分布　嫩江。

濒危状况及致危原因　冬季食物匮乏及适栖生境的丧失是领角鸮种群数量减少的主要原因。已被列入世界物种红色名录物种濒危等级中的无危（LC）等级。

保护及利用　领角鸮具有一定的猎用和观赏价值，为农林益鸟，已被列为国家Ⅱ级重点保护野生动物，IUCN将其列入《濒危野生动植物种国际贸易公约》（CITES）附录Ⅱ。应该加大保护和研究力度，以便更好地对其进行利用。

主要参考文献

高玮. 2006. 中国东北地区鸟类及其生态学研究. 北京：科学出版社.

高中信. 1995. 小兴安岭野生动物. 哈尔滨：黑龙江科学技术出版社.

马建章. 1992. 黑龙江省鸟类志. 北京：中国林业出版社.

赵正阶. 1999. 中国东北地区珍稀濒危动物志. 北京：中国林业出版社.

（执笔人：刘鹏）

领角鸮 *Otus lettia* Pennant　　　　摄影：郭玉民

4.82 红角鸮 *Otus sunia* (Linnaeus)

地方名 棒槌鸟

英文名 Oriental Scops Owl

俄文名 Сплюшка

分类地位 鸟纲、鸮形目、鸱鸮科、角鸮属

识别特征 小型猛禽，全长 175～200mm，雌雄同色。上体灰褐色（有棕栗色），有黑褐色虫蠹状细纹。眼先须羽白色，末端黑色，眼外侧杂有褐色斑的灰白色放射状羽毛形成不完整的面盘，在面盘外侧具有黑端斑的棕黄色领圈；耳羽突出，长约 25mm，基部棕色；眉纹白色或淡黄色，羽毛具褐色羽缘斑，头顶至背和翅覆羽杂以棕白色斑。肩羽外侧具大型淡棕黄色斑前后排列，羽端黑褐色。颏棕白色，喉以后棕黄色，具有黑褐色轴纹和暗褐色细蠹状斑，下体大部红褐色至灰褐色，有暗褐色纤细横斑和黑褐色羽干纹。飞羽大部黑褐色，尾羽灰褐色，具 6～7 道不完整的棕白色横斑，尾下覆羽白色，各羽有一个棕色块斑，羽端杂以褐色细斑，腿羽淡棕色，密杂以褐色斑，趾基部不被羽，腋羽和翅下覆羽纯白色。虹膜黄色，嘴暗绿色，先端近黄色；爪灰褐色。

生态习性 多栖息于山地疏林，海拔 1800m 以下，是纯夜行性的小型角鸮，喜有树丛的开阔原野。它们双翅展合有力，飞行迅速，能在林间无声地穿梭。多单独活动，活动于林中的中下层，飞行较低，速度较慢，无声。视听能力极强，善于在朦胧的月色下捕捉飞蛾和停歇在草木上的蝗虫、甲虫、蛾类等昆虫，但是鼠和小鸟在食物中的比例却不高。有吐"食丸"的习性［其素嚢具有消化能力，食物常常整吞下去，并将食物中不能消化的骨骼、羽毛、毛发、几丁质等残物渣滓集成小团，经过食道和口腔吐出，称食丸，也称唾余］。红角鸮在本地为夏候鸟。5 月繁殖，繁殖期间夜里鸣叫，叫声似"王刚哥"。在树洞中营巢，内垫草叶、树叶。一般筑巢选择在林中较开阔的地带，周围树木稀疏。年产 1 窝，窝卵数 3～5 枚，卵纯白色，多为卵圆形，无斑，平均大小为 (29.7～30.7mm)×(24.5～25.7mm)，重 11.8～13.7g。雌鸟孵卵，孵化期 24～25 天。雏鸟晚成性。9 月下旬迁往南方越冬。

分布 逊克、爱辉、五大连池、嫩江。

濒危状况及致危原因 已被列入世界物种红色名录物种濒危等级中的无危（LC）等级。

保护及利用 红角鸮具有一定的猎用、羽用和观赏价值，为农林益鸟，已被列为国家Ⅱ级重点保护野生动物，IUCN 将其列入《濒危野生动植物种国际贸易公约》（CITES）附录Ⅱ，在维护生态系统平衡方面具有重要意义。

主要参考文献

高玮. 2006. 中国东北地区鸟类及其生态学研究. 北京：科学出版社.

高中信. 1995. 小兴安岭野生动物. 哈尔滨：黑龙江科学技术出版社.

马建章. 1992. 黑龙江省鸟类志. 北京：中国林业出版社.

赵正阶. 1999. 中国东北地区珍稀濒危动物志. 北京：中国林业出版社.

（执笔人：刘鹏）

红角鸮 *Otus sunia* (Linnaeus)　　　　摄影：郭玉民

4.83 雕鸮 *Bubo bubo* (Linnaeus)

地方名 大猫头鹰、恨狐
英文名 Northern Eagle Owl
俄文名 Филин
分类地位 鸟纲、鸮形目、鸱鸮科、雕鸮属
识别特征 体长 600~650mm，体型是鸮类中较大的，为大型夜行性猛禽。雌雄体色相似。雌雄鸟体均为黑褐色，间以棕色或灰棕色；头顶黑褐色；后颈和上背棕色，各羽具粗著的黑褐色羽干纹，端部两翈缀以黑褐色细斑点；肩、下背和翅上覆羽棕色至灰棕色，杂以黑色和黑褐色斑纹或横斑，并具粗阔的黑色羽干纹；羽端大都呈黑褐色块斑状。腰及尾上覆羽棕色至灰棕色，具黑褐色波状细斑；胸棕色杂有黑色粗纹，上腹和两胁黑纹较细；中央尾羽暗褐色，具 6 道棕色横斑。外侧尾羽棕色，具暗褐色横斑和黑褐色斑点；飞羽棕色，具宽阔的黑褐色横斑和褐色斑点。下腹中央几纯棕白色，覆腿羽和尾下覆羽微杂褐色细横斑；腋羽白色或棕色，具褐色横斑。面盘显著，耳羽突长达 77mm。喙坚强而钩曲，嘴基蜡膜为硬须掩盖。颏白色，喉除皱领部分外也为白色。脚强健有力，常全部被羽，第 4 趾能向后反转，以利攀缘。爪大而锐。尾脂腺裸出。幼鸟羽棕黄色，杂有黑褐色横斑；胸部具粗羽干纹，眼先和眼周边羽毛近白色，两脚羽毛无横斑。虹膜金黄色，嘴和爪铅灰黑色。

生态习性 多栖息于人迹罕至的密林中，也常于灌丛、农田、荒地等地活动捕食。耳孔周缘有明显的耳羽突，有助于夜间分辨声响与夜间定位。昼伏夜出，飞行时缓慢而无声，通常贴着地面飞行。5~7 月常常夜间鸣叫，其叫声酷似犬吠。春天 4~5 月早晨或傍晚也常听到其低沉的叫声。食性很广，主要以各种鼠类为食，也取食兔类、蛙、刺猬、昆虫、雉鸡和其他鸟类。叫声深沉。雕鸮在本地为留鸟。每年 3 月末 4 月初筑巢，营巢于悬崖峭壁伸出的石崖下的树洞或岩隙中，有时也选择在其他鸟弃洞中。4 月中下旬产卵，巢内无铺垫物，窝卵数 2~5 枚；卵白色，无斑，椭圆形或近球形。雏鸟晚成性。

分布 逊克、五大连池、爱辉、嫩江。

濒危状况及致危原因 雕鸮在黑河地区为稀有种。由于近年逐渐严重的栖息地破坏、有机农药对环境的污染，可以食用的关键性食物减少，加之一些地区捕捉雕鸮的现象时有发生，都导致了该物种数量在不断减少。

保护及利用 雕鸮现为国家 II 级重点保护野生动物，同时也被列入《濒危野生动植物种国际贸易

雕鸮 *Bubo bubo* (Linnaeus)　　　摄影：杨克杰、李显达

公约》(CITES)附录Ⅱ和IUCN红皮书濒危种类。是重要的农林益鸟，对于森林鼠害的防治起到了重要的关键性作用，因此应大力加强对其的科学研究。

主要参考文献

常家传. 1995. 东北鸟类图鉴. 哈尔滨：黑龙江科学技术出版社.

东北保护野生动物联合委员会. 1988. 东北鸟类. 沈阳：辽宁科学技术出版社.

高玮. 2006. 中国东北地区鸟类及其生态学研究. 北京：科学出版社.

高中信. 1995. 小兴安岭野生动物. 哈尔滨：黑龙江科学技术出版社.

马建章. 1992. 黑龙江省鸟类志. 北京：中国林业出版社.

约翰·马敬能，等. 2000. 中国鸟类野外手册. 长沙：湖南教育出版社.

赵正阶. 1999. 中国东北地区珍稀濒危动物志. 北京：中国林业出版社.

（执笔人：陈辉）

4.84 雪 鸮 *Nyctea scandiaca* (Linnaeus)

地方名 白猫头鹰、白夜猫子
英文名 Snowy Owl
俄文名 Белая сова
分类地位 鸟纲、鸮形目、鸱鸮科、雪鸮属
识别特征 雪鸮体长550～700mm，属于体型较大的夜行性猛禽，雌性平均体长660mm，雄性平均体长590mm，雄性体型明显小于雌性；雪鸮头圆而小，面盘不显著，无其他鸮类常见的耳羽突，喙基被刚毛样的须状羽遮盖。雄鸟通体白色，头顶、颈、肩、眼先和脸盘微沾浅褐色和杂有少许黑褐色点状斑。初级飞羽具横斑，从第3枚开始外侧羽片横斑增多，内侧仅先端具1或2个横斑；第1枚初级飞羽内侧羽片及第2～4枚的两侧羽片均具缺刻。尾羽端部具一道横斑。雌鸟和雄鸟相似，通体亦为白色，但头部有褐色斑点，背有暗色横斑，腰具成对褐色斑点，胸腹和两胁亦具暗色横斑。尾具3～5对褐色横斑。其余似雄鸟。幼鸟和雌鸟相似，而且横斑更显著。雄性幼鸟的颈部、颈后和尾羽都比雌性幼鸟白。雄性雪鸮随着年龄的增长会越来越白，部分年老的雪鸮全身会接近纯白色，而雌性雪鸮身上的一些斑点终身不消失。

生态习性 雪鸮冬季多栖息于草甸、农田、荒地，以及森林、灌丛等林缘旷野中。昼伏夜出，飞行时缓慢而无声，通常贴着地面飞行。雪鸮的羽毛非常浓密，这些浓密的羽毛使它们在零下50℃的环境下还能保持38～40℃的体温。因此，如果它们遇到强风，就会找到石堆、雪堆或是干草堆作为避风处，然后蜷缩身体贴在地面上，这样它们浓密的羽衣就能为它们御寒。它们雪白的羽毛在冬季是非常好的伪装。食性很广，主要以各种鼠类、鸟类为食，也取食兔类等。在北极和西伯利亚地面营巢繁殖。雪鸮在本地为冬候鸟。

分布 逊克、嫩江。

濒危状况及致危原因 雪鸮在黑河地区为稀有种。由于近年逐渐严重的栖息地破碎化及环境变化的影响，可以食用的关键性食物减少，加之一些地区捕捉雪鸮的现象时有发生，都导致了该物种种群数量和分布受到一定的影响，在不断减少。

保护及利用 雪鸮现为国家Ⅱ级重点保护野生动物，《中华人民共和国政府和日本国政府保护候鸟及其栖息环境协定》共同保护鸟类，同时也被列入《濒危野生动植物种国际贸易公约》(CITES)附录Ⅱ和IUCN红皮书易危种类。它是重要的农林益鸟，处于生态系统中较高的营养级，对于防治森林鼠害、维持生态系统平衡起到了关键性的作用，因此应大力加强对其的科学研究，在保证其数量的基础上扩大其观赏、猎用的需要。

第4章 珍稀濒危野生动物

主要参考文献

常家传. 1995. 东北鸟类图鉴. 哈尔滨：黑龙江科学技术出版社.

东北保护野生动物联合委员会. 1988. 东北鸟类. 沈阳：辽宁科学技术出版社.

高玮. 2006. 中国东北地区鸟类及其生态学研究. 北京：科学出版社.

高中信. 1995. 小兴安岭野生动物. 哈尔滨：黑龙江科学技术出版社.

马建章. 1992. 黑龙江省鸟类志. 北京：中国林业出版社.

约翰·马敬能，等. 2000. 中国鸟类野外手册. 长沙：湖南教育出版社.

赵正阶. 1999. 中国东北地区珍稀濒危动物志. 北京：中国林业出版社.

（执笔人：陈辉）

雪鸮 *Nyctea scandiaca* (Linnaeus)

摄影：杨克杰、杨旭东

4.85 毛腿渔鸮   *Ketupa blakistoni* (Seebohm)

地方名　猫头鹰
英文名　Blackiston's Fish Owl
俄文名　Рыбный Филин
分类地位　鸟纲、鸮形目、鸱鸮科、渔鸮属
识别特征　大型鸮类，体长达710～770mm。耳羽长而尖，长90～108mm。面盘不显著，面部羽毛松散，羽枝分离，呈灰褐色，羽干和羽端黑褐色。雌雄同色。通体大都暗褐色，具黑色羽纹。头顶的中央有白斑。背和翼羽的羽干为宽褐色且具浅条纹。飞羽褐色，具棕色斑点，飞羽外侧羽片无斑，这与其他鸮类（尤其是雕鸮）不同。尾羽棕色，具不规则的褐色斑纹，枕部和翅上小覆羽有时也具有少量白色羽毛。喉白色，虹膜橙黄色，嘴角灰色或灰白色，基部沾蓝色，嘴弯曲度不大。跗跖全被羽，但趾没有羽毛，趾底部有刺突。
生态习性　多栖息于水库和沼泽地地带，也见于森林、灌丛、草原、农田及荒地。尤其在不结冻或部分不结冻水流速度较快的河溪处活动。昼伏夜出，严格夜行性。取食时常呈两种姿态：一种是钻入水中觅取食物；另一种则是在浅水处趟走觅食，有时也潜伏在水边静静等待，发现目标后迅速捕食。食性以各种鱼类为主，也以虾及鳌虾等为食。毛腿渔鸮在本地为留鸟，巢多筑在地面上或倒木上，巢可多年利用，窝卵数2枚；卵污白色，光滑无斑。繁殖期5～7月，孵化期35～38天。幼鸟在50天左右离巢，1年后独立。叫声拖长而嘶哑。
分布　逊克。
濒危状况及致危原因　毛腿渔鸮在黑河地区已多年未见实体，为稀有种。由于近年逐渐严重的栖息地破碎化、环境的变化，以及人为干扰加重等现象，尤其是冬季不冻水域面积大幅度减少，取食困难，导致了该物种数量在不断减少。
保护及利用　毛腿渔鸮现为国家Ⅱ级重点保护野生动物，同时也被列入《濒危野生动植物种国际贸易公约》（CITES）附录Ⅱ和IUCN红皮书濒危种类。是重要的农林益鸟，处于生态系统中较高的营养级，因此应大力加强对其的科学研究。

主要参考文献

蔡启尧，钟莠筠. 2004. 毛腿渔鸮. 野生动物，（5）：2.
常家传. 1995. 东北鸟类图鉴. 哈尔滨：黑龙江科学技术出版社.
东北保护野生动物联合委员会. 1988. 东北鸟类. 沈阳：辽宁科学技术出版社.
高玮. 2006. 中国东北地区鸟类及其生态学研究. 北京：科学出版社.
高中信. 1995. 小兴安岭野生动物. 哈尔滨：黑龙江科学技术出版社.
马建章. 1992. 黑龙江省鸟类志. 北京：中国林业出版社.
赵正阶. 1999. 中国东北地区珍稀濒危动物志. 北京：中国林业出版社.

（执笔人：陈辉）

毛腿渔鸮 *Ketupa blakistoni* (Seebohm)　　摄影：聂延秋

4.86 长尾林鸮 *Strix uralensis* Pallas

地方名　猫头鹰、夜猫子
英文名　Ural Owl
俄文名　Длиннохвостая
分类地位　鸟纲、鸮形目、鸱鸮科、林鸮属
识别特征　中大型夜行性猛禽，体长450～600mm，体重452～842g。头部较圆，没有耳羽突，面盘显著，为灰白色，具细的黑褐色羽干纹。翎领也很显著。雌雄同色。体羽大多灰白色或灰褐色，有暗褐色条纹，下体的条纹特别延长，而且只有纵纹，没有横斑。尾羽较长，棕褐色，稍呈圆形，具显著的6或7道横斑和白色端斑。虹膜暗褐色，嘴黄色，爪角褐色。

生态习性　多栖息于针叶林、针阔混交林和阔叶林中。昼伏夜出。在森林的中下层活动，远飞时呈较大的波浪状，轻捷无声。白天多站在近树干的水平枝上停歇，夜间活动捕食，追捕食物时上下起落，同时发出"呼呼"恫吓声。繁殖期发出"beng beng"类似中杜鹃的鸣声，但较长而响亮。食物以各种鼠类为主，也以昆虫、蛙、鸟等动物为食。长尾林鸮在本地为留鸟。繁殖期4～6月。巢多筑在树洞中，洞内铺有少量的草叶。其营巢的树洞位于树干的上部，视野开阔。窝卵数2～4枚；卵白色。孵化期27～28天。幼鸟30～35天后才能离巢独立。

分布　逊克、孙吴、五大连池、爱辉、嫩江、北安。

濒危状况及致危原因　长尾林鸮在黑河地区为常见种。由于近年逐渐严重的森林被砍伐，人口增多，使其适宜的栖息地逐渐减少，营巢生境被破坏，都导致了该物种种群数量和分布受到一定的影响，在不断减少。

保护及利用　长尾林鸮现为国家Ⅱ级重点保护野生动物，同时也被列入《濒危野生动植物种国际贸易公约》（CITES）附录Ⅱ种类和IUCN红皮书易危种类。它是重要的农林益鸟，处于

生态系统中较高的营养级，对于森林鼠害的防治、维持生态系统平衡起到了重要的关键性作用，因此应大力加强对其生境和种群的科学管理，在保证其数量的基础上扩大其观赏、维持生态平衡的需要。

主要参考文献

常家传. 1995. 东北鸟类图鉴. 哈尔滨：黑龙江科学技术出版社.

东北保护野生动物联合委员会. 1988. 东北鸟类. 沈阳：辽宁科学技术出版社.

高玮. 2006. 中国东北地区鸟类及其生态学研究. 北京：科学出版社.

高中信. 1995. 小兴安岭野生动物. 哈尔滨：黑龙江科学技术出版社.

马建章. 1992. 黑龙江省鸟类志. 北京：中国林业出版社.

约翰·马敬能，等. 2000. 中国鸟类野外手册. 长沙：湖南教育出版社.

赵正阶. 1999. 中国东北地区珍稀濒危动物志. 北京：中国林业出版社.

（执笔人：陈辉）

长尾林鸮 *Strix uralensis* Pallas

摄影：杨克杰、扬成

4.87 乌林鸮 *Strix nebulosa* Forster

地方名 猫头鹰

英文名 Dark wood owl

俄文名 Бородатая неясыть

分类地位 鸟纲、鸮形目、鸱鸮科、林鸮属

识别特征 大型鸮类，体长560～650mm。头部较大而圆，没有耳羽突，面盘显著，为淡灰色，具细的黑褐色羽干纹，呈黑白相间的同心环。黑褐色杂有白色横斑的翎领羽毛特密集。雌雄同色。体羽大多为灰褐色，有褐色羽干纹和白色斑点，肩羽外侧有一纵列白斑；喉黑色，两侧各有一块白斑。其余下体污白色，具宽阔的褐色纵纹。尾上覆羽较短，具有较显著的横斑；尾羽有6或7道深褐色的横斑，飞羽色似尾羽，但外侧初级飞羽基部沾棕黄色。虹膜黄色，嘴黄色；爪黑色。

生态习性 多栖息于针叶林和以落叶松、白桦、山杨为主的针阔混交林中。以昼伏夜出为主，有时白天也活动。食物以各种啮齿类为主，也以鸟等动物为食。乌林鸮在本地为留鸟。繁殖期5～7

月。巢多筑在树枝上，常于近树干的侧枝上或在破裂的树顶端营巢。巢构造简单，外观粗糙而蓬松，似乌鸦巢，但比较大，巢材由落叶松树枝构成，内垫少量羽毛。5月上旬产卵，年产1窝，窝卵数3～5枚，卵椭圆形，白色或灰白色；孵化期30天。雌鸟孵卵，雄鸟警戒，遇险则发出"pa-pa"声，给雌鸟报警。求偶叫声为一连串的10个或更多的呼呼声，间隔半秒，收尾时音调、音量渐衰，也发出嗥叫及呼噜声。

分布　爱辉、嫩江、逊克、北安。

濒危状况及致危原因　乌林鸮在黑河地区为稀有种。由于近年来逐渐严重的森林被开发，人口增多，使其适宜的栖息地逐渐减少，营巢地被破坏，都导致该物种种群数量和分布范围在不断减少。

保护及利用　乌林鸮现为国家Ⅱ级重点保护野生动物，同时也被列入《濒危野生动植物种国际贸易公约》（CITES）附录Ⅱ和IUCN红皮书易危种类。它是重要的农林益鸟，主要捕食啮齿类动物，处于生态系统中较高的营养级，对于防治森林鼠害、维持生态系统平衡起到了关键性作用，因此应大力加强对其生境和种群的科学管理，在保证其数量的基础上扩大其观赏、维持生态平衡的需要。

主要参考文献

常家传. 1995. 东北鸟类图鉴. 哈尔滨：黑龙江科学技术出版社.

东北保护野生动物联合委员会. 1988. 东北鸟类. 沈阳：辽宁科学技术出版社.

高玮. 2006. 中国东北地区鸟类及其生态学研究. 北京：科学出版社.

高中信. 1995. 小兴安岭野生动物. 哈尔滨：黑龙江科学技术出版社.

马建章. 1992. 黑龙江省鸟类志. 北京：中国林业出版社.

约翰·马敬能，等. 2000. 中国鸟类野外手册. 长沙：湖南教育出版社.

赵正阶. 1999. 中国东北地区珍稀濒危动物志. 北京：中国林业出版社.

（执笔人：陈辉）

乌林鸮 *Strix nebulosa* Forster　　摄影：赵文阁、杨文亮、刘鹏

4.88 猛鸮 *Surnia ulula* (Linnaeus)

地方名 猫头鹰
英文名 Hawk Owl
俄文名 Ястребиная сова
分类地位 鸟纲、鸮形目、鸱鸮科、猛鸮属
识别特征 中型鸮类，体长 350~400mm。头部没有耳羽突，面盘不显著，脸和眉纹白色，颏深褐色，下接白色胸环。上、下胸偏白，具褐色细密横纹。上体棕褐色，具大的近白色点斑。下体白色，具褐色横斑。两翼及尾多横斑。飞羽褐色，内外翈均具白横斑。初级覆羽、大覆羽、中覆羽、小翼羽和近翼角处的小覆羽均有白色斑点或羽缘斑；内侧小覆羽纯褐色无斑；腋羽、翼下覆羽和飞羽的下面褐、白相杂；喉有灰褐色或褐色块斑，胸两侧各具 1 块杂有白斑的褐色块斑；腹、胁、尾下覆羽、跗跖和趾羽满布褐色横斑。虹膜黄色，嘴黄色；脚浅色被羽；爪黑色。
生态习性 多栖息于针叶林或针阔混交林中，常活动在林中溪流、林缘疏林和采伐迹地等林中开阔地带。白天活动和觅食，尤以清晨和黄昏最为活跃。食物以各种啮齿类为主，也捕食鸟类、野兔等动物。猛鸮在本地为冬候鸟。繁殖期 5~7 月。巢多筑在枯树顶端树洞中，也利用乌鸦和喜鹊等鸟类旧巢。窝卵数 3~5 枚，卵白色；孵卵由雌鸟承担。求偶叫声常在夜里发出，强烈振颤音 1km 外可闻。
分布 逊克、爱辉、嫩江、北安。
濒危状况及致危原因 猛鸮在黑河地区数量极为稀少。
保护及利用 猛鸮已经被列入国家重点保护野生动物名录，属于国家 II 级重点保护野生动物，同时也被列入《濒危野生动植物种国际贸易公约》（CITES）附录 II 和 IUCN 红皮书易危种类。是重要的农林益鸟，主要捕食啮齿类动物，处于生态系统中较高的营养级，对于防治森林鼠害、维持生态系统平衡起到了关键性作用，因此应大力加强对其生境和种群的科学管理，在保证其数量的基础上扩大其观赏、维持生态平衡的需要。

主要参考文献

常家传. 1995. 东北鸟类图鉴. 哈尔滨：黑龙江科学技术出版社.

东北保护野生动物联合委员会. 1988. 东北鸟类. 沈阳：辽宁科学技术出版社.

高玮. 2006. 中国东北地区鸟类及其生态学研究. 北京：科学出版社.

高中信. 1995. 小兴安岭野生动物. 哈尔滨：黑龙江科学技术出版社.

马建章. 1992. 黑龙江省鸟类志. 北京：中国林业出版社.

约翰·马敬能，等. 2000. 中国鸟类野外手册. 长沙：湖南教育出版社.

赵正阶. 1999. 中国东北地区珍稀濒危动物志. 北京：中国林业出版社.

（执笔人：陈辉）

猛鸮 *Surnia ulula* (Linnaeus)　　摄影：高智晟、李显达

4.89 鹰鸮 *Ninox scutulata* (Raffles)

地方名 小猫头鹰
英文名 Brown Hawk Owl
俄文名 Иглоногая сова
分类地位 鸟纲、鸮形目、鸱鸮科、鹰鸮属
识别特征 小型鸮类，体长220～320mm。头部没有耳羽突，面盘和翎领都不显著，似鹰。前额、眼先、下嘴基部、颏等均为白色。头、后颈及上体暗棕褐色，无斑。飞羽内翈及内侧次级飞羽均具棕白色或白色横斑；三级飞羽具白色横斑，但不易见，翼绿白色；第3、第4枚初级飞羽最长。下体白色，具水滴状红褐色斑点。尾具黑色横斑及端斑。跗跖和趾上均被有羽毛，趾上羽毛呈针状。雌雄羽色相近。虹膜黄色，嘴灰黑色；趾肉色或棕黄色，具浅黄色刚毛；爪黑色。

生态习性 多栖息于针阔混交林或阔叶林中，常活动在林中河谷地带的树林、林缘、果园和农田荒地等地区的高大树上。白天多隐居，黄昏和晚上才开始活动和觅食，尤以黄昏最为活跃。食物以各种啮齿类为主，也捕食鸟类、昆虫等动物。鹰鸮在本地为夏候鸟。繁殖期5～7月。巢多筑于林中溪流两岸天然树洞中，尤喜高大阔叶树的天然树洞，不利用自己的旧巢，产卵在朽木上。窝卵数3枚左右，卵乳白色。孵卵由雌鸟承担，雄鸟在巢附近警戒。求偶叫声常在黄昏和晚上发出，短促而低沉的鸣叫常常经久不息，有时也发出类似普通角鸮"王刚哥"的鸣声。

分布 嫩江。

濒危状况及致危原因 鹰鸮的分布区狭小，主要分布在俄罗斯远东、朝鲜，以及我国的大小兴安岭地区及长白山等地，数量本就稀少，在黑河地区数量更为稀少，濒危等级为低危（LR）等级。

保护及利用 鹰鸮已被列入国家重点保护野生动物名录，属于国家Ⅱ级重点保护野生动物，同时也被列入《濒危野生动植物种国际贸易公约》（CITES）附录Ⅱ和IUCN红皮书低危种类。因此应加强对其生境和种群的科学管理，在保证其数量的基础上扩大其观赏、维持生态平衡的重要作用。

主要参考文献

常家传. 1995. 东北鸟类图鉴. 哈尔滨：黑龙江科学技术出版社.

东北保护野生动物联合委员会. 1988. 东北鸟类. 沈阳：辽宁科学技术出版社.

高玮. 2006. 中国东北地区鸟类及其生态学研究. 北京：科学出版社.

高中信. 1995. 小兴安岭野生动物. 哈尔滨：黑龙江科学技术出版社.

马建章. 1992. 黑龙江省鸟类志. 北京：中国林业出版社.

约翰·马敬能，等. 2000. 中国鸟类野外手册. 长沙：湖南教育出版社.

赵正阶. 1999. 中国东北地区珍稀濒危动物志. 北京：中国林业出版社.

（执笔人：陈辉）

鹰鸮 *Ninox scutulata* (Raffles)   摄影：李显达

4.90 花头鸺鹠 *Glaucidium passerinum* (Linnaeus)

地方名 花猫头鹰
英文名 Pigmy owlet
俄文名 Воробьиный сыч
分类地位 鸟纲、鸮形目、鸱鸮科、鸺鹠属

识别特征 小型鸮类，体长160~230mm。头部没有耳羽突，面盘不显著。上体暗褐色，具镶黑的白色点斑或横斑，头尾尤其明显。后颈有不显著的白色领环，下体白色，具褐色条纹。飞羽及初级覆羽、小翼羽外翈褐色沾棕色，内翈褐色，各羽的白横斑远离羽轴，却借淡灰棕横斑连于羽轴，次级飞羽外翈有三角形小白斑；翼下覆羽和腋羽白而有稀疏的褐纵纹。尾棕褐色，具6道白色横斑及端斑。胸、胁、跗跖和趾白色，有褐色横斑。雌雄羽色相近。虹膜黄色，嘴角黄色；爪黑色。

生态习性 多栖息于针阔混交林或针叶林中，常活动在林中开阔地和杨桦林。夜行性。白天多隐居，黄昏和晚上才开始活动和觅食，尤以清晨和黄昏最为活跃。冬天有贮藏食物的习惯，常把猎获的食物贮藏在树洞中。食物以各种啮齿类为主，也捕食蜥蜴、小型鸟类、昆虫等动物。花头鸺鹠在本地为留鸟。繁殖期5~7月。通常营巢于树洞中，也在大的树杈间筑巢。窝卵数4~6枚，卵白色。孵卵由雌鸟承担，孵化期28~29日。秋季里叫声为一连串声调剧增的尖叫声。

分布 北安。

濒危状况及致危原因 花头鸺鹠的分布区狭小，主要分布在俄罗斯远东、朝鲜，以及我国的大小兴安岭地区和长白山等地，数量极为稀少，在黑河地区数量等级为极少或偶见，濒危等级为易危（VU）等级。

保护及利用 花头鸺鹠属于国家Ⅱ级重点保护野生动物，同时也被列入《濒危野生动植物种国际贸易公约》（CITES）附录Ⅱ和IUCN红皮书易危种类。因此应加强对其生境和种群的科学管理，在保证其数量的基础上扩大其观赏、维持生态平衡的重要作用。

主要参考文献

常家传. 1995. 东北鸟类图鉴. 哈尔滨：黑龙江科学技术出版社.

东北保护野生动物联合委员会. 1988. 东北鸟类. 沈阳：辽宁科学技术出版社.

高玮. 2006. 中国东北地区鸟类及其生态学研究. 北京：科学出版社.

高中信. 1995. 小兴安岭野生动物. 哈尔滨：黑龙江科学技术出版社.

马建章. 1992. 黑龙江省鸟类志. 北京：中国林业出版社.

约翰·马敬能，等. 2000. 中国鸟类野外手册. 长沙：湖南教育出版社.

赵正阶. 1999. 中国东北地区珍稀濒危动物志. 北京：中国林业出版社.

（执笔人：陈辉）

花头鸺鹠 *Glaucidium passerinum* (Linnaeus)　　引自马敬能 (2000)

4.91 纵纹腹小鸮 *Athene noctua* (Scopoli)

地方名 小猫头鹰、小鸮
英文名 Little owl
俄文名 Домовый сыч
分类地位 鸟纲、鸮形目、鸱鸮科、小鸮属
识别特征 小型鸮类，体长200～260mm。头部没有耳羽突，面盘和翎领不显著。上体沙褐色，具显露或不显露的白色次端斑，上背尤其明显。翼上覆羽沙褐色，具白色或棕白色斑，雌鸟大而多，雄鸟小而少。颈侧有1条褐色带，向前至胸部彼此相连接，呈半环形领带状；下体棕白色，胸、胁具褐色纵纹。尾下覆羽、跗跖和趾羽、腋羽和翼下覆羽白色或棕白色。雌雄羽色相近。虹膜黄色，嘴黄绿色；爪黑褐色。
生态习性 多栖息于低山丘陵、林缘灌丛和平原森林地带，也出现在农田荒坡和村屯附近的树林中。夜行性，白天多隐居，黄昏和晚上才开始活动和觅食，尤以清晨和黄昏最为活跃。食物主要为鼠类和昆虫，也捕食蜥蜴、蛙、小型鸟类等动物。纵纹腹小鸮在本地为留鸟。繁殖期5～7月。通常营巢于树洞、岩穴、废弃建筑物上的洞穴等各种天然洞穴中。窝卵数2～8枚，多为3～5枚，卵白色。孵卵由雌鸟承担，孵化期28～29天。雏鸟需经亲鸟26天左右的喂养才能出巢飞翔，晚成性。日夜作占域叫声，为拖长的上升"goooek"声，雌鸟以假嗓回以同样叫声，也发出响亮刺耳的"keeoo"或"piu"声。告警时作尖厉的"Kyitt，Kyitt"叫声。
分布 嫩江。
濒危状况及致危原因 纵纹腹小鸮的分布区狭小，主要分布在俄罗斯远东、朝鲜，以及我国的大小兴安岭地区及长白山等地，数量极为稀少，在黑河地区数量等级为极少或偶见，濒危等级为低危（LR）等级。
保护及利用 纵纹腹小鸮属于国家Ⅱ级重点保护野生动物，同时也被列入《濒危野生动植物种国际贸易公约》（CITES）附录Ⅱ。因此应加强对其生境和种群的科学管理，在保证数量的基础上扩大其观赏、维持生态平衡的重要作用。

主要参考文献

常家传. 1995. 东北鸟类图鉴. 哈尔滨：黑龙江科学技术出版社.

东北保护野生动物联合委员会. 1988. 东北鸟类. 沈阳：辽宁科学技术出版社.

高玮. 2006. 中国东北地区鸟类及其生态学研究. 北京：科学出版社.

高中信. 1995. 小兴安岭野生动物. 哈尔滨：黑龙江科学技术出版社.

马建章. 1992. 黑龙江省鸟类志. 北京：中国林业出版社.

约翰·马敬能，等. 2000. 中国鸟类野外手册. 长沙：湖南教育出版社.

赵正阶. 1999. 中国东北地区珍稀濒危动物志. 北京：中国林业出版社.

（执笔人：陈辉）

纵纹腹小鸮 *Athene noctua* (Scopoli)　　摄影：常骥

4.92 鬼鸮　　Aegolius funereus sibiricus (Buturlin)

地方名　小猫头鹰
英文名　Tengmalm's owl
俄文名　Мохноногий сыч
分类地位　鸟纲、鸮形目、鸱鸮科、鬼鸮属
识别特征　小型鸮类，体长230～260mm。头部没有耳羽突，面盘和翎领显著。面盘白色，眼先和眼上眉纹白色，杂有黑褐色斑。翎领褐色，杂有白色细斑。上体褐色，具白色次端斑，上背白斑点较大。下体白色，杂三角形淡褐色横斑。飞羽具远离羽轴的三角形或半椭圆形白斑，外翈白斑小。初级覆羽近纯褐色，次级覆羽大都褐色具白斑点，仅近翼角处的小覆羽无白色斑点；翼下覆羽外翈有褐斑，其余白色；喉灰褐色具白色羽缘，胸、腹淡褐色，具白色次端横斑或纵纹；跗跖和趾羽白色，有的杂有褐色横斑。雌雄羽色相近。虹膜淡黄色，嘴淡黄色；爪黑色。
生态习性　多栖息于针叶林和针阔混交林，以松、桦和白桦混交林较易见。夜行性，白天多隐居在茂密森林中，难以被人发现。飞行快而直，稍呈波浪形。食物主要为鼠类，也捕食昆虫、蛙、小型鸟类等动物。鬼鸮在本地为留鸟。繁殖期4～7月。通常营巢于天然树洞中，也利用啄木鸟旧巢繁殖。窝卵数3～6枚，偶为7～10枚。卵白色，光滑无斑。孵卵由雌鸟承担，孵化期26天左右。雏鸟晚成性，需经亲鸟30～36天左右的喂养才能出巢飞翔。占域叫声为一连串快速的七八个深沉哨音，甚远可闻。雏鸟乞食时发出粗哑的爆破音叫声。
分布　爱辉、嫩江。
濒危状况及致危原因　鬼鸮的数量极为稀少，主要分布在俄罗斯远东、朝鲜，以及我国的大小兴安岭地区及内蒙古等地，在黑河地区数量等级为极少或偶见，濒危等级为濒危（EN）等级。
保护及利用　鬼鸮属于国家Ⅱ级重点保护野生动物，同时也被列入《濒危野生动植物种国际贸易公约》（CITES）附录Ⅱ和IUCN红皮书濒危种类。因此应加强对其生境和种群的科学管理，在保证其数量的基础上扩大其作为农林益鸟和维持生态平衡的重要作用。

主要参考文献

常家传. 1995. 东北鸟类图鉴. 哈尔滨：黑龙江科学技术出版社.

东北保护野生动物联合委员会. 1988. 东北鸟类. 沈阳：辽宁科学技术出版社.

高玮. 2006. 中国东北地区鸟类及其生态学研究. 北京：科学出版社.

高中信. 1995. 小兴安岭野生动物. 哈尔滨：黑龙江科学技术出版社.

马建章. 1992. 黑龙江省鸟类志. 北京：中国林业出版社.

约翰·马敬能，等. 2000. 中国鸟类野外手册. 长沙：湖南教育出版社.

赵正阶. 1999. 中国东北地区珍稀濒危动物志. 北京：中国林业出版社.

（执笔人：陈辉）

鬼鸮 *Aegolius funereus sibiricus* (Buturlin)　　摄影：郭玉民

4.93 长耳鸮 *Asio otus* (Linnaeus)

地方名 猫头鹰、长耳猫头鹰
英文名 Long-eared owl
俄文名 Ушастая сова
分类地位 鸟纲、鸮形目、鸱鸮科、耳鸮属
识别特征 中型鸮类，体长330～360mm。头部耳羽突长达46～53mm，竖直于头顶两侧。面盘和翎领显著。面盘呈棕黄色，翎领白色，而缀有黑褐色。上体棕黄色，具黑褐色羽干纹，下体白色，具黑褐色羽干纹和横斑。初级飞羽和覆羽黑褐色，杂以显著栗棕色横斑和褐色细点；次级飞羽色同内侧初级飞羽；初级覆羽黑褐色少斑，次级覆羽棕黄色与黑褐色相杂，翼前缘白色；翼下覆羽和腋羽淡棕黄色；颏白色，喉棕白色，胸棕黄色具黑褐色羽干纹，腹棕黄色，羽端棕白色，褐色羽干纹显著，并具细横斑或细点斑；尾下覆羽、跗跖和趾被羽棕黄色无斑。雌雄羽色相近。虹膜金黄色；嘴黑色；爪暗铅色，尖端黑色。
生态习性 多栖息于山地和平原地带森林中，也出现于农田防护林、草原灌丛疏林和村屯附近树上，多夜间活动捕食。食物主要为鼠类，也捕食金龟子、蝗虫、蝼蛄等昆虫和小型鸟类等动物。长耳鸮在本地为留鸟。繁殖期4～6月。通常营巢于森林中，也利用乌鸦、喜鹊等鸟类旧巢，有时也在树洞中和废弃房屋烟窗洞中繁殖。窝卵数4～6枚。卵白色。孵卵由雌鸟承担，孵化期27～28天。雏鸟晚成性，需经亲鸟23～24天的喂养才能出巢飞翔。繁殖期常在晚上鸣叫，声音低沉而长，似不断重复的"hu-hu-"声。
分布 逊克、孙吴、爱辉、五大连池、北安、嫩江。
濒危状况及致危原因 长耳鸮在我国东北地区分布较广，数量较其他鸮类为多，在黑河地区数量等级为常见种，濒危等级为低危（LR）等级。
保护及利用 长耳鸮属于国家Ⅱ级重点保护野生动物，同时也被列入《濒危野生动植物种国际贸易公约》（CITES）附录Ⅱ和《中华人民共和国政府和日本国政府保护候鸟及其栖息环境协定》共同保护鸟类。该物种虽然比较常见，但从2010年开始，由于环境质量下降和捕猎，种群数量仍有所减少。因此应加强对其生境和种群的科学管理，在保证其数量的基础上扩大其作为农林益鸟和维持生态平衡的重要作用。

主要参考文献

常家传. 1995. 东北鸟类图鉴. 哈尔滨：黑龙江科学技术出版社.

东北保护野生动物联合委员会. 1988. 东北鸟类. 沈阳：辽宁科学技术出版社.

高玮. 2006. 中国东北地区鸟类及其生态学研究. 北京：科学出版社.

高中信. 1995. 小兴安岭野生动物. 哈尔滨：黑龙江科学技术出版社.

马建章. 1992. 黑龙江省鸟类志. 北京：中国林业出版社.

约翰·马敬能，等. 2000. 中国鸟类野外手册. 长沙：湖南教育出版社.

赵正阶. 1999. 中国东北地区珍稀濒危动物志. 北京：中国林业出版社.

（执笔人：陈辉）

长耳鸮 *Asio otus* (Linnaeus) 摄影：李显达

4.94 短耳鸮 *Asio flammeus* (Pontoppidan)

地方名 猫头鹰
英文名 Short-eared owl
俄文名 Полотная сова
分类地位 鸟纲、鸮形目、鸱鸮科、耳鸮属
识别特征 中型鸮类，体长350～380mm。头部耳羽突较短而不明显，长约20mm，黑褐色，具棕色羽缘。面盘和翎领显著。面盘呈棕黄色，杂黑色羽干纹，翎领白色，而缀有黑褐色斑点。上体棕黄色，具黑色和皮黄色斑点及纵纹。下体棕黄色，具黑色羽干纹。初级飞羽外翈具横斑，内翈具1～3个眼状斑；次级飞羽的外翈黑褐色与棕黄色横斑相杂。尾上覆羽棕黄色，无羽干纹，羽缘棕褐色呈鳞状；尾羽棕黄色，杂以黑褐色横斑，中央尾羽褐色较深，最外侧尾羽棕白色，杂以较细横斑。胸部棕黄色，腹部和胁羽棕白色，并具黑褐色纵纹，由胸部向后渐细；下腹中央无斑纹。跗跖和趾均被棕黄色羽毛。雌雄羽色相近。虹膜金黄色；嘴黑色；爪黑褐色或黑色。
生态习性 多栖息于低山、丘陵、平原、草地、沼泽和湖岸地带较多见，多在黄昏和夜间活动捕食。食物主要为鼠类，也捕食昆虫、蜥蜴和小鸟等动物，偶尔也取食植物果实和种子。短耳鸮在本地为留鸟。繁殖期4～6月。通常营巢于沼泽附近地上草丛中或林缘疏林、次生林内朽木树洞中。窝卵数3～8枚。卵白色。孵卵由雌鸟承担，孵化期24～28天。雏鸟晚成性，需经亲鸟24～27天的喂养才能出巢飞翔。繁殖期常一边飞翔一边鸣叫，鸣声似"bo-bo-bo-"声，反复重复多次。
分布 逊克、孙吴、爱辉、北安、嫩江。
濒危状况及致危原因 短耳鸮在我国东北地区分布较广，但数量并不是较多，在黑河地区数量等级为常见种，濒危等级为低危（LR）等级。
保护及利用 短耳鸮属于国家Ⅱ级重点保护野生动物，同时也被列入《濒危野生动植物种国际贸易公约》（CITES）附录Ⅱ，为《中华人民共和国政府和日本国政府保护候鸟及其栖息环境协定》共同保护鸟类。该物种从2010年开始种群数量减少得比较快，因此应加强对其生境和种群的科学管理，在保证其数量的基础上扩大其作为农林益鸟和维持生态平衡的重要作用。

主要参考文献

常家传. 1995. 东北鸟类图鉴. 哈尔滨：黑龙江科学技术出版社.

东北保护野生动物联合委员会. 1988. 东北鸟类. 沈阳：辽宁科学技术出版社.

高玮. 2006. 中国东北地区鸟类及其生态学研究. 北京：科学出版社.

高中信. 1995. 小兴安岭野生动物. 哈尔滨：黑龙江科学技术出版社.

马建章. 1992. 黑龙江省鸟类志. 北京：中国林业出版社.

约翰·马敬能，等. 2000. 中国鸟类野外手册. 长沙：湖南教育出版社.

赵正阶. 1999. 中国东北地区珍稀濒危动物志. 北京：中国林业出版社.

（执笔人：陈辉）

短耳鸮 *Asio flammeus* (Pontoppidan)   摄影：高智晟、李显达

4.95 普通夜鹰 *Caprimulgus indicus* Latham

地方名 贴树皮、蚊母鸟
英文名 Indian Jungle Nightjar
俄文名 Большой козодой
分类地位 鸟纲、夜鹰目、夜鹰科、夜鹰属
识别特征 小型攀禽，体长250～280mm。头宽阔而平扁，颈短，嘴短弱而软，上嘴尖端微向下弯曲，翅尖长。头和上体灰褐色，具有黑色的羽干纹。喉具白斑，胸灰白色，腹和两胁红棕色。尾下覆羽为棕白色或棕黄色。最外侧3对初级飞羽内侧近翼端处有一大型棕红色或白色斑，与此相对应的外侧也具有棕白色或棕红色块斑；中央尾羽灰白色，具有宽阔的黑色横斑；横斑间还杂有黑色虫蠹斑；最外侧4对尾羽黑色，具宽阔的灰白色和棕白色横斑；横斑上杂有黑褐色虫蠹斑。雌雄鸟体色相似，但雌鸟较雄鸟淡。虹膜暗褐色；嘴灰黑色；跗跖部分被羽；脚和趾肉褐色或红褐色。
生态习性 栖息于阔叶林、针叶林、针阔混交林中，但多在山溪或林缘。在早晨和夜间活动，白天身体主轴与树枝平行，伏贴在树上，故有"贴树皮"之称。因羽色酷似树皮，在树枝上很难发现。被惊扰时，则立刻避开或飞走。在飞行中捕食，主要以蚊等小型昆虫为食，偶尔也捕食夜蛾、甲虫等。普通夜鹰在本地为夏候鸟。繁殖期6～8月。通常营巢于林中树下或灌木旁边的地上，巢极其简陋，通常只在地上铺垫少许树叶，或无铺垫物，有时直接产卵于地面苔藓上。年产1窝，窝卵数2枚。卵白色而沾灰色，被有形状不规则的褐色斑，钝端较密。孵卵主要由雌鸟承担，孵化期16～17天。鸣声似"da-da-da-da-da"声，像打机关枪的声音。
分布 逊克、爱辉、五大连池、嫩江。
濒危状况及致危原因 普通夜鹰在我国东北地区分布较广，但数量并不是较多，在黑河地区数量等级为稀有种，濒危等级未定（Ⅰ）等级。
保护及利用 普通夜鹰已被列入《黑龙江省地方重点保护野生动物名录》和《国家保护的有益的或者有重要经济、科学研究价值的陆生野生动物名录》，也是《中华人民共和国政府和日本国政府保护候鸟及其栖息环境协定》共同保护鸟类，应加强对其生境和种群的科学管理，在保证其数量的基础上扩大其作为农林益鸟和维持生态平衡的重要作用。

主要参考文献

常家传. 1995. 东北鸟类图鉴. 哈尔滨：黑龙江科学技术出版社.

东北保护野生动物联合委员会. 1988. 东北鸟类. 沈阳：辽宁科学技术出版社.

高玮. 2006. 中国东北地区鸟类及其生态学研究. 北京：科学出版社.

高中信. 1995. 小兴安岭野生动物. 哈尔滨：黑龙江科学技术出版社.

马建章. 1992. 黑龙江省鸟类志. 北京：中国林业出版社.

约翰·马敬能，等. 2000. 中国鸟类野外手册. 长沙：湖南教育出版社.

赵正阶. 1999. 中国东北地区珍稀濒危动物志. 北京：中国林业出版社.

（执笔人：陈辉）

普通夜鹰 *Caprimulgus indicus* Latham　　摄影：李显达

4.96 三宝鸟　　Eurystomus orientalis (Linnaeus)

地方名　老鸹翠、鹦鸽
英文名　Dollarbird
俄文名　(Восточный) Широкорот
分类地位　鸟纲、佛法僧目、佛法僧科、三宝鸟属
识别特征　中型鸟类，似鸽子大小，体长260～290mm。头宽阔扁平，黑色。颈至尾上覆羽铜锈绿色，翼覆羽偏蓝色。颏、喉黑色，具钴蓝色轴纹，胸、腹、尾下覆羽、翼下覆羽铜锈绿色。初级飞羽黑褐色，基部具一宽的天蓝色横斑；次级飞羽黑褐色，外翈具深蓝色光泽；三级飞羽基部蓝绿色。尾黑色，缀有蓝色，基部与背相同，有时微沾暗蓝紫色，其余下体蓝绿色。雌雄鸟体色相似。虹膜暗褐色，嘴朱红色，上嘴先端黑色；脚和趾朱红色；爪黑色。
生态习性　多栖息于阔叶林、针阔混交林、林缘杂木林中，有时长时间栖落在高树枝头。在早晨和傍晚活动，常成小群在空中飞行时捕食，求偶期尤其是。有时遭成群小鸟的围攻，因其头和嘴使它看似猛禽。主要以鞘翅目、膜翅目等小型昆虫为食，偶尔也取食蚂蚁、蜂类等昆虫。三宝鸟在本地为夏候鸟。繁殖期5～7月。通常营巢于针阔混交林、阔叶林及林缘疏林中高大乔木树上天然树洞中，有时也利用啄木鸟废弃的洞穴作巢，洞中常垫以木屑、苔藓，有时还垫以干树叶和干树枝，有时也利用喜鹊巢。年产1窝，窝卵数3～5枚。卵蓝绿色或白色。孵卵主要由雌鸟承担，雄鸟常见站在巢附近树尖上，保护巢区。鸣声为粗犷的"ga-ga-ga"声。
分布　逊克、五大连池、北安。
濒危状况及致危原因　三宝鸟的分布区较广，但数量极为稀少。三宝鸟栖息于山地森林中，随着近年森林的开发，环境质量下降，加之笼养捕捉和盗猎时有发生，使之种群数量明显下降。在黑河地区数量等级为稀有种，濒危等级为易危（VU）等级。
保护及利用　三宝鸟已被列入《国家保护的有益的或者有重要经济、科学研究价值的陆生野生动物名录》和《黑龙江省地方重点保护野生动物名录》，IUCN将其列入濒危野生动植物物种，同时也被列入《中华人民共和国政府和日本国政府保护候鸟及其栖息环境协定》共同保护鸟类。应该加大保护和研究力度，以便更好地对其进行利用。

主要参考文献

常家传. 1995. 东北鸟类图鉴. 哈尔滨：黑龙江科学技术出版社.

东北保护野生动物联合委员会. 1988. 东北鸟类. 沈阳：辽宁科学技术出版社.

高玮. 2006. 中国东北地区鸟类及其生态学研究. 北京：科学出版社.

高中信. 1995. 小兴安岭野生动物. 哈尔滨：黑龙江科学技术出版社.

马建章. 1992. 黑龙江省鸟类志. 北京：中国林业出版社.

约翰·马敬能，等. 2000. 中国鸟类野外手册. 长沙：湖南教育出版社.

赵正阶. 1999. 中国东北地区珍稀濒危动物志. 北京：中国林业出版社.

（执笔人：陈辉）

三宝鸟 *Eurystomus orientalis* (Linnaeus)　　摄影：郭玉民

4.97 蓝翡翠 *Halcyon pileata* (Boddaert)

地方名 钓鱼郎
英文名 Black-capped Kingfisher
俄文名 Ошейниковый зимородок
分类地位 鸟纲、佛法僧目、翠鸟科、翡翠属

识别特征 中型鸟类，体长260～290mm，雌雄体色相异。雄鸟的额、头顶、头侧和枕部、初级飞羽黑色。背、腰、尾、初级覆羽、次级飞羽内侧黑褐色，外侧钴蓝色。颏、喉连后颈白色，向两侧延伸与喉胸部白色相连，形成一宽阔的白色领环。下体余部、腋羽、翼下覆羽橙棕色。雌鸟颏、上胸、后颈等白色微沾棕色，上背前缘黑色。幼鸟颊和胸羽缘黑色，形成鳞状斑，虹膜暗褐色，嘴、脚和趾呈珊瑚红色。

生态习性 喜栖息于多树的溪流地带和较开阔的平原沼泽地带河流、水库等地。单独活动，很少成群。常站在河边土岩上或石头上一动不动地注视着水面，伺机猎食。食物主要为水域中的小鱼、虾蟹和水生动物及蛙类等。蓝翡翠在本地为夏候鸟。繁殖期5～7月。通常营巢于河岸等水域岸边土岩岩壁上，自己掘洞为巢，也有在水域或农田附近堤岸及岩石崩塌所形成的洞穴中营巢的，巢洞常多年使用。洞深600mm以上，900mm以下。窝卵数4～6枚。卵白色无斑。孵化期间雌鸟特别恋巢，常人走近时也不飞走。飞行速度快而低，呈直线状贴水面或地面低空飞行，边飞边鸣叫，鸣声为单音节的笛声。

分布 嫩江。

濒危状况及致危原因 蓝翡翠的分布区较窄，而且数量极为稀少或偶见。蓝翡翠栖息于林区水域附近，随着近年森林的开发，林区河流鱼类等水生动物资源因毁灭性的捕鱼方式减少，加之化肥药品等污染，使之种群数量明显下降。在黑河地区数量等级为极少或偶见。濒危等级为易危（VU）等级。

保护及利用 蓝翡翠已被列入《国家保护的有益的或者有重要经济、科学研究价值的陆生野生动物名录》和《黑龙江省地方重点保护野生动物名录》，IUCN将其列入濒危野生动植物物种。应该加大保护和研究力度，以便更好地对其进行利用。

主要参考文献

常家传. 1995. 东北鸟类图鉴. 哈尔滨：黑龙江科学技术出版社.

东北保护野生动物联合委员会. 1988. 东北鸟类. 沈阳：辽宁科学技术出版社.

高玮. 2006. 中国东北地区鸟类及其生态学研究. 北京：科学出版社.

高中信. 1995. 小兴安岭野生动物. 哈尔滨：黑龙江科学技术出版社.

马建章. 1992. 黑龙江省鸟类志. 北京：中国林业出版社.

约翰·马敬能，等. 2000. 中国鸟类野外手册. 长沙：湖南教育出版社.

赵正阶. 1999. 中国东北地区珍稀濒危动物志. 北京：中国林业出版社.

（执笔人：陈辉）

蓝翡翠 *Halcyon pileata* (Boddaert)　　摄影：李显达

4.98 小星头啄木鸟 *Dendrocopos kizuki* (Temminck)

地方名 小叨木冠子、小啄木倌
英文名 Pigmy Woodpecker
俄文名 Карликовый дятел
分类地位 鸟纲、䴕形目、啄木鸟科、啄木鸟属
识别特征 小型攀禽，体长150mm，雌雄体色相异。雄鸟头部浅灰褐色，后头两侧各具1个深红色的小纵纹。颈两侧具白色斑。有白色贯眼纹，额纹白色，枕至后颈铅黑色，后枕两侧紧接白色眉纹之后各有一细纹；背、肩和两翅内侧飞羽黑褐色而杂以白色横斑或斑纹，尤以背中部白色横斑较为整齐。下背白斑较密集，腰至尾上覆羽黑色。尾也为黑色，外侧尾羽具白色横斑。翅呈黑白相杂状。翅上小覆羽黑褐色，中覆羽和大覆羽仅中部白色，其余为黑褐色。飞羽黑色，除初级飞羽内侧端部外，均杂以白斑，尤以三级飞羽上的白斑较大。须、喉和上胸白色，其余下体灰白色，具黑褐色纵纹。腋羽和翼下覆羽白色，杂以灰黑色斑点。雌鸟头部灰褐色，无深红色的小纵纹。虹膜红色，嘴铅灰色；脚黑色。
生态习性 喜栖息于高山针叶林和针阔混交林内。性胆怯，遇惊扰立即逃开。常单独活动，繁殖期成对。常到林下灌木上和树冠层枝叶间觅食。食物主要为金花虫、天牛、小蠹虫、梨虎、蜂等昆虫和幼虫，也啄食浆果等植物性食物。飞行迅速，飞行时两翅振动很大，灵活地蹿飞于树冠间。小星头啄木鸟在本地为留鸟。繁殖期4~6月。主要营巢于红松阔叶混交林内杨树、水曲柳等心材腐朽的阔叶树上。4月下旬开始啄洞筑巢，啄洞由雌雄鸟共同承担，洞深140~160mm，巢内无任何内垫物，有时残留有少许木屑。5月上旬产卵，日产1枚，每年产卵1窝，窝卵数4~7枚。卵白色光滑无斑。孵化期间雌雄鸟轮流孵卵，雏鸟晚成性。雌雄鸟共同抚育。鸣声低沉而单调，音似"jiang-jiang"或"zha"。
分布 嫩江。
濒危状况及致危原因 小星头啄木鸟的分布区狭小，主要分布在朝鲜、日本和我国的东北地区，数量极为稀少，在黑河地区数量等级为稀有种，濒危等级为易危（VU）等级。
保护及利用 小星头啄木鸟已被列入《黑龙江省地方重点保护野生动物名录》和《国家保护的有益的或者有重要经济、科学研究价值的陆生野生动物名录》。应加强对其生境和种群的科学研究。

主要参考文献

常家传．1995．东北鸟类图鉴．哈尔滨：黑龙江科学技术出版社．

东北保护野生动物联合委员会．1988．东北鸟类．沈阳：辽宁科学技术出版社．

高玮．2006．中国东北地区鸟类及其生态学研究．北京：科学出版社．

高中信．1995．小兴安岭野生动物．哈尔滨：黑龙江科学技术出版社．

马建章．1992．黑龙江省鸟类志．北京：中国林业出版社．

约翰·马敬能，等．2000．中国鸟类野外手册．长沙：湖南教育出版社．

赵正阶．1999．中国东北地区珍稀濒危动物志．北京：中国林业出版社．

（执笔人：陈辉）

小星头啄木鸟 *Dendrocopos kizuki* (Temminck)　　摄影：郭玉民

4.99 白背啄木鸟 *Dendrocopos leucotos* (Bechstein)

地方名 花叨木冠子、啄木冠子
英文名 White-backed woodpecker
俄文名 Белоспинной дятел
分类地位 鸟纲、䴕形目、啄木鸟科、啄木鸟属
识别特征 中型攀禽，体长220～260mm，体形及大小与大斑啄木鸟相似，雌雄体色相异。雄鸟额棕白色，头顶朱红色；上背黑色，下背纯白色，腰黑色，两胁淡棕黄色，中央尾羽黑色。羽轴辉亮。外侧尾羽白色而具黑色横斑。肩黑色，具白色端斑；翅上小覆羽黑色，飞羽黑色，内外侧均具白色横斑和白色端斑；颏、喉纯白色，上胸两侧黑色，前颈和胸灰白色而具黑色羽干纹；腹和两胁白色而具黑色羽干纹。下腹和尾下覆羽朱红色。腋羽和翅下覆羽白色。雌鸟个体稍大，头顶黑色。虹膜红色；上嘴黑褐色，下嘴黑灰色；跗跖、趾、爪黑褐色。
生态习性 常栖息于原始的针阔混交林和阔叶林内，也在林缘和次生林及江河沿岸的树林中活动。常单独或成对活动。食物主要为昆虫及其幼虫，也啄食部分植物种子。白背啄木鸟在本地为留鸟。繁殖期4～6月。主要营巢于心材腐朽、易于啄凿的阔叶树的干和侧枝上营巢。从不利用旧巢，每年都筑新巢，一般4～10天即可完成筑巢。4月中旬开始啄洞筑巢，啄洞由雌雄鸟共同承担，但雄鸟啄洞时间明显长于雌鸟。洞深320～380mm，巢内有40mm左右的木屑作为内垫物。4月末5月初产卵，窝卵数3～6枚。卵白色，光滑无斑。孵化16～17天后破壳，孵化期间雌雄鸟轮流孵卵，雏鸟晚成性。雌雄鸟共同抚育23～24天后可离巢。飞行呈波浪式，飞行时常鸣叫，鸣声尖细而洪亮，音似"ge-"，遇惊扰时鸣叫频率加快，占区时啄击打树木发出"du-du-du"的声音。
分布 逊克、爱辉、五大连池、北安、嫩江。
濒危状况及致危原因 白背啄木鸟在我国东北地区的分布比较广，国外分布在欧洲北部、小亚细亚、西伯利亚南部、俄罗斯远东、朝鲜半岛和日本等。在黑河地区数量等级为常见种，世界濒危物种红色名录等级为低危（LR）等级。
保护及利用 白背啄木鸟已被列入《黑龙江省地方重点保护野生动物名录》和《国家保护的有益的或者有重要经济、科学研究价值的陆生野生动物名录》，也是《中华人民共和国政府和日本国政府保护候鸟及其栖息环境协定》共同保护鸟类。应该加大保护和研究力度，以便更好地对其进行利用。

主要参考文献

常家传. 1995. 东北鸟类图鉴. 哈尔滨：黑龙江科学技术出版社.

东北保护野生动物联合委员会. 1988. 东北鸟类. 沈阳：辽宁科学技术出版社.

高玮. 2006. 中国东北地区鸟类及其生态学研究. 北京：科学出版社.

高中信. 1995. 小兴安岭野生动物. 哈尔滨：黑龙江科学技术出版社.

马建章. 1992. 黑龙江省鸟类志. 北京：中国林业出版社.

约翰·马敬能，等. 2000. 中国鸟类野外手册. 长沙：湖南教育出版社.

赵正阶. 1999. 中国东北地区珍稀濒危动物志. 北京：中国林业出版社.

（执笔人：陈辉）

白背啄木鸟 *Dendrocopos leucotos* (Bechstein)　　摄影：郭玉民、李显达

4.100 三趾啄木鸟 *Picoides sridactylus* (Linnaeus)

地方名 啄木倌、叨木倌
英文名 Three-toed Woodpecker
俄文名 Трехпалый дятел
分类地位 鸟纲、䴕形目、啄木鸟科、啄木鸟属
识别特征 中型攀禽，体长200～230mm，雌雄体色相异。雄鸟头顶金黄色，后颈黑色具蓝色光泽，颊及耳羽白褐色；背、腰白色而具黑色斑纹，尾黑色，杂以黑斑。翅黑色，初级飞羽及三级飞羽内具白斑，飞羽的白斑排列整齐，形成翅上横斑；颊、喉部白色沾褐色，下体余羽黑色，羽端白色，呈斑杂状。雌鸟同雄鸟，但头顶黑色，羽端缀以白色，形成白色头顶而又显露出黑纹。虹膜红色，上嘴黑褐色，下嘴黑灰色，脚仅具3趾，2趾向前，1趾向后。跗跖、趾、爪黑褐色。
生态习性 常栖息于阴湿的针叶林和针阔混交林内，特别喜栖于有死树的林间沼泽和火烧迹地。常单独活动或繁殖期成对活动。多活动于森林的中上部，主要在针叶树的表皮或皮下、倒木及树桩上取食，食物主要为天牛幼虫，鞘翅目、鳞翅目幼虫，也啄食部分植物种子。三趾啄木鸟在本地为留鸟。繁殖期5～7月。主要营巢于高大的云杉或落叶松树干上部的朽木上。从不利用旧巢，每窝均啄新洞，一般14～15天可完成筑巢。4月末5月初开始啄洞筑巢，啄洞由雌雄鸟共同承担。洞深200～300mm。巢内仅有少许的碎木屑作为内垫物。5月中旬产卵，窝卵数3～6枚。卵白色。孵化14天后破壳，孵化期间雌雄鸟轮流孵卵，雏鸟晚成性。雌雄鸟共同抚育20余天后可离巢。飞行迅速，只在较远距离飞翔时呈波浪式，飞行时常鸣叫，鸣声低沉，音似"ga-ga-ga-"。
分布 嫩江、逊克。
濒危状况及致危原因 三趾啄木鸟在我国仅分布在东北地区，数量稀少，不常见。在黑河地区数量等级为极少或偶见。特别是近年来随着森林被采伐，种群数量更趋减少，世界濒危物种红色名录等级为低危（LR）等级。
保护及利用 三趾啄木鸟已被列入《黑龙江省地方重点保护野生动物名录》和《国家保护的有益的或者有重要经济、科学研究价值的陆生野生动物名录》，三趾啄木鸟以各种树干害虫为食，在森林保护中意义甚大。应该加大保护和研究力度，以便更好地对其进行利用。

主要参考文献

常家传. 1995. 东北鸟类图鉴. 哈尔滨：黑龙江科学技术出版社.

东北保护野生动物联合委员会. 1988. 东北鸟类. 沈阳：辽宁科学技术出版社.

高玮. 2006. 中国东北地区鸟类及其生态学研究. 北京：科学出版社.

高中信. 1995. 小兴安岭野生动物. 哈尔滨：黑龙江科学技术出版社.

马建章. 1992. 黑龙江省鸟类志. 北京：中国林业出版社.

约翰·马敬能，等. 2000. 中国鸟类野外手册. 长沙：湖南教育出版社.

赵正阶. 1999. 中国东北地区珍稀濒危动物志. 北京：中国林业出版社.

（执笔人：陈辉）

三趾啄木鸟 *Picoides sridactylus* (Linnaeus)　　摄影：李显达

第4章 珍稀濒危野生动物

4.101 棕腹啄木鸟 *Dendrocopos hyperythrus* (Vigors)

地方名 叨木冠子、叨叨木
英文名 Rufous-bellied Woodpecker
俄文名 Рыжебрюхий дятел
分类地位 鸟纲、䴕形目、啄木鸟科、啄木鸟属
识别特征 中型攀禽，体长200～240mm，雌雄体色相异。雄鸟头顶至后颈深红色，上体黑色而布满白色横斑，脸白色，头侧和下体栗红色，腰至中央尾羽黑色；外侧一对尾羽白色而具黑横斑。贯眼纹及颏白色，下体余部大都呈淡赭石色，尾下覆羽暗红色。翼上小覆羽黑色，翅余部大都黑色而缀白色点斑，内侧三级飞羽具白色横斑。雌鸟头顶部为黑白相杂。雌鸟头顶黑色而具白色斑点。虹膜洋红色，上嘴和下嘴尖端黑色而沾绿色，下嘴基部角黄色，跗跖铅灰色。

生态习性 常栖息于阔叶林和针阔混交林内，有时也在林缘疏林和次生林。常单独活动，性隐秘，少鸣叫。多活动于森林的中上部，有时也下到地面取食。食物主要为鞘翅目、鳞翅目幼虫，以及蚂蚁等昆虫，也啄食部分植物果实和种子。棕腹啄木鸟在本地为留鸟。繁殖期4～6月。主要营巢于心材腐朽的站立木树干上。4月末5月初开始啄洞筑巢，啄洞由雌雄鸟共同承担。5月初产卵，窝卵数2～5枚。卵白色。孵化期间雌雄鸟轮流孵卵，雏鸟晚成性。雌雄鸟共同抚育20余天后可离巢。

分布 爱辉、嫩江、孙吴、五大连池。

濒危状况及致危原因 棕腹啄木鸟主要分布在我国，数量稀少，东北地区更是不常见。在黑河地区数量等级为极少或偶见。特别是近年来随着森林被采伐，人口增加，适栖生境改变，种群数量更趋减少，濒危等级为易危（VU）等级。

保护及利用 棕腹啄木鸟已被列入《黑龙江省地方重点保护野生动物名录》和《国家保护的有益的或者有重要经济、科学研究价值的陆生野生动物名录》，同时也被列入IUCN濒危动植物种红皮书易危种类。棕腹啄木鸟以各种树干害虫为食，在森林保护中意义甚大。应该加大保护和研究力度，以便更好地对其进行利用。

主要参考文献

常家传. 1995. 东北鸟类图鉴. 哈尔滨：黑龙江科学技术出版社.

东北保护野生动物联合委员会. 1988. 东北鸟类. 沈阳：辽宁科学技术出版社.

高玮. 2006. 中国东北地区鸟类及其生态学研究. 北京：科学出版社.

高中信. 1995. 小兴安岭野生动物. 哈尔滨：黑龙江科学技术出版社.

马建章. 1992. 黑龙江省鸟类志. 北京：中国林业出版社.

约翰·马敬能，等. 2000. 中国鸟类野外手册. 长沙：湖南教育出版社.

赵正阶. 1999. 中国东北地区珍稀濒危动物志. 北京：中国林业出版社.

（执笔人：陈辉）

棕腹啄木鸟 *Dendrocopos hyperythrus* (Vigors)　　摄影：李显达

4.102 黑啄木鸟 *Dryocopus martius* (Linnaeus)

地方名 黑叨木冠、山啄木
英文名 Black Woodpecker
俄文名 Черный дятел
分类地位 鸟纲、䴕形目、啄木鸟科、黑啄木鸟属
识别特征 大型攀禽，啄木鸟科中最大的一种，体长420～470mm，雌雄体色相异。雄鸟前额、头顶至枕全为红色，其余全身纯黑色，头侧辉亮，飞羽及颏、喉稍沾褐色。而雌鸟仅枕部有红色，其他与雄鸟相似。虹膜淡黄色或淡灰白色，嘴淡绿白色，嘴尖黑褐色，跗跖暗褐灰色。
生态习性 常栖息于茂密的针叶林或针阔混交林内，有时也出现在阔叶林和林缘次生林。常单独活动，而繁殖后期成家族群活动。多活动于森林的中上部，主要在树干、粗枝、枯木上取食，也经常出现在地面和腐朽的倒木上觅食，并发出尖厉而单调的叫声，很远就能听到其犹如锤击般的敲啄树干的"咣咣"声。食物主要为蚂蚁、幼虫和卵、蛹，也以鞘翅目、鳞翅目的幼虫和卵等为食，冬季食天牛幼虫为主。黑啄木鸟在本地为留鸟。繁殖期4～6月。主要营巢于心材腐朽的松、杉、水曲柳、色木槭等树木或枯的站干上。4月末开始啄洞筑巢，啄洞由雌雄鸟共同承担。巢洞呈长方形，洞深420～480mm。5月初至中旬产卵，窝卵数3～9枚。卵白色，圆形，光滑无斑。孵化12～14天后破壳，孵化期间雌雄鸟轮流孵卵，雏鸟晚成性。雌雄鸟共同抚育24～28天后可离巢。飞行时两翅做大幅度的振动，但飞行速度并不快。平时鸣叫较少，鸣声尖细似"ge-la-"，繁殖期鸣叫增多。
分布 逊克、爱辉、五大连池、嫩江。
濒危状况及致危原因 黑啄木鸟在东北地区分布于大小兴安岭和长白山等山地森林地区，数量稀少，不常见。在黑河地区数量等级为稀有种。特别是近年来随着森林的采伐，种群数量更趋减少，濒危等级为低危（LR）等级。
保护及利用 黑啄木鸟已被列入《黑龙江省地方重点保护野生动物名录》和《国家保护的有益的或者有重要经济、科学研究价值的陆生野生动物名录》，黑啄木鸟以各种树干害虫为食，在森林保护中意义甚大。应该加大保护和研究力度，以便更好地对其进行利用。

主要参考文献

常家传. 1995. 东北鸟类图鉴. 哈尔滨：黑龙江科学技术出版社.

东北保护野生动物联合委员会. 1988. 东北鸟类. 沈阳：辽宁科学技术出版社.

高玮. 2006. 中国东北地区鸟类及其生态学研究. 北京：科学出版社.

高中信. 1995. 小兴安岭野生动物. 哈尔滨：黑龙江科学技术出版社.

马建章. 1992. 黑龙江省鸟类志. 北京：中国林业出版社.

约翰·马敬能，等. 2000. 中国鸟类野外手册. 长沙：湖南教育出版社.

赵正阶. 1999. 中国东北地区珍稀濒危动物志. 北京：中国林业出版社.

（执笔人：陈辉）

黑啄木鸟 *Dryocopus martius* (Linnaeus)　　摄影：李显达

4.103 黑枕黄鹂 *Oriolus chinensis* Linnaeus

地方名　黄鹂
英文名　Black-naped Oriole
俄文名　Черноголовая иволга
分类地位　鸟纲、雀形目、黄鹂科、黄鹂属
识别特征　中型鸣禽，小于鸽子，体长250～270mm。雌雄大体同色。体羽大部分金黄色而有光泽；贯眼纹黑色，向后延伸至枕部相连。两翅黑色，翅上大覆羽外翈和羽端黄色，内翈大都黑色，小翼羽黑色，初级覆羽黑色，羽端黄色，其余翅上覆羽外翈金黄色，内翈黑色。初级飞羽黑色，除第1枚初级飞羽外，其余初级飞羽外翈均具黄白色或黄色羽缘和尖端，次级飞羽黑色，外翈具宽的黄色羽缘，三级飞羽外翈几全为黄色。尾黑色，除中央一对尾羽外，其余尾羽均具宽阔的黄色端斑，且越向外侧，尾羽黄色端斑越大。雌鸟与雄鸟近似，但体色稍暗，背部黄绿色。亚成鸟背部橄榄色，下体近白而具黑色纵纹，虹膜褐色；嘴粉红色；脚铅蓝色。

生态习性　黑枕黄鹂是典型树栖鸟类，多栖息于平原和低山丘陵区的山林和村庄附近的大树或疏林的中上部。常成对活动，性机警，很难接近，只闻其声，不见其影。雄鸟鸣声洪亮而动听，雌鸟鸣声单调。食物以昆虫为主，尤其是鞘翅目、膜翅目昆虫和鳞翅目幼虫，有时也取食浆果和杂草种子。黑枕黄鹂在本地为夏候鸟。繁殖期6～8月。主要营巢于杨树、柞树、柳树等树木水平枝的末端分杈处，呈杯状，周围用纤维缚于树杈间，底部悬垂，看上去像只吊篮。巢口略呈椭圆形，巢材主要为禾本科植物的茎叶、树皮纤维、麻丝、玉米叶及棉花等。6月初至6月中旬产卵，窝卵数2～5枚。卵椭圆形，卵粉红色缀深浅不一、大小不等的紫褐色斑块。孵化14～16天后破壳，孵化期间由雌鸟孵卵，雏鸟晚成性。雌雄鸟共同抚育16～18天后可离巢。

分布　爱辉、嫩江。

濒危状况及致危原因　黑枕黄鹂在东北地区分布于小兴安岭和长白山等山地森林地区，数量稀少，不常见。在黑河地区数量等级为稀有种。特别是近年来随着森林被采伐，种群数量更趋减少，濒危等级为低危（LR）等级。

保护及利用　黑枕黄鹂已被列入《黑龙江省地方重点保护野生动物名录》和《国家保护的有益的或者有重要经济、科学研究价值的陆生野生动物名录》，也是《中华人民共和国政府和日本国政府保护候鸟及其栖息环境协定》共同保护鸟类。黑枕黄鹂以各种有害昆虫为食，而且嗜食毛虫，鸣声悦耳动听，因此不仅在植物保护中具有重要意义，而且在美化环境，供人们观赏方面意义也很大。应该加大保护和研究力度，以便更好地对其进行利用。

主要参考文献

常家传. 1995. 东北鸟类图鉴. 哈尔滨：黑龙江科学技术出版社.
东北保护野生动物联合委员会. 1988. 东北鸟类. 沈阳：辽宁科学技术出版社.
高玮. 2006. 中国东北地区鸟类及其生态学研究. 北京：科学出版社.
高中信. 1995. 小兴安岭野生动物. 哈尔滨：黑龙江科学技术出版社.
马建章. 1992. 黑龙江省鸟类志. 北京：中国林业出版社.
约翰·马敬能, 等. 2000. 中国鸟类野外手册. 长沙：湖南教育出版社.
赵正阶. 1999. 中国东北地区珍稀濒危动物志. 北京：中国林业出版社.

（执笔人：陈辉）

黑枕黄鹂 *Oriolus chinensis* Linnaeus

4.104 雪鹀 *Plectrophenax nivalis* (Linnaeus)

地方名 雪雀、路边雀
英文名 Snow Bunting
俄文名 Пуночка
分类地位 鸟纲、雀形目、鹀科、雪鹀属

识别特征 体长160～180mm，体型比麻雀稍大，为小型鸣禽。雌雄异色。雄鸟冬羽嘴黄色，头顶中央到后颈栗皮黄色，耳覆羽栗色。头侧至喉白色，次级飞羽白色，腰、尾上覆羽、下体白色，胸的两边具栗色斑；夏羽嘴黑褐色，头部、颈、下体全白色，背部黑色。雌鸟与雄鸟冬羽相似，但背主要为褐色具深色纵纹，两胁栗褐色。虹膜褐色；嘴黄褐色；脚黑色。

生态习性 多栖息于山脚平原和低山丘陵地带。常在林缘和路边灌丛中或草地上活动和觅食。冬季群栖但一般不与其他种类混群。常规步调为快步疾走但也作并足跳行。未在取食群中的鸟作蛙跳式前行。群鸟升空作波状起伏的炫耀舞姿飞行然后突然降至地面。越冬南迁至大约北纬50°。食物以草籽和果实等植物性食物为主，繁殖期也食昆虫。雪鹀在本地为冬候鸟。繁殖期6～8月。主要营巢于岩壁缝隙、岩洞中和岩石间，也在灌丛下营巢，非常隐蔽。巢呈杯状，巢材主要为枯草茎、叶，内垫兽毛和鸟毛等。窝卵数4～7枚。卵圆形，淡绿白色缀黑色斑点。孵化14天后破壳，雏鸟晚成性。雌雄鸟共同抚育14～15天后可离巢。

分布 爱辉、嫩江、逊克。

濒危状况及致危原因 雪鹀在东北地区分布于黑龙江、吉林和内蒙古东北部呼伦贝尔市的少数地区，数量稀少，不常见。在黑河地区数量等级为稀有种。特别是近年来随着森林被采伐，种群数量更趋减少，IUCN2009年鸟类红色名录濒危等级低危（LR）级。

保护及利用 雪鹀已被列入《黑龙江省地方重点保护野生动物名录》和《国家保护的有益的或者有重要经济、科学研究价值的陆生野生动物名录》，也是《中华人民共和国政府和日本国政府保护候鸟及其栖息环境协定》共同保护鸟类。雪鹀不但在植物保护中具有重要意义，而且在美化环境，供人们观赏方面意义重大。应该加大保护和研究力度，以便更好地对其进行利用。

主要参考文献

常家传. 1995. 东北鸟类图鉴. 哈尔滨：黑龙江科学技术出版社.

东北保护野生动物联合委员会. 1988. 东北鸟类. 沈阳：辽宁科学技术出版社.

高玮. 2006. 中国东北地区鸟类及其生态学研究. 北京：科学出版社.

高中信. 1995. 小兴安岭野生动物. 哈尔滨：黑龙江科学技术出版社.

马建章. 1992. 黑龙江省鸟类志. 北京：中国林业出版社.

约翰·马敬能，等. 2000. 中国鸟类野外手册. 长沙：湖南教育出版社.

赵正阶. 1999. 中国东北地区珍稀濒危动物志. 北京：中国林业出版社.

（执笔人：陈辉）

雪鹀 *Plectrophenax nivalis* (Linnaeus)　　摄影：杨旭东

哺乳类

4.105 达乌尔猬 *Mesechinus dauricus* Sundevall

地方名 刺猬、蒙古刺猬、短棘猬
英文名 Daurian Hedgehog
俄文名 Да ульд ёж
分类地位 哺乳纲、劳亚食虫目、猬科、林猬属
识别特征 外形与普通刺猬相似，但耳较长，突出于周围硬棘之上，体型较普通刺猬小。体长175～250mm，体重约520g。达乌尔猬从头至尾被有硬的棘刺。棘细而短，棘刺黑褐色尖端和近基部各有一白色环带，使体背呈现浅褐色。少数个体末端白色环带直达刺端，使整个背面呈灰白色。眼周和鼻端杂有少量暗灰褐色毛，头上部淡黄灰色。耳有浅灰白色绒毛，头顶棘刺不向左右分披。四肢短而强健，跖行性，足具5趾，趾具锐利的爪，后爪之长大于前爪。尾短25mm，不超过后足长。喉部、胸部、腹部及体侧无棘刺而被有灰白色或黄色粗毛。乳头5对。头骨较普通刺猬稍小，吻部较尖，额骨突起。人字脊明显。齿式为：3·1·3·3/1·2·2·3＝36。
生态习性 达乌尔猬是典型的草原动物，主要栖息于开阔草原，尤以黏土或沙土性草原地带多见。常栖居在草原沙丘柳丛中，以小型鼠类或其他小型动物废弃的洞穴为寓，洞深一般不超过1m。夜间活动。冬季休眠，冬眠时多在沙丘上建造洞蛰居。食物主要为草原蝗虫、蚱蜢及一些蠕虫等，能掘开鼠洞捕食鼠类，亦食蜥蜴、蛙类、鸟卵、雏鸟及小鸟等，有时也取食各种植物及其果实。5～6月，达乌尔猬已怀孕，7月发现哺乳的雌兽。每年产仔1窝，每胎产仔5～7只，幼兽的棘仅在中部有白色环带，无纯白色的棘刺。它的天敌是沙狐和黄鼬。
分布 嫩江。
濒危状况及致危原因 濒危等级为易危（VU）级。达乌尔猬在我国仅存于东北和华北平原一带，分布区域狭窄，数量稀少。21世纪初，由于人口增加，草原开发和人类干扰，种群数量更趋减少。近年来由于保护措施得当，种群数量稍有恢复。
保护及利用 达乌尔猬与普通刺猬均属有益动物。它们捕食小型啮齿类和昆虫。达乌尔猬的皮可作药用，肉油亦可食。少数民族有饲养它作捕鼠者。该物种已被列入国家林业局2000年8月1日发布的《国家保护的有益的或者有重要经济、科学研究价值的陆生野生动物名录》。已被列入《黑龙江省地方重点保护野生动物名录》，同时达乌尔猬已列入IUCN 1996年、2008年及2016年濒危物种红色名录。

主要参考文献

程继臻，王国杰．1995．黑龙江省药用动物志．哈尔滨：黑龙江科学技术出版社．

高中信．1995．小兴安岭野生动物．哈尔滨：黑龙江科学技术出版社．

马逸清，等．1986．黑龙江省兽类志．哈尔滨：黑龙江科学技术出版社．

汪松．1998．中国濒危动物红皮书·兽类．北京：科学出版社．

赵正阶．1999．中国东北地区珍稀濒危动物志．北京：中国林业出版社．

（执笔人：刘志涛）

达乌尔猬 *Mesechinus dauuricus* Sundevall　　摄影：赵文阁

4.106 狼　　*Canis lupus* Linnaeus

地方名　张三儿
英文名　Wolf
俄文名　Волк
分类地位　哺乳纲、食肉目、犬科、犬属
识别特征　犬科中体型最大者，体长1100～2050mm，肩高500～700mm，体重26～80kg。背毛黄灰色、棕灰额或灰白色等，外形似家狗，但较家狗吻尖口宽，腿细腹凹，通常耳中等长，直立，几乎裸出无毛，向前折可达眼部。鼻垫全裸。尾不上卷，尾毛蓬松，毛尖黑色显著。前足5趾，第3、第4趾最长，拇指最小，位置最高。趾垫很大，其总和超过掌垫，腕垫很小，小于指垫一半，位置靠外侧。后足4趾，与前足相似，但拇趾缺如，也无踵垫。爪粗钝，稍弯，不能伸缩，上下近乎等粗。乳头5对。狼四肢矫健，适于奔跑，足迹链多整齐径直，狗则曲折多变。上体毛色一般为灰棕色和浅灰色。腹部和四肢内侧白色，但四肢内面及腹部毛色较淡，夏毛短而稀薄，毛色则深暗。齿式为：3·1·4·2/3·1·4·3 = 42。

生态习性　分布很广，栖息生境多样，狼的数量以阔叶林居多，草原次之，针叶林及农业区最少见。狼的巢穴简单，一般筑在石缝、田间凹处、茂密的灌丛中。洞穴多选择在僻静、离水源较近的地方。狼成群或结对生活，也有单独孤栖生活者。狼听觉、嗅觉和视觉都相当发达。狼的行进速度快且耐力强。捕食一切可能捕得的动物，如野兔、大型啮齿类、鹿类及鸟、两栖类、鱼和昆虫等，有时伤害人畜，食物缺乏时甚至以植物性食料为食。狼的活动范围很大，领域范围达160～350km^2。每天活动可达50～60km，但是狼有比较固定的猎食范围。狼性机警、多疑而狡猾。每天活动以晨昏为频繁。雄狼一般两年性成熟，雌狼初胎在两岁以上，每年繁殖1次，每年1～2月交配，一头雌狼只与一头雄狼交配，孕期60～63天，每胎产仔5～10只，哺乳期4～6周，雌雄狼共同抚育幼崽，4～5月龄可以随大狼外出猎食。野生的狼寿命12～16年，人工饲养的狼有的可以活到20岁左右。

分布　嫩江、爱辉、逊克。

濒危状况及致危原因　濒危等级为数据缺乏（DD）级。狼种群数量少，已被列为濒危物种。狼分布区由于生境破坏而缩小。一直以来，由于狼对人畜都能造成伤害，又是狂犬病毒的携带者，因而把狼作为害兽加以消灭，并为鼓励捕杀害兽而给予奖励。加上其栖息的生境不断缩小，近几十年中，狼的数量显然越来越小，许多过去狼的分布区内已不见其踪迹。狼的毛皮质量好，它的部分器官可入药，也是导致被猎杀的一个因素。

保护及利用　狼有药用、猎用和观赏价值。已列入中国《国家保护的有益的或者有重要经济、科学研究价值的陆生野生动物名录》和《黑龙江省地方重点保护野生动物名录》。已被列入《濒危野生动植物种国际贸易公约》（CITES）附录Ⅱ。

主要参考文献

高耀庭，等. 1987. 中国动物志·兽纲（第八卷）·食肉目. 北京：科学出版社.

高中信. 1995. 小兴安岭野生动物. 哈尔滨：黑龙江科学技术出版社.

马逸清，等. 1986. 黑龙江省兽类志. 哈尔滨：黑龙江科学技术出版社.

汪松. 1998. 中国濒危动物红皮书·兽类. 北京：科学出版社.

赵正阶. 1999. 中国东北地区珍稀濒危动物志. 北京：中国林业出版社.

（执笔人：刘志涛）

狼 *Canis lupus* Linnaeus　　摄影：李显达

4.107 赤 狐 Vulpes vulpes Linnaeus

地方名 狐狸、火狐

英文名 Red fox

俄文名 Красная лисица

分类地位 哺乳纲、食肉目、犬科、狐属

识别特征 国产狐属中个体最大者，体形纤长，四肢较短。成兽体长 625～905mm，头骨的颅基长 134～169mm。耳长 80～124mm，后足长 140～186mm，尾长 246～430mm，体重 4～6.5kg，嘴狭长，颊部非黑色，无横生长毛，眶下孔至门齿前缘的距离大于臼齿间宽。耳直立。耳背上端黑色，与头部毛色明显不同，尾较长，粗大，其长超过体长之半。具尾腺，能释放奇特臭味。乳头 4 对。赤狐头部一般为灰棕色，唇部、下颚至前胸部暗白色，背毛赤黄色，体侧略带黄色，腹部白色或黄色，四肢的颜色比背部略深，外侧具有宽窄不等的黑褐色纹，尾毛蓬松，尾尖白色。齿式为：3·1·4·2/3·1·4·3 = 42。

生态习性 赤狐的栖息环境非常多样，如森林、灌丛、草原、田地等多种环境，有时也生存于城市近郊。喜欢居住在土穴、树洞或岩石缝中，常常利用兔、獾等动物的巢穴。住处常不固定，只在繁殖期才住在洞窝中，而且除了繁殖期和育仔期外，一般都是独自栖息。洞口直径 25～30cm，地下深入 2～3m。通常夜里出来活动，白天卷伏洞中，抱尾而眠。狐狸动作敏捷，多疑，性狡猾，跑起来很快，有时也会爬上斜着的树干。凭发达的嗅觉和听觉、敏捷的行动，捕食各种小兽或鸟类。但它的主要食物是鼠类，也食浆果。狐的交配期多在每年 1～2 月，此时雄狐为争雌而争斗激烈，雌狐孕期一般 52 天或 2 个月。年产 1 窝，每胎产仔 3～5 只，多时可达 13 只。初生幼狐体长 10～15cm，重 80～150g。哺乳期 3～4 周。1 个月或 1.5 个月仔狐可出洞活动，当年秋季可以开始独立生活。狐的寿命为 13～14 年。

分布 嫩江、北安、孙吴、逊克、爱辉、五大连池。

濒危状况及致危原因 濒危等级为易危（VU）级。由于裘皮珍贵，赤狐长期被人们大量捕猎，许多地区数量一直在变少。一些研究结果则显示分布于黑龙江省的赤狐资源遭受人为直接破坏并不很严重，分析原因有两方面：①我国大部分地区人们对它比较迷信，主动猎杀它的人并不多。②垦荒使耕地面积增加，鼠类数量增加，为赤狐提供了充足的食物。因而，近几年，在一些地区赤狐成为比较常见的种类。

保护及利用 赤狐皮经济价值较高，狐皮毛绒细厚，色泽鲜艳，御寒性强。赤狐还是鼠类等有害动物的天敌，在调节鼠类数量及控制害鼠方面的作用很重要。该物种已列入中国《国家保护的有益的或者有重要经济、科学研究价值的陆生野生动物名录》和《黑龙江省地方重点保护野生动物名录》，同时被列入 IUCN 1996、2016 年濒危物种红色名录。

主要参考文献

高耀庭，等. 1987. 中国动物志·兽纲（第八卷）·食肉目. 北京：科学出版社.

高中信. 1995. 小兴安岭野生动物. 哈尔滨：黑龙江科学技术出版社.

马逸清，等. 1986. 黑龙江省兽类志. 哈尔滨：黑龙江科学技术出版社.

汪松. 1998. 中国濒危动物红皮书·兽类. 北京：科学出版社.

赵正阶. 1999. 中国东北地区珍稀濒危动物志. 北京：中国林业出版社.

（执笔人：刘志涛）

赤狐 Vulpes vulpes Linnaeus　　摄影：李显达

4.108 黑 熊　　*Ursus thibetanus* G. Cuvier

地方名　狗熊、黑瞎子、狗驼子
英文名　Asiatic Black Bear
俄文名　Черный медведь
分类地位　哺乳纲、食肉目、熊科、棕熊属

识别特征　大型兽类，体粗胖肥大，体长1500～2000mm，体重100～200kg，头大而圆，吻短，鼻端裸出。眼小，耳较大，内外具毛。毛被漆黑色，胸部具有倒"人"字形白斑。下颏白色。颈侧毛最长，呈簇状，胸部毛短，短于40mm。黑熊尾短小，70～80mm。四肢粗壮，前后肢均具5趾，爪强而弯曲，不能伸缩。脚掌裸露无毛，足垫厚实，前足腕垫发达与掌垫相连一片。后足前宽后窄，跖部肉垫宽大肥厚。头骨略呈长圆形，吻较短。齿式为：$3 \cdot 1 \cdot 4 \cdot 2/3 \cdot 1 \cdot 4 \cdot 3 = 42$。

生态习性　黑熊为大型林栖动物，主要生活在阔叶林和混交林内，入秋常见于柞树林和河谷沿岸林内。一般活动于海拔数百米至1500m的山地。除冬眠和繁殖期外，黑熊没有固定的巢穴，到处游荡觅食。入冬，黑熊找寻适宜的树洞，在洞中冬眠称为"蹲仓"，一般11月初黑熊入眠，带崽母熊降雪前入洞，成年的雄熊入洞较晚，次年3月下旬至4月中旬陆续出洞觅食。黑熊为昼出性动物，但在炎热的夏天，晨昏活动频繁。黑熊视觉较差，听觉、嗅觉灵敏。善游泳、更善于爬树，行动谨慎缓慢，可直立行走。杂食性，以植物为主，如各种青草、嫩枝叶、野果、苔藓、蘑菇、松子、橡子、榛子、谷物作物等，也捕食昆虫、鼠类、蚂蚁、蜜蜂、鸟卵、鱼虾等。黑熊每年繁殖1次，6～8月发情交配，怀胎6.5～7个月，于12月至翌年2月在洞中产崽，每胎产崽1～3只，产2只居多。新生熊崽体重仅700g，眼耳皆闭，约1月龄睁眼，3月龄的熊崽可跟随母熊行走。哺乳期6个月。断奶后母熊要对幼熊有较长时期的护育。3龄基本性成熟。黑熊寿命较长，一般可活30年，饲养条件下可活到60岁。

分布　逊克、嫩江、北安。

濒危状况及致危原因　濒危等级为易危（VU）级。由于黑熊巨大的经济价值，使它一直成为人们猎杀的重要对象，导致黑熊种群数量一直在减少，栖息地的减小和生境破碎化加剧了其数量的减少。高价收购活熊取胆，也是致使黑熊种群数量急剧减少的重要因素之一。

保护及利用　黑熊是重要的经济动物和药用动物，熊掌是名贵佳肴；熊胆是珍贵中药，在医药上被广为应用，具有很高的经济价值。幼小的熊崽，易于驯养，逗人喜爱，供观赏演出。已被列为国家Ⅱ级重点保护野生动物，已被列入IUCN濒危动植物种红皮书和《濒危野生动植物种国际贸易公约》（CITES）附录Ⅰ，并严禁贸易。

主要参考文献

高耀庭，等. 1987. 中国动物志·兽纲（第八卷）·食肉目. 北京：科学出版社.

高中信. 1995. 小兴安岭野生动物. 哈尔滨：黑龙江科学技术出版社.

马逸清，等. 1986. 黑龙江省兽类志. 哈尔滨：黑龙江科学技术出版社.

汪松. 1998. 中国濒危动物红皮书·兽类. 北京：科学出版社.

赵正阶. 1999. 中国东北地区珍稀濒危动物志. 北京：中国林业出版社.

（执笔人：刘志涛）

黑熊 *Ursus thibetanus* G. Cuvier　　摄影：郭玉民

4.109 棕熊 *Ursus arctos* Linnaeus

地方名 黑瞎子、马熊、人熊
英文名 Brown Bear
俄文名 Бурный медведь
分类地位 哺乳纲、食肉目、熊科、棕熊属
识别特征 大型熊类，体长可达 2000mm，体重可达 200kg 以上，全身被毛棕褐色或黑褐色，四肢黑色，胸部毛长，长于 100mm。幼兽颈部常有一圈白色领斑。此领斑在成体时小，爪通常黑色。头宽圆，吻较长，鼻端裸出，鼻孔大而侧扁，眼和耳均较小，耳内外被毛，且能动，体躯粗肥，肩背隆起，腰围亦肥大，尾其短，隐于毛下，外观无尾。四肢粗短强健，足具 5 趾，趾端具大而弯曲的爪，但不能伸缩。前足的爪显著长于后足的爪。脚掌裸露，肉垫厚实，前足腕垫小，近圆形，与掌垫不相连。齿式为：$3 \cdot 1 \cdot 4 \cdot 2/3 \cdot 1 \cdot 4 \cdot 3 = 42$。

生态习性 栖息于山地针阔混交林和针叶林中。常在林中火烧迹地、沟谷、溪流沿岸、富有倒木和浆果的林间空地活动。性孤独，多单独活动，但母兽和幼崽在一起活动。棕熊视觉较差，嗅觉敏锐。走路步履蹒跚，动作笨拙，能直立行走，也会游泳，但爬树本领不如黑熊。夏天多在夜间或晨昏活动，秋天最为活跃，以便积累更多的营养过冬。冬眠洞穴多筑在土质干燥、向阳背风的山坡上或在倒木下的天然土洞中。冬眠时间为 4.5～5 个月。棕熊为杂食动物，植物中青草、嫩芽、橡子、松子及各种果实均食，动物中蚂蚁、土蜂及动物的尸体也为其美餐。发情交配期在 6～8 月，妊娠期 7～8 个月。雌熊冬眠洞中产崽，通常每胎产崽 1 或 2 只，也有产 3 或 4 只的。新生熊崽约 500g，约 1 月龄时才睁眼。哺乳期 4～5 个月，幼熊一直跟随母熊生活到第 2 年春天。3 龄时性成熟。寿命可达 30～40 年。

分布 爱辉、逊克、孙吴、嫩江。

濒危状况及致危原因 濒危等级为濒危（EN）级。熊具有巨大的经济价值，使它一直成为人们猎杀的重要对象，种群数量一直减少。森林采伐致使栖息生境破坏也是熊的野生资源数量减少的重要因素之一。

保护及利用 棕熊是重要的珍稀濒危动物，已将其列入国家 II 级重点保护野生动物。同时被列入 IUCN 濒危动植物种红皮书及《濒危野生动植物种国际贸易公约》（CITES）附录 I，严禁贸易。

主要参考文献

高耀庭, 等. 1987. 中国动物志·兽纲（第八卷）·食肉目. 北京: 科学出版社.

高中信. 1995. 小兴安岭野生动物. 哈尔滨: 黑龙江科学技术出版社.

马逸清, 等. 1986. 黑龙江省兽类志. 哈尔滨: 黑龙江科学技术出版社.

汪松. 1998. 中国濒危动物红皮书·兽类. 北京: 科学出版社.

赵正阶. 1999. 中国东北地区珍稀濒危动物志. 北京: 中国林业出版社.

（执笔人：刘志涛）

棕熊 *Ursus arctos* Linnaeus   摄影：郭玉民

4.110 紫貂 *Martes zibellina* Linnaeus

地方名 黑貂、大叶子
英文名 Sable
俄文名 Соболь
分类地位 哺乳纲、食肉目、鼬科、貂属
识别特征 体形细长，四肢短，强健，耳大，呈三角形，耳下缘具双层附耳。尾粗，尾毛蓬松，鼻部中央有明显纵沟，喉部有杏黄色喉斑或喉斑不明显。冬天趾掌部有短密的丝状绒毛。大小似中型家猫，躯体细长，雄性个体大于雌性，且较强壮。成年雄貂体重470～1010g，体长417～470mm；雌貂体重420～720g，体长340～470mm。头扁形，似家猫头，鼻面狭长，两侧各生20根触须，吻圆钝。耳大而直立。眼大而有神。前肢较后肢稍短，脚具5趾，趾端长有弯曲尖利的爪，可伸缩。足掌具肉垫，趾垫上密生丝状绒毛。尾长约为体长的1/3，尾毛蓬松呈帚状。被毛黑褐色或灰褐色，喉斑不明显，呈灰棕色或灰白色。齿式为：3·1·4·1/3·1·4·2＝38。

生态习性 紫貂喜欢栖息于海拔800～1600m的针阔混交林和亚寒带针叶林中，是其中的典型动物之一。紫貂性怯、机警而灵敏，平时独居，一般没有固定的窝穴。筑巢于地势较平缓地带的石缝、树洞及树根下，内铺有柔软的羽毛、干草。紫貂的听觉、视觉较敏锐，营陆栖生活方式，善于爬树，在高大树木上跳跃自如。紫貂多于夜间活动，有时也在白天猎食。紫貂为食肉性动物，猎取各种小型哺乳动物（如鼠类、野兔）、小型鸟类（如松鸡、榛鸡、雉类等）、两栖爬行动物、鱼类和各种昆虫为食，也采食植物性食物，主要有松子、花楸、稠李、越橘、山里红、悬钩子等浆果和坚果。成年紫貂每年换毛两次。3～5月换成夏毛，8～10月换成冬毛。幼貂只换一次毛，秋季换成冬毛。紫貂一年繁殖一次，怀孕期9个多月（270天），翌年4～5月产崽。产崽数常见于2～4只，最少1只，最多5只。初生幼兽重20g，体长90～100mm。紫貂的天敌是青鼬和鹰类，野外寿命16～20年。

分布 逊克、孙吴、嫩江。

濒危状况及致危原因 濒危等级为易危（VU）级。野生紫貂历史上曾遭大量猎捕，种群数量剧减，近年来更由于紫貂栖息地林木大量被采伐，生态环境遭严重破坏，种群数量越来越少，已处于濒危状态。

保护及利用 紫貂的毛绒细密，皮质较韧，素为裘皮之冠，也是著名的"东北三宝"之一。我国人民对貂皮的利用有数千年的悠久历史。在自然界紫貂捕食大量鼠类，对农林业有益。由于种群数量极为稀少，中国已将紫貂列为国家Ⅰ级重点保护野生动物。已被列为IUCN濒危动植物种红皮书易危种类。

主要参考文献

高耀庭，等. 1987. 中国动物志·兽纲（第八卷）·食肉目. 北京：科学出版社.

高中信. 1995. 小兴安岭野生动物. 哈尔滨：黑龙江科学技术出版社.

李波. 2012. 紫貂生物学及饲养管理与利用. 北京：中国林业出版社.

马逸清，等. 1986. 黑龙江省兽类志. 哈尔滨：黑龙江科学技术出版社.

汪松. 1998. 中国濒危动物红皮书·兽类. 北京：科学出版社.

赵正阶. 1999. 中国东北地区珍稀濒危动物志. 北京：中国林业出版社.

（执笔人：刘志涛）

紫貂 *Martes zibellina* Linnaeus　　　　摄影：杨旭东

第4章 珍稀濒危野生动物

4.111 青鼬　　*Martes flavigula* Boddaert

地方名　黄喉貂、蜜狗子
英文名　Manchurian Yellow-Throated Marten
俄文名　Зеленый итати
分类地位　哺乳纲、食肉目、鼬科、貂属

识别特征　形如紫貂，但体型明显比紫貂大，为貂属中最大的一种。喉及前胸部具明显的黄橙色斑块，毛被颜色鲜亮，由黑、白、黄、棕4种颜色组成。尾粗长，不短于体长的2/3。体形细

青鼬 *Martes flavigula* Boddaert

摄影：姜广顺

长，略似圆筒形，成兽体长 500～630mm，尾长 350～480mm。头较尖细，呈三角形，鼻端裸出，耳小而圆。四肢较短，强健有力，前后肢各具 5 趾，爪尖利而弯曲，尾呈圆柱状，尾长超过体长的一半。

毛被颜色鲜艳，冬毛密而厚，头部自吻沿双颊经眼下、耳下至颈背部亮黑色或棕黑色，颈背部混杂有柠檬黄色毛尖的毛，耳背面黑褐色，边缘灰褐色，耳内色淡。嘴角与下颌白色，喉部柠檬黄色斑块明显。前背部及体侧亦柠檬黄色，后背部黑褐色，尤其臀部色更深，几黑色。腹面毛色较淡，四肢及尾深黑褐色。整个体躯毛色从颈背起由黄褐色向灰褐色逐渐加深。毛色个体变异较大。齿式为：$3 \cdot 1 \cdot 4 \cdot 1/3 \cdot 1 \cdot 4 \cdot 2 = 38$。

生态习性　青鼬常栖息于大面积的山林中，但不受林型的影响。喜在地面或倒木枝杈堆上活动。青鼬爬树能力很强，在树上能顺利地捕捉松鼠。性凶狠，可单独或数只集群捕猎较大的偶蹄类，行动快速敏捷，在跑动中间以大距离跳跃，尤其在追赶猎物时，更加迅猛。常于白天活动，但早晚活动甚频，行动小心隐蔽，有时静伏树丫间，观察地面动静，如发现可捕猎物，则跳下捕杀。青鼬为典型的食肉兽，从昆虫、鱼类、小型鸟类至中小型兽类均属捕食之列，如麝、狍、马鹿和野猪幼崽，兔、松鼠及其他鼠类或各种鸟，偶尔也捕食紫貂和其他小的食肉兽，秋季也采食松子、橡子和浆果等植物性食物，喜食蜂蜜，所以也称它为"蜜狗"。青鼬 6～7 月交配，于翌年 5 月间产崽，每胎产崽 2～4 只。

分布　爱辉、逊克、北安。

濒危状况及致危原因　濒危等级为易危（VU）级。青鼬数量不多，比紫貂还要少，近年来更由于栖息地林木大量被采伐，生态环境遭严重破坏，种群数量越来越少，已处于濒危状态。

保护及利用　青鼬的毛皮针毛粗硬，绒毛短稀，品质较差，故经济意义不大。同时，青鼬捕食许多经济兽类，无论有蹄类还是毛皮兽皆受其害。在自然界的生态作用尚需进一步研究。由于种群数量极其稀少，我国已将其列为国家 II 级重点保护野生动物。已被列入《濒危野生动植物种国际贸易公约》（CITES）附录 III 和 IUCN 濒危动植物种红皮书易危种类。

主要参考文献

高耀庭，等．1987．中国动物志·兽纲（第八卷）·食肉目．北京：科学出版社．

高中信．1995．小兴安岭野生动物．哈尔滨：黑龙江科学技术出版社．

马逸清，等．1986．黑龙江省兽类志．哈尔滨：黑龙江科学技术出版社．

汪松．1998．中国濒危动物红皮书·兽类．北京：科学出版社．

赵正阶．1999．中国东北地区珍稀濒危动物志．北京：中国林业出版社．

（执笔人：刘志涛）

4.112　貂　熊　Gulo gulo (Linnaeus)

地方名　狼獾、泥黑（鄂伦春族）
英文名　Wolverine
俄文名　Одинокий
分类地位　哺乳纲、食肉目、鼬科、貂熊属
识别特征　貂熊是现存最大的陆生鼬科动物，貂熊在体型上介于貂与熊之间，体长 800～1000mm，尾长约 180mm，肩高 350～450mm，体重 11～14kg。身体和四肢粗壮像熊，但有一条长尾则像貂；毛被棕黑褐色，体侧向后沿臀周有一淡黄色半环状宽带纹，状似"月牙"，故有"月熊"之称；尾毛黑褐色，蓬松粗大，呈丛穗状下垂；头大耳小，背部弯曲，四肢短健，跖行性，爪长而直，不能伸缩。毛被长而蓬松，冬季黑褐色，夏毛棕褐色。头面部毛短细，两颊及额部至耳浅棕灰色，眼周棕黑色，鼻垫黑色。颈、背、四肢及尾下端，近似黑色。背毛长约

第4章 珍稀濒危野生动物

50mm，绒毛长约30mm，两胁至后腿基部长毛达120mm。体侧至臀周毛甚长，如裙状，呈淡棕色或棕黄色带纹。尾毛蓬松特长，140～170mm。齿式为：3·1·4·1/3·1·4·2＝38。

生态习性 多见于森林沼泽、河谷、小溪间，也喜欢在林缘活动。能迅速爬上树，还善于游泳。貂熊的适应能力很强，性机警，凶猛，嗅觉甚敏锐。貂熊身强力壮，敢于跟踪和抢食较自己大的狼和猞猁，甚至熊等猛兽猎捕的食物，更多还是取食它们所遗弃的剩余食物和尸肉等。貂熊营独居生活。貂熊猎食马鹿、狍、麝、驼鹿等有蹄类的幼崽及各种啮齿类动物，也捕食松鸡、榛鸡等鸟类，植物性食物有越橘、岩高兰的浆果，以及松子、多空菌等。夏季还能捕食鱼类，冬季主要取食动物尸体和其他食肉兽吃剩的食物。每年10～11月发情交配，翌年2～4月产崽，每胎产崽1～5只，通常2或3只。初生崽体长12～13cm，体重90～100g，母兽哺乳和抚育期8～10周，第2年或第3年性成熟。

分布 嫩江、爱辉。

濒危状况及致危原因 濒危等级为易危（VU）级。貂熊分布范围狭窄，种群数量少，森林面积大幅度减少和森林火灾对其生境造成严重破坏，同时偷猎珍稀动物（包括貂熊）及人为干扰，导致其踪迹越来越难寻找。

保护及利用 貂熊的毛皮产量很少，质量也欠佳，因此经济价值不大，但其种群数量稀少，具有观赏和研究价值，是我国珍贵动物之一。同时其在自然界的生态作用尚需进一步研究。貂熊列入国家Ⅰ级重点保护野生动物名录，并被列为IUCN濒危动植物种红皮书易危种类。

主要参考文献

高耀庭，等．1987．中国动物志·兽纲（第八卷）．食肉目．北京：科学出版社．

高中信．1995．小兴安岭野生动物．哈尔滨：黑龙江科学技术出版社．

马逸清，等．1986．黑龙江省兽类志．哈尔滨：黑龙江科学技术出版社．

朴仁珠，张明海．2000．貂熊．哈尔滨：东北林业大学出版社．

汪松．1998．中国濒危动物红皮书·兽类．北京：科学出版社．

赵正阶．1999．中国东北地区珍稀濒危动物志．北京：中国林业出版社．

（执笔人：刘志涛）

貂熊 *Gulo gulo* (Linnaeus)

摄影：杨旭东、姜广顺

4.113 白鼬 *Mustela erminea* Linnaeus

地方名 扫雪、白黄皮子
英文名 Ermine
俄文名 Горностай
分类地位 哺乳纲、食肉目、鼬科、鼬属
识别特征 体型细小，体长190～220mm，尾长42～65mm。头部较短。口周围及眉均有细长的黑色触须。鼻端具小而圆的鼻镜，耳壳小，略呈圆三角形。尾短，约为体长的1/3。体毛短，唯有尾端毛最长，20～50mm。四肢短，前后足5趾，趾间具蹼，后蹼较为发达，爪长而锐，但很细弱。爪呈白色。足底毛，跟部尤密，趾毛亦长，通常掩住爪。前掌垫3枚，中间者类似梨形。腕垫较小。雌兽乳头4对。冬毛除尾端1/3处黑色外，余皆白色。夏毛背腹颜色相异。背面及体侧为灰棕色，腹部仍保持白色或乳黄色，足背灰白色，腹面自下唇、颌部、喉部至腹部及四肢内侧为白色，尾下基部2/3同于腹面，近末端1/3段全为黑色。齿式为：3·1·3·1/3·1·3·2 = 34。

生态习性 白鼬多生活在森林、草原和河、湖岸边的灌丛中。冬季在山坡砾石堆间找寻鼠、兔。常利用鼠类的洞穴为巢，缺乏挖洞的习性。有时也在峭壁岩缝、树根上面和低位的树洞甚至柴草垛营巢，巢的结构较为简陋，巢中常垫有干草、苔藓、细枝或兽毛和鸟类的羽毛。白鼬主要在夜间和黄昏时活动，但白天也能见到。白鼬动作十分敏捷，视觉和听觉也极敏锐。身体细长而柔韧，能通过很狭窄的通道，因而能进入鼠穴追踪捕食。白鼬的食物以小型啮齿类为主，如棕背䶄、林姬鼠、仓鼠等，偶尔捕食比自身大的野兔、榛鸡，也捕食爬行类、两栖类、鱼、鸟卵和昆虫，有时也取食越橘和岩高兰的浆果。发情期5～6月，怀孕期9～10个月，翌年3～5月产崽，每胎产崽8～12只。哺乳期30～40天。白鼬的天敌为雕鸮、林鸮、黄鼬、狐狸和大型的食肉兽类。

分布 爱辉。

濒危状况及致危原因 濒危等级为易危（VU）级。白鼬自然分布数量少。数量变化大，主要取决于栖息地点作为食物的啮齿类的数量，其次是寄生虫的感染。天敌的种类和数量是一个重要因素，白鼬毛皮稀少、珍贵也是影响其种群数量的另一重要因素。

保护及利用 白鼬可以供人观赏，同时是一种珍贵的毛皮兽，毛绒丰密，色泽洁白，作为毛皮资源有一定的发展前途，白鼬能消灭各种害鼠，是一种对农林牧业都有益的动物。在我国，该物种已被列入《国家保护的有益的或者有重要经济、科学研究价值的陆生野生动物名录》及《濒危野生动植物种国际贸易公约》（CITES）附录Ⅲ。

主要参考文献

高耀庭，等. 1987. 中国动物志·兽纲（第八卷）·食肉目. 北京：科学出版社.

高中信. 1995. 小兴安岭野生动物. 哈尔滨：黑龙江科学技术出版社.

马逸清，等. 1986. 黑龙江省兽类志. 哈尔滨：黑龙江科学技术出版社.

汪松. 1998. 中国濒危动物红皮书·兽类. 北京：科学出版社.

赵正阶. 1999. 中国东北地区珍稀濒危动物志. 北京：中国林业出版社.

（执笔人：刘志涛）

白鼬 *Mustela erminea* Linnaeus　　摄影：杨旭东

4.114 伶鼬 *Mustela nivalis* Linnaeus

地方名 银鼠、白鼠
英文名 Siberian Weasel
俄文名 Ласка
分类地位 哺乳纲、食肉目、鼬科、鼬属

识别特征 伶鼬是鼬科中个体最小的动物。个体甚小，尾很短，约为体长的1/4弱，尾与体的毛色一致。夏毛背部深咖啡色，腹面纯白色，冬毛则一体皆白。眼小。雄兽略大于雌兽。雄性体重31~70g，体长138~175mm，尾长22~44mm；雌性体重28~49g，体长130~150mm，尾长21~53mm。体躯细小，毛被短而密致。四肢短小，前后肢皆具5趾，掌面被短毛，掌趾垫隐于毛中，半跖行性。爪纤细而弯曲，但很尖锐。前肢腕部着生数根向外的白色长毛，为触毛。乳头5对，阴茎骨先端弯曲呈钩状。齿式为：3·1·3·1/3·1·3·2 = 34。

生态习性 伶鼬栖息于各种生境，从森林到山麓草地，从农田的草垛到山林的乱石堆及居民点附近都能见到。很少自己挖洞，多半侵占小型鼠类的巢穴为己用，有时也在倒木下、天然树根或乱石堆中筑巢。通常单个活动，主要在白天活动，但夜间也出来寻食。伶鼬的活动区域比较固定，除非食物极端贫乏，轻易不会离开其生活区域。伶鼬的视觉、听觉和嗅觉都很发达，行动快速敏捷。主要以小型鼠类为食，亦捕食小鸟、蛙、昆虫等。约3月交配，妊娠期约35天，每胎产崽3~7只，最多达12只，一年妊娠1或2次。幼崽21~25天睁眼，哺乳期约50天。母兽护育幼兽一直到秋天。伶鼬4月龄性成熟，寿命约为10年。伶鼬的天敌有黄鼬、香鼬、狐狸等食肉兽及猛禽。

分布 爱辉、嫩江。

濒危状况及致危原因 濒危等级为濒危（EN）级。现有伶鼬种群数量相当少，需要进一步调查数量下降的主要原因。

保护及利用 伶鼬的冬皮，毛皮也称为真鼠皮，由于毛绒细平、色泽洁白，颇受喜爱，销路亦佳，但张幅太小，产量又少，故利用价值较差。伶鼬有利于抑制鼠类的繁殖，对农林牧业有益。伶鼬已被列入《国家保护的有益的或者有重要经济、科学研究价值的陆生野生动物名录》，亦已被列入《黑龙江省地方重点保护野生动物名录》，还被列为IUCN濒危动植物种红皮书濒危种类。

主要参考文献

高耀庭，等. 1987. 中国动物志·兽纲（第八卷）·食肉目. 北京：科学出版社.

高中信. 1995. 小兴安岭野生动物. 哈尔滨：黑龙江科学技术出版社.

马逸清，等. 1986. 黑龙江省兽类志. 哈尔滨：黑龙江科学技术出版社.

汪松. 1998. 中国濒危动物红皮书·兽类. 北京：科学出版社.

赵正阶. 1999. 中国东北地区珍稀濒危动物志. 北京：中国林业出版社.

（执笔人：刘志涛）

伶鼬 *Mustela nivalis* Linnaeus   摄影：张卫华

4.115 黄鼬 *Mustela sibirica* Pallas

地方名 黄鼠狼、黄皮子
英文名 Weasel
俄文名 Колонок
分类地位 哺乳纲、食肉目、鼬科、鼬属
识别特征 体型中等，体长250～400mm，雄性比雌性略大1/3，平均体重1000g左右。体细长，头细而颈长。耳壳短宽，稍突出于毛丛。尾长约为体长之半，雄性180～210mm，雌性140～170mm。冬季尾毛长而蓬松，夏秋毛绒稀薄，尾毛不散开。四肢短，均具5趾，趾端爪尖锐，趾间有不大的皮膜。背腹毛色一致或腹部毛色稍浅，全身棕黄色，鼻部及两眼间周围暗褐色，上下唇白色。肛门腺发达。黄鼬的毛色从浅沙棕色到黄棕色，色泽较淡。毛绒相对较稀短，针毛长25～29mm，绒毛长15～18mm，针毛粗118～130um。背毛略深；腹毛稍浅，四肢、尾与身体同色。鼻垫基部及上、下唇为白色，喉部及颈下常有白斑，但变异极大。齿式为：3·1·3·1/3·1·3·2=34。

生态习性 黄鼬适应多样环境条件。主要栖息于林地河谷、溪沟旁、草地、耕作区、沼泽及灌丛中。多在晨昏活动，在良好的隐蔽条件下，白天也出来活动。除繁殖期外，均单独栖息。善疾走，能贴伏地面前进。善于攀树、爬墙，也善于游泳。冬季有时在冰下的水中捕鱼。嗅觉灵敏，视觉不甚发达。性情凶猛，常捕杀超过其食量的猎物。遇险时自肛腺分泌油性的黄色液体，以逃避敌害。黄鼬食物种类广泛，几乎捕食所能遇到的各种小型动物，但以老鼠和野兔为主，也捕食鸟、鸟卵及雏鸟、鱼、蛙、蛇、松鼠和昆虫。2～4月发情，怀孕期8～9周。每胎产仔2～8个。初生仔鼬全身粉红色，体重5～7g，身长40～50mm，尾很短，有稀而短的白色胎毛，1个月左右睁眼。正常情况下仔鼬哺乳45～50天。寿命10～20年。黄鼬的天敌是狐、狼和猫头鹰。在自然界的竞争者有豹猫、艾鼬和貂等。

分布 嫩江、逊克、孙吴、爱辉、北安、五大连池。

濒危状况及致危原因 濒危等级为低危（LR）级。为获取价格较贵的鼬皮，有些人利用各种捕猎手段和方法来猎杀黄鼬，加之森林采伐，过度开垦，适宜黄鼬栖息繁衍的生境丧失严重，致使近几十年野生黄鼬种群数量减少。

保护及利用 在黑龙江十大野生毛皮中，鼬皮产量最大。尾毛长而挺拔，弹性适度，沥水耐磨，是高级狼毫毛笔和画笔的原料，近年又被广泛用于制作精密仪器的毛刷。鼬皮、鼬毛是中国传统的野生毛皮动物出口商品。另外，黄鼬大量捕食鼠类，是害鼠的天敌，对控制鼠害起显著作用。黄鼬被列入中国《国家保护的有益的或者有重要经济、科学研究价值的陆生野生动物名录》种类。已被列入《濒危野生动植物种国际贸易公约》（CITES）附录Ⅲ和IUCN濒危动植物种红皮书易危种类。

主要参考文献

高耀亭，等．1987．中国动物志·兽纲（第八卷）·食肉目．北京：科学出版社．

高中信．1995．小兴安岭野生动物．哈尔滨：黑龙江科学技术出版社．

马逸清，等．1986．黑龙江省兽类志．哈尔滨：黑龙江科学技术出版社．

汪松．1998．中国濒危动物红皮书·兽类．北京：科学出版社．

赵正阶．1999．中国东北地区珍稀濒危动物志．北京：中国林业出版社．

（执笔人：刘志涛）

黄鼬 *Mustela sibirica* Pallas   摄影：李显达

4.116 水 獭 *Lutra lutra* (Linnaeus)

地方名 獭、水狗
英文名 Common otter
俄文名 Выдра
分类地位 哺乳纲、食肉目、鼬科、水獭属
识别特征 鼬科动物中营半水栖生活的种类。中型兽类，体长550～820mm，尾长300～550mm，体重5～14kg，雌性略小。躯体细长，略呈扁圆，头部宽扁，吻部短而不突出，鼻子小而呈圆形，裸露的小鼻垫上缘呈"W"形，鼻镜上缘的正中凹陷。鼻孔和耳道生有瓣膜，潜水时能关闭而防水。眼小，耳朵小而圆。上唇为白色，嘴角生有发达的触须。四肢甚短，前后足趾间具蹼，爪短而尖。尾粗长而略扁圆，基部粗，至尾端渐渐变细，长度超过体长之半。毛被短而致密，背毛色深，为咖啡色，有油亮光泽，腹面较淡，呈灰褐色。颊部和喉胸部针毛毛尖白色，绒毛基部灰白色，其余咖啡色。齿式为：3·1·4·1/3·1·3·2 = 36。

生态习性 水獭多栖息于江河湖泊和山溪、在林间溪流或水流较缓、水中植物稀疏而多鱼的水域。水獭挖洞营巢而居、巢穴多筑在岸边的树根下或岩缝里，有时也利用其他动物在岸边废弃的旧洞。水獭日隐夜出，尤其在有月亮的夜晚，活动更为频繁。冬季和早春则有晒太阳取暖的习性。除发情期成对或成小群活动外，多单独活动。听觉和嗅觉都很敏锐。善于游泳。由于四肢较短，水獭在地面上主要是身体贴着地面匍匐前进、滑行或断续地跳步。水獭主要以鱼为食，也捕捉水禽、鼠类、蛙、虾、蟹及甲壳类动物，有时还取食一部分植物性食物。

水獭没有明显的繁殖季节，一年四季都有交尾（有人认为水獭交配期在2月左右）。怀孕期9～10周，每胎产仔2～4只，哺乳期8周。2龄性成熟。水獭寿命6岁左右，最长可达20岁。

分布 逊克、孙吴、五大连池、爱辉。

濒危状况及致危原因 濒危等级为濒危（EN）级。水獭种群数量减少的主要原因是栖息地环境劣变。由于獭类生活环境污染、水质变劣，破坏了獭类栖息地和食物来源。污染严重的地方獭类会直接被毒死，在污染较低的地方，出现繁殖力低下、对疾病的抵抗力弱的恶果。

保护及利用 水獭是珍贵的毛皮兽。獭皮板质轻柔坚韧，毛绒厚密齐平，外观光泽华丽，又能沥水不湿，毛皮历来都作为名贵皮料。目前已被列为国家Ⅱ级重点保护野生动物及IUCN濒危动植物种红皮书濒危种类，被列入《濒危野生动植物种国际贸易公约》（CITES）附录Ⅰ。

主要参考文献

高耀亭，等. 1987. 中国动物志·兽纲（第八卷）·食肉目. 北京：科学出版社.

高中信. 1995. 小兴安岭野生动物. 哈尔滨：黑龙江科学技术出版社.

马逸清，等. 1986. 黑龙江省兽类志. 哈尔滨：黑龙江科学技术出版社.

汪松. 1998. 中国濒危动物红皮书·兽类. 北京：科学出版社.

赵正阶. 1999. 中国东北地区珍稀濒危动物志. 北京：中国林业出版社.

（执笔人：刘志涛）

水獭 *Lutra lutra* (Linnaeus)　　摄影：马雪峰

4.117 猞猁 *Lynx lynx* Linnaeus

地方名 林曳、猞猁狲
英文名 Lynx
俄文名 Рысь
分类地位 哺乳纲、食肉目、猫科、猞猁属
识别特征 外形似猫，但显著大。体长850～1300mm，尾长120～240mm，肩高500～750mm，体重18～32kg。耳尖端具有耸立的深色簇毛。四肢粗长。尾甚短，俗称半截尾，常短于后足长，尾端一段黑色。两颊具下垂的长毛。上颌前臼齿两对。颌下、颈毛和腹毛均显著长于背毛。背毛灰棕色，针毛毛尖青白色。体背面及四肢上部具有棕色或褐色斑点。斑点颜色或深或浅。头部与体色一致，上下唇边灰白色。瞳为黄褐色或赭褐色。眼周有白色圈，耳背面和边缘黑色，颊部的长毛色浅，具模糊黑纹。腹面和四肢内侧白色，腹毛很长，有少量灰棕色斑。短尾粗而圆，末端1/3段为黑色。夏毛短而稀，呈锈棕色。齿式为：3·1·2·1/3·1·2·1 = 28。

生态习性 猞猁为喜寒动物，栖息于山地森林中。营单独生活，母兽和幼崽在一起。巢穴多筑在避风、防雨的处所，如岩石缝隙、树洞等。四肢强健，行动敏捷，善于奔走。视觉和听觉都很发达，耳端笔毛有协助准确寻觅声源的作用。善于爬树，很喜欢走倒木上面，也善于游泳，能渡过宽阔的河流。多夜间活动，但晨昏较频，白天睡觉。但在严寒的冬季，白天也出来觅食。猞猁捕食各种动物，从鹿、鸟、兔类、大型鼠到两栖类、爬行类、鱼和大型昆虫，冬季主要捕食雪兔和在雪窝宿夜的榛鸡。发情交配多发生在2～3月。怀孕期67～74天，5～6月产崽，每胎产崽2或3只，亦有4只者。哺乳期5个月，但1个月后即可食肉。寿命12～15年。

分布 嫩江、爱辉、北安、逊克、孙吴、五大连池。

濒危状况及致危原因 濒危等级为易危（VU）级。猞猁种群密度下降十分严重，大部分林区处于濒危状态或已灭绝。人类活动频繁，导致森林面积破碎化和缩小，城市化的逐渐加剧致使它们的栖息地越来越少，猎物也不如过去丰富。栖息地和人类居住区的重叠导致它们有时不得不对人类饲养的牲畜下手，于是它们也常成为牧场主人的猎物。

保护及利用 猞猁皮软、绒厚、毛长，御寒性强且耐穿，是名贵的裘皮原料。鉴于猞猁在自然界的种群数量日益减少，猞猁已被列为国家Ⅱ级重点保护野生动物和IUCN濒危动植物种红皮书易危种类，被列入《濒危野生动植物种国际贸易公约》（CITES）附录Ⅱ。

主要参考文献

高耀庭，等. 1987. 中国动物志·兽纲（第八卷）·食肉目. 北京：科学出版社.

高中信. 1995. 小兴安岭野生动物. 哈尔滨：黑龙江科学技术出版社.

马逸清，等. 1986. 黑龙江省兽类志. 哈尔滨：黑龙江科学技术出版社.

汪松. 1998. 中国濒危动物红皮书·兽类. 北京：科学出版社.

赵正阶. 1999. 中国东北地区珍稀濒危动物志. 北京：中国林业出版社.

（执笔人：刘志涛）

猞猁 *Lynx lynx* Linnaeus　　摄影：李显达

4.118 豹猫 *Prionailurus bengalensis* Kerr

地方名　山狸子
英文名　Leopard cat，Tiger cat
俄文名　Оцелот
分类地位　哺乳纲、食肉目、猫科、豹猫属

识别特征　豹猫为猫类中的小型种，尾长约为身体之半，体长400～750mm，尾长220～400mm，体重2～3kg。体型大小与家猫相似，但两眼内侧向额顶部有2条白色纵纹，背部有不规则淡褐色斑点隐约成行，耳背面有淡黄色斑，可以区别。尾比较粗。头部较圆，吻短，身体细长。全身棕灰色或黄灰色，有褐色、红棕色或棕黑色的斑点。自头顶到肩部有4～5条褐色或棕黑色纵纹，中间的2条沿背脊断续地延伸至尾基部。尾上面具同色斑点或半环，尾尖端棕色或黑色。瞳黄褐色或淡绿黄色。眼眶黑褐色，眼下横过颊部有2条斜黑纹。上唇白色。须白色。腹面及四肢内侧白色，暗色斑型大而稀少，喉胸部似连成数条横纹。齿式为：3·1·3·1/3·1·2·1＝30。

生态习性　豹猫栖息于山地林区，亦多见于郊野灌丛和林区居民点附近。常居于近水地方，而远离干燥区域。多在夜间和晨昏活动，但在僻静的地方，白天也出来活动。豹猫善于爬树，在树枝上攀爬灵活。单独栖息，在繁殖期间则雌雄同居，筑巢于树洞、河岸灌丛、岩石缝隙或石块下面。豹猫游水本领较强。豹猫的食物包括鼠类、鸟类、兔类、松鼠、蛙类、蛇类、蜥蜴、鱼和昆虫，甚至蝙蝠和浆果及部分嫩叶、嫩草等。3月间发情，妊娠期63～70天，于5月间产仔，每胎产仔2或3只，偶有1或4只。初生仔猫体重75～95g，体长170～195mm，尾长60～65mm。幼兽18月龄性成熟。饲养条件下寿命可达13年。

分布　嫩江、爱辉、逊克、孙吴、五大连池。

濒危状况及致危原因　濒危等级为易危（VU）级。豹猫致危因素主要是长期以来作为毛皮兽而被大量捕杀和贸易，经济林木（人工纯林）和作物的大面积垦殖，使豹猫栖息地被破坏导致恶化。部分农区灭鼠后引起第2次中毒而造成豹猫死亡。

保护及利用　豹猫皮商品名为狸子皮，常用以制裘和装饰皮。豹猫北方亚种毛被厚而轻，御寒性能好，价值很高，数量稀少。已被列入黑龙江省级重点保护野生动物名录和《中国濒危动物红皮书》易危（VU）种，被列入《濒危野生动植物种国际贸易公约》（CITES）附录Ⅱ和IUCN濒危动植物种红皮书易危种类。

主要参考文献

高耀庭，等．1987．中国动物志·兽纲（第八卷）·食肉目．北京：科学出版社．

高中信．1995．小兴安岭野生动物．哈尔滨：黑龙江科学技术出版社．

马逸清，等．1986．黑龙江省兽类志．哈尔滨：黑龙江科学技术出版社．

汪松．1998．中国濒危动物红皮书·兽类．北京：科学出版社．

赵正阶．1999．中国东北地区珍稀濒危动物志．北京：中国林业出版社．

（执笔人：刘志涛）

豹猫 *Prionailurus bengalensis* Kerr　　摄影：李显达

4.119 雪兔　　*Lepus timidus* Linnaeus

地方名　白兔、变色兔
英文名　Moutain hare
俄文名　Заяц - беляк
分类地位　哺乳纲、兔形目、兔科、兔属

识别特征　体型较其他种兔略大，体长420～620mm，体重约2kg。冬毛除耳尖黑色外，通体白色。夏毛为淡栗褐色并杂有黑色毛尖针毛，头顶及耳背部杂有大量的黑褐色短毛，耳尖呈黑褐色，喉部、胸部及前后肢的外侧为淡黄褐色，颏、腹部及四肢内侧为纯白色，前肢脚掌的毛呈浅栗色，尾的背面有褐色斑纹。耳狭长，前折可达鼻端，但较后足短。尾极短，50～65mm，其长不及后足之半，后足长，多超过140mm。乳头4对。齿式为：2·0·3·3/1·0·2·3＝28。

生态习性　雪兔主要栖息于寒温带针阔混交林或亚寒带针叶林中，多活动于林缘及疏林地带，也常出入于河岸灌丛地区。雪兔性狡猾而机警，听觉和嗅觉发达。善于奔跑、跳跃和爬山，也适于在雪地上行走。常成对生活在一起。活动范围较为固定。白天隐藏在灌丛、凹地和倒木下的简单洞穴中，内垫枯枝落叶和自己脱落的毛，清晨、黄昏及夜里出来活动。雪兔是典型的食草动物，以青草为主，也取食灌木等植物的嫩枝、嫩叶，冬季还啃食树皮和嫩枝。通常每年繁殖2～3次。求偶交配期在2～4月，妊娠期50天。5～6月产仔，每胎产仔通常4～6只，多时可至10只。9～11月龄就能达到性成熟。寿命10～13年。雪兔的主要天敌有猞猁、狼、狐和猫头鹰等。

分布　嫩江、爱辉、逊克、孙吴。

濒危状况及致危原因　濒危等级为易危（VU）级。种群数量已明显下降。林区开发后人口增多，人为猎捕压力较大，捕兔活套曾遍山皆是，猎捕雪兔主要以食肉为目的。

保护及利用　雪兔经济价值较高，肉味鲜美，蛋

雪兔 *Lepus timidus* Linnaeus

摄影：郭玉民、周海翔

白质含量高，是美味佳品。毛绒美观丰厚，可制裘、袖口、衣领、帽子等。雪兔已被列为国家Ⅱ级重点保护野生动物，为IUCN濒危动植物种红皮书易危种类。

主要参考文献

高中信. 1995. 小兴安岭野生动物. 哈尔滨：黑龙江科学技术出版社.

罗泽珣. 1988. 中国野兔. 北京：中国林业出版社.

马逸清，等. 1986. 黑龙江省兽类志. 哈尔滨：黑龙江科学技术出版社.

汪松. 1998. 中国濒危动物红皮书·兽类. 北京：科学出版社.

赵正阶. 1999. 中国东北地区珍稀濒危动物志. 北京：中国林业出版社.

（执笔人：刘志涛）

4.120 原麝 *Moschus moschiferus* Linnaeus

地方名 香獐子
英文名 Musk deer, Siberian Musk-deer
俄文名 Кабарга
分类地位 哺乳纲、偶蹄目、麝科、麝属
识别特征 小型偶蹄类，体长650～950mm，肩高500～600mm，体重8～13kg。雌雄头上均无角。成年雄兽上犬齿特别发达，尖长而弯曲，露出唇外，成獠牙状。通常雄兽比雌兽大。头小，眼大，吻端裸露。耳长而直立，上部为圆形。后肢比前肢长1/4～1/3，故臀部比肩部高，身体后部粗壮。四肢细长，主蹄狭长，侧蹄显著，能接触地面。尾甚短，30～50mm，被毛覆盖。雄性后腹部有麝腺，腺呈囊状，前面开口为香包口，后面为尿道口。体毛主要为深棕色，毛色均匀。背部、腹部及臀部隐有4～6纵行肉桂色斑点，腰臀两侧斑点比较明显，且密集而不分行。嘴、面颊棕灰色，额部毛色较深，耳背和耳尖棕灰色，耳壳内白色，下颌白色。颈部两侧至腋部有2条明显的白色或浅棕色纵纹，成为与背部的明显界限。四肢外侧深棕色，尾浅棕色。齿式为：$0·1·3·3/3·1·3·3 = 34$。

生态习性 原麝喜栖息于山地多岩石的针叶林和针阔混交林中。营独居生活，而雌麝常与幼麝在一起，晨昏活动较为频繁，白天多隐匿或休

原麝 *Moschus moschiferus* Linnaeus

摄影：郭玉民

息，不易见到。活动范围较为固定，有相对固定的活动和觅食路线，能踏出明显的小道。夏季躲在石砬子、河谷附近的陡峭山崖活动，冬季喜在背风、向阳的地方栖息。雄麝卧栖处，常留有浓郁的麝香味。原麝性孤独、胆怯而机警，视觉与听觉灵敏，行动敏捷，有攀登斜树的习性，善于跳跃，能平地跃起2m多高。草食性，食性较广，以地衣、石蕊、寄生槲、苔藓为常年食物。食物缺乏时，啃食红松、冷杉、落叶松的嫩枝叶甚至禾本科植物或树皮等。求偶和交配从8月开始到翌年1月末。怀孕5~6个月。每胎产仔1或2只，多为2只。产仔期多在5~6月。雌性2龄性成熟，雄性较晚，性成熟一般要满3龄以后。寿命12~15年。麝的天敌很多，狼、熊、猞猁、豹和貂熊都是它的天敌，狐、金雕和秃鹫对其幼崽也有危害。

分布 爱辉、逊克。

濒危状况及致危原因 濒危等级为濒危（EN）级。由于森林砍伐，林区人口大量增加，特别是麝香巨大的医疗价值和香料工业的巨大需求，刺激价格猛涨，从而促使人们大肆捕猎，使种群数量受到毁灭性破坏。近20年来，种群数量下降了80%。

保护及利用 原麝所分泌的麝香是一种名贵的中药材和高级香料，具有十分高的经济价值。麝肉细嫩鲜美。原麝已被列为国家Ⅱ级重点保护野生动物、《中国濒危动物红皮书》渐危等级。已被列入《濒危野生动植物种国际贸易公约》（CITES）附录Ⅱ和IUCN濒危动植物种红皮书濒危种类。

主要参考文献

高中信．1995．小兴安岭野生动物．哈尔滨：黑龙江科学技术出版社．

马逸清，等．1986．黑龙江省兽类志．哈尔滨：黑龙江科学技术出版社．

汪松．1998．中国濒危动物红皮书·兽类．北京：科学出版社．

吴家炎，王伟，等．2006．中国麝类．北京：中国林业出版社．

赵正阶．1999．中国东北地区珍稀濒危动物志．北京：中国林业出版社．

（执笔人：刘志涛）

4.121 马鹿 *Cervus elaphus* Linnaeus

地方名 八叉鹿、红鹿、赤鹿

英文名 Red Deer, Elk, Bactrian Red Deer, Waptiti

俄文名 Олень

分类地位 哺乳纲、偶蹄目、鹿科、鹿属

识别特征 大型鹿类，较驼鹿稍小。身长2000mm余，肩高1000mm多。体重200kg，最大可达250kg。雄鹿有角，眉叉从角基部伸出，第2枝紧靠眉叉之上，体棕黑色至棕黄色，体侧无花斑，臀部有大而明显的浅赭黄色臀斑。体粗壮，颈较长，四肢细长，蹄大，呈卵圆形，侧蹄细长，能着地。鼻端裸露，鼻孔较大，鼻孔间及后缘亦不被毛。眶下腺大。耳长190~280mm，耳端尖，伸向前方。尾短，长约120mm。冬毛厚密而富有绒毛，毛色亦较深，呈灰棕色。夏季较短而无绒毛，毛色多呈红褐色。初生小鹿体侧各有4~5条白色斑纹，在第一次脱毛时消失。齿式为：0·0-1·3·3/3·1·3·3 = 32-34。

生态习性 马鹿属于北方森林草原型动物，主要栖息于海拔不高、范围较大的针阔混交林、针叶林、林间草地或溪谷沿岸林地。马鹿随着季节和地理条件的不同而经常变换生活环境，夏季多在高山阴坡或林中背坡河谷附近活动。冬季马鹿喜在林中阳坡活动。马鹿晨昏前后活动频繁，但在夜间、白天也活动，特别在冬季。马鹿性喜结群，尤其是冬季，经常成3~5头的小群活动，多者达20~30头在一起。性机警，奔跑迅速，善于游泳。听觉和嗅觉灵敏。马鹿以植物性食物为食，其食物随季节和地区有很大的变化。在9~10月间发情交配。妊娠期8个月左右，于翌年5~6月产仔。通常每窝产1仔，偶产2仔。

哺乳期3个月，雌鹿一般在2龄时性成熟，雄鹿一般在3龄时性成熟。寿命16～18年。马鹿的天敌有熊、豹、狼、猞猁和貂熊等。

分布 爱辉、北安、逊克、孙吴。

濒危状况及致危原因 濒危等级为易危（VU）级。由于过量猎捕和栖息地的丧失，同时，随着人为干扰的增加，致使马鹿的种群数量明显下降。

保护及利用 马鹿是我国重要珍贵经济动物，其鹿茸产量很高，是名贵中药材，鹿胎、鹿鞭、鹿尾和鹿筋也是名贵的滋补品。马鹿是森林生态系中食物链的重要组成部分，对于自然界的物质流、能量流的平衡与协调起重要作用。马鹿已被列为国家Ⅱ级重点保护野生动物和IUCN濒危动植物种红皮书易危种类。

主要参考文献

陈化鹏，等．1997．黑龙江省马鹿．哈尔滨：东北林业大学出版社．

高中信．1995．小兴安岭野生动物．哈尔滨：黑龙江科学技术出版社．

马逸清，等．1986．黑龙江省兽类志．哈尔滨：黑龙江科学技术出版社．

汪松．1998．中国濒危动物红皮书·兽类．北京：科学出版社．

赵正阶．1999．中国东北地区珍稀濒危动物志．北京：中国林业出版社．

（执笔人：刘志涛）

马鹿 *Cervus elaphus* Linnaeus

摄影：郭玉民

4.122 驼鹿 *Alces alces* Linnaeus

地方名 犴、罕达犴

英文名 Moose（北美洲），ELK（欧洲）

俄文名 Лось

分类地位 哺乳纲、偶蹄目、鹿科、驼鹿属

识别特征 驼鹿是现代生存的最大的鹿，体长可达2000～2800mm，肩高1500～1800mm，体重450～500kg。头大眼小，唇鼻部宽阔隆起，上唇长而肥大，长约410mm，约为下唇的2倍，近似方形。额骨中央深凹。颈短而腿长，肩部凸起，臀部低平，一般比肩低20～100mm。鬃毛长而尾毛短。仅雄兽具角，多呈掌状或枝状。雌兽和雄兽喉下皆有颔囊。鬃毛浓重。尾很短，70～100mm。夏毛通体黑褐色，上体暗黑色，下体及腿下色较淡。冬季体毛趋淡，毛被棕色，背上有深棕色的鬃毛。吻端黑褐色，鼠蹊部污白色或灰色，四肢下部污白色，近蹄处黑褐色。幼体毛赤褐色，无斑点而与其他鹿类幼体相区别。齿式为：$0·0·3·3/3·1·3·3=32$。

生态习性 驼鹿是典型的亚寒带针叶林动物，主要栖息于原始针叶林和针阔混交林中，多在林中平坦低洼地带、林中沼泽地活动，从不远离森林，但也随着季节的变化而有所变化。严冬时常集成小群在有地下水露出的地方活动。雄鹿通常单独生活，雌鹿和小鹿集群而居。多在晨昏活动，但冬季整个白天几乎都在活动，中午和夜间反刍和卧息。驼鹿喜水，一生从不远离水源。驼鹿以植物为食，包括草、树叶、嫩枝，以及睡莲、浮萍等水生植物。每年8月下旬至10月发情交配，妊娠期242～250天。一般翌年5月末至7月初产崽，每胎产崽1或2只，初生幼崽体长700～820mm，体重10～12kg。哺乳期3～4个月。1龄以后能独立生活，3～4龄时达到性成熟。寿命为15～30年。驼鹿的天敌是棕熊。

分布 爱辉、嫩江、逊克、孙吴。

濒危状况及致危原因 濒危等级为易危（VU）级。由于人口的增长和过度的猎捕，加之适栖生境的丧失已使驼鹿的种群数量明显趋少。

保护及利用 驼鹿是经济价值较高的动物，驼鹿肉可食用，皮可制革，用作为皮衣、皮靴的原料。其筋、鞭、胎、茸均可入药。驼鹿的个体高大，耐寒性很强，为动物园受欢迎的观赏动物。已被列为国家Ⅱ级重点保护野生动物和IUCN濒危动植物种红皮书易危种类。

主要参考文献

高中信. 1995. 小兴安岭野生动物. 哈尔滨：黑龙江科学技术出版社.

刘丙万，贾竞波. 2011. 黑龙江省珍稀动物保护与利用研究丛书——驼鹿. 哈尔滨：东北林业大学出版社.

马逸清，等. 1986. 黑龙江省兽类志. 哈尔滨：黑龙江科学技术出版社.

汪松. 1998. 中国濒危动物红皮书·兽类. 北京：科学出版社.

赵正阶. 1999. 中国东北地区珍稀濒危动物志. 北京：中国林业出版社.

（执笔人：刘志涛）

驼鹿 *Alces alces* Linnaeus 摄影：郭玉民

第 5 章

珍稀濒危野生植物

裸子植物

5.1 红松 *Pinus koraiensis* Sieb. et Zucc.

地方名 果松、朝鲜松

英文名 Korea Pine，Corean Pine

俄文名 Корéйский кедр, Сосна́ корéйская

分类地位 裸子植物门、松柏纲、松杉目、松科、松属

识别特征 常绿针叶乔木，高可达50m，胸径可达1m。针叶，5针一束，长6~12cm，深绿色，横切面近三角形，叶鞘早落。球果（松塔）大型，卵圆形，长9~14cm，径6~8cm，成熟后种鳞不张开，或稍微张开而露出种子，种子不脱落；种鳞先端钝，向外反曲；种子大，无翅，暗紫褐色或褐色，倒卵状三角形，长12~16mm，直径7~10mm。花期6月，球果第2年9~10月成熟。

生态及群落特征 红松主产于长白山区、张广才岭、老爷岭、完达山及小兴安岭爱辉以南地区。常生在排水良好、湿润山坡上，土层深厚肥沃处生长旺盛，甚少见于排水不良的谷地。较耐寒，最北可分布到北纬52°（俄罗斯境内）；在黑龙江省除在山脊有小面积纯林外，大多与针、阔叶树种混交成林，即地带性植被——红松针阔混交林，在不同的立地条件下组成不同的林型。

分布 爱辉、孙吴、逊克、北安。

濒危状况及致危原因 我国红松总量占世界60%以上，现今沦为濒危保护物种，既有人为因素，也有物种本身原因。过度利用是红松濒危的主因，人们不仅大规模采伐木材，还掠夺式采收种子。生长缓慢、种群更新周期长、人工林成林率低等是红松蓄积量难以恢复的内因。黑河地区是国内红松分布的北界，种群数量小，虽然不是林业生产的主导树种，但在植被构成和森林生态方面仍具有重要作用。

保护及利用 红松被列入《国家重点保护野生植物名录》，为国家Ⅱ级保护植物。红松木材轻软，纹理直，结构细，耐腐力强，易加工，木材用途广，需求量大。木材及树根可提松节油。树皮含单宁，可提栲胶。枝、叶、种子可入药，具有祛风除湿、舒筋通络的功能。红松种子也是黑龙江省著名干果类食品之一，种仁含油率70.1%，种子油是高级食用油。红松树形优美，常绿，可做行道树、风景树。

主要参考文献

国家林业局. 2006. 关于加强红松资源保护与野生红松籽采集利用管理的通知. 国家林业局公报.

黑龙江中医药大学，黑龙江省黑河市林业局. 2013. 黑河野生药用植物. 哈尔滨：东北林业大学出版社.

聂绍荃，袁晓颖，杨逢建. 2003. 黑龙江植物资源志. 哈尔滨：东北林业大学出版社.

聂向华. 2006. 红松的综合利用与资源增殖. 科技信息，(1)：22.

周以良，董世林，聂绍荃.1986. 黑龙江树木志. 哈尔滨：黑龙江科学技术出版社.

（执笔人：王臣）

红松 *Pinus koraiensis* Sieb. et Zucc.　　摄影：王臣

双子叶植物

5.2 五味子 *Schisandra chinensis* (Turcz.) Baill.

地方名 山花椒、北五味子
英文名 China Magnoliavine
俄文名 Лимонник китайский
分类地位 双子叶植物纲、毛茛目、木兰科、五味子属

识别特征 落叶木质藤本；幼枝红褐色，老枝灰褐色。叶互生，宽椭圆形、卵形、倒卵形，长5~14cm，宽3~9cm，叶柄长1~4cm。花单性；花被片粉白色或粉红色，6~9片，长圆形或椭圆状长圆形，长6~11mm，宽2~5.5mm；雄花具5或6枚雄蕊；雌花具17~40枚雌蕊，子房卵圆形或卵状椭圆形，柱头鸡冠状。果期花托伸长，聚合果呈穗状，长1.5~8.5cm；小浆果红色，近球形，径6~8mm，果皮具不明显腺点；种子1或2粒，肾形，长4~5mm，宽2.5~3mm。花期5~7月，果期7~10月。

生态及群落特征 生于海拔1200~1700m的沟谷、溪旁、山坡。稍耐阴，喜湿润环境，耐寒，以湿润肥沃、排水良好的土壤为最适。常生于次生阔叶林或针阔混交林中林间空地、采伐迹地，缠绕在乔木或大灌木的树干上，在庇荫过大或完全裸露的南坡则不见生长。

分布 黑河全市均有分布。

濒危状况及致危原因 五味子果实入药，习称"北五味子"或"辽五味"，质量上乘，疗效显著，市场需求量大，经济价值高。五味子在黑河境内林区多有分布，但野生资源呈量减、质降趋势，过度采收和不合理采收（未熟即收、割树采果）是其濒危的主因，另外，林业生产、开荒、放牧等导致生境恶化，致其生长不良。

保护及利用 近年来，野生五味子资源骤减，已被列入《国家重点保护野生植物名录》和《国家重点保护野生药材物种名录》，为国家Ⅱ级保护植物，又是《黑龙江重点保护野生中药材》物种之一。五味子果实含有五味子素及维生素C、树脂、鞣质及少量糖类。主治神经衰弱、心肌乏力、全身无力、疲劳过度、体力和脑力劳动减低等症，有敛肺止咳、滋补涩精、止泻、止汗之效；茎皮及果有强烈香气，可作调味剂；果酸、多汁，可酿果酒；秋季红色果实累累，可供庭园观赏。叶、果实可提取芳香油。

主要参考文献

李春艳. 2014. 五味子栽培技术. 辽宁农业科学，（1）：91-92.

李先宽，王冰，关艳超，等. 2014. 东北地区五味子栽培品种的质量分析. 中成药，36（11）：2359-2363.

聂绍荃，袁晓颖，杨逢建. 2003. 黑龙江植物资源志. 哈尔滨：东北林业大学出版社.

王永明，金春燮，藏爱民. 2002. 野生北五味子保护抚育与栽植相结合的生产技术标准操作规程（上）. 中药研究与信息，（6）：18-20.

周以良，董世林，聂绍荃. 1986. 黑龙江树木志. 哈尔滨：黑龙江科学技术出版社.

（执笔人：王臣）

五味子 *Schisandra chinensis* (Turcz.) Baill.　　摄影：王臣

5.3 萍蓬草　*Nuphar pumilum* (Hoffm.) DC.

地方名　黄金莲、水栗子

英文名　Dwarf Cowlily, Yellow Water Lily

俄文名　Кубышка малая

分类地位　双子叶植物纲、毛茛目、睡莲科、萍蓬草属

识别特征　多年生水生草本；根状茎肉质，直径2～3cm。叶漂浮水面，宽卵形或卵形，长6～17cm，宽6～12cm，先端圆钝，基部心形，裂片远离，圆钝，上面光亮，无毛，下面密生柔毛，侧脉羽状；叶柄长20～50cm。花直径3～4cm；花梗长40～50cm，有柔毛；萼片黄色，背面中央绿色，矩圆形或椭圆形，长1～2cm；花瓣窄楔形，长5～7mm，先端微凹；柱头盘常10浅裂，淡黄色或带红色。浆果卵形，长约3cm；种子矩圆形，长5mm，褐色。花期7～8月，果期8～9月。

生态及群落特征　萍蓬草为浮水植物，植株健壮，喜阳光，喜生于清水、池沼或流动的浅水中，适宜生在水深30～60cm处。

分布　黑河各地均有分布。

濒危状况及致危原因　黑河地域内萍蓬草只在少数水体中可见，且种群数量不大，属稀见种类，原因在于萍蓬草在北方水体中萌动晚，花期拖后，不易大量形成种子，种群扩增缓慢，加之近年来对湿地过度开发，严重破坏了萍蓬草的生长环境，自然分布日趋减少，乃至濒危。

保护及利用　萍蓬草被列入《国家重点保护野生植物名录》，为国家Ⅱ级保护植物。根茎供药用，气味甘、寒，有止血、退虚热、止咳、祛瘀调经的效能。种子及根茎亦可食用。萍蓬草叶片浮水，较大，叶形圆润光亮，园林上可用来绿化水面，也可盆栽观赏。近年研究发现，萍蓬草耐污染能力强，根具有净化水体的功能，适宜在淤泥深厚肥沃的环境中生长。因此，在湖泊环境生态恢复工程中，可作为先锋植物品种进行配置和应用。可用种子及根状茎繁殖。

主要参考文献

李肖依, 赵娜, 王宇. 2008. 萍蓬草的组织培养及快速繁殖的研究. 科技信息, 29: 381-382.

辽宁省林业土壤研究所. 1975. 东北草本植物志（第三卷）. 北京: 科学出版社.

聂绍荃, 袁晓颖, 杨逢建. 2003. 黑龙江植物资源志. 哈尔滨: 东北林业大学出版社.

王斌. 2012. 水生植物萍蓬草. 园林, (4): 70-71.

（执笔人：王臣）

萍蓬草 *Nuphar pumilum* (Hoffm.) DC.

摄影：王臣

5.4 胡桃楸 *Juglans mandshurica* Maxim.

地方名 核桃楸、山核桃
英文名 Manchurian Walnut，Walnut Chinese Catalpa
俄文名 Орех маньчжурский
分类地位 双子叶植物纲、胡桃目、胡桃科、胡桃属

识别特征 落叶乔木，高达20m；树皮灰色，具浅纵裂；幼枝被有短茸毛。奇数羽状复叶，互生；小叶9~17枚，侧生小叶对生，无柄，椭圆形至长椭圆形或卵状椭圆形至长椭圆状披针形，边缘具细锯齿，深绿色，背面色淡。花单性，雌雄同株，雄花构成葇荑花序，长9~20cm。雄花

胡桃楸 *Juglans mandshurica* Maxim.

摄影：王臣、周繇

具短柄；花被片3，绿色，鳞片状，长约2mm，宽约1.5mm；雄蕊10~14枚。雌花4~10枚，形成穗状花序，生于枝顶。雌花被片鳞片状，披针形或线状披针形，柱头2裂，鲜红色。果实卵形或椭圆形，密被腺毛，长3.5~7.5cm，径3~5cm；外果皮肉质，具油腺；果核长2.5~5cm，壁厚坚硬，表面具不规则皱曲及凹穴，顶端具尖头；果核壁内空隙不规则，由隔膜分成不完全2室。花期5月，果期8~9月。

生态及群落特征 多生于土质肥厚、湿润、排水良好的沟谷两旁或山坡的阔叶林中。

分布 黑河各地均有分布，南部相对常见。

濒危状况及致危原因 由于开发历史较早，胡桃楸原生林已经很少见，种群数量急剧下降，黑河地区为国内胡桃楸分布的北界，植株零星分散，很少有较大规模的纯林。濒危的原因是生长缓慢，成材周期漫长，人类长期大规模采伐木材、采集果实及开荒种地导致适生生境消失。

保护及利用 胡桃楸经济价值高，为东北"三大珍贵硬阔"之一，生长周期长，资源已经十分匮乏，被列入《中国珍稀濒危保护植物名录》，为Ⅲ级重点保护植物、渐危种。胡桃楸木材质地细韧，色泽淡雅，纹理致密，不易变形，用途广，是优良的军工国防器械、家具用材。种仁营养丰富，脂肪含量60%~75%，为高级食用油；种壳可作活性炭和工艺品。树皮、果皮及叶可药用，具有清热、解毒、抗癌等作用；树皮、叶及外果皮含鞣质，可提取栲胶。胡桃楸也是极具观赏价值的乡土树种，枝干粗壮，颇具阳刚之气，叶大而美，单植赏叶，丛植赏荫。

主要参考文献

周以良，董世林，聂绍荃.1986.黑龙江树木志.哈尔滨：黑龙江科学技术出版社.

朱红波，赵云，林士杰，等．2011．核桃楸资源研究进展．中国农学通报，27（25）：1-4.

（执笔人：王臣）

5.5 紫椴 *Tilia amurensis* Rupr.

地方名 籽椴

英文名 Amur Linden

俄文名 Ли́па аму́рская

分类地位 双子叶植物纲、锦葵目、椴树科、椴树属

识别特征 落叶乔木，高可达25m，直径达1m，树皮暗灰色。单叶互生，叶阔卵形或卵圆形，长4.5~6cm，宽4~5.5cm，先端急尖或渐尖，基部心形，有时斜截形，上面无毛，下面浅绿色，脉腋内有棕色毛丛，边缘有锯齿；叶柄长2~3.5cm，无毛。聚伞花序，花3~20朵；花柄长7~10mm；苞片狭带形，两面均无毛，下半部或下部1/3与花序柄合生；萼片阔披针形，长5~6mm，外面有星状柔毛；花瓣长6~7mm；雄蕊约20枚，长5~6mm；子房有毛，花柱长5mm。果实卵圆形，长5~8mm，被星状茸毛。花期6~7月，果期8~9月。

生态及群落特征 紫椴自然分布区与红松相似，主要产于小兴安岭、完达山和张广才岭，常单株散生于红松针阔混交林内。紫椴喜光，喜温凉、湿润气候，为深根型树种，对土壤要求比较严格，多生长在山的中、下腹，土壤为砂质壤土或壤土，尤其在土层深厚、排水良好的沙壤土上生长最好，不耐水湿和沼泽地。垂直分布常在海拔800m以下。

分布 爱辉、孙吴、逊克、嫩江、北安、五大连池。

濒危状况及致危原因 大兴安岭及黑河地区是紫椴分布的北界，数量不多，常生长不良。濒危的主要原因是人为采伐和自身生长更新缓慢。

保护及利用 紫椴经济价值很高，野生资源骤减，被列入《国家重点保护野生植物名录》，属国家Ⅱ级保护植物。紫椴木材轻软，纹理通直，有绢丝光泽，富有弹性，不翘裂，容易加工，胶

结、油漆、着色性能好，木材无特殊气味，因而用途广泛。木材需求量巨大是导致紫椴资源枯竭、濒危的主要原因。另外，紫椴花可入药，用于治疗感冒、肾盂肾炎、口腔炎及喉炎等。紫椴为重要的蜜源植物，椴树蜜白色，有芳香气味，蜜质优良。紫椴树冠大而优美，还是较好的行道树和庭园绿化树种。

主要参考文献

黑龙江中医药大学，黑龙江省黑河市林业局. 2013. 黑河野生药用植物. 哈尔滨：东北林业大学出版社.

聂绍荃，袁晓颖，杨逢建. 2003. 黑龙江植物资源志. 哈尔滨：东北林业大学出版社.

祁永会，郭树平. 2009. 紫椴良种选育及栽培技术的研究. 国家林业局、广西壮族自治区人民政府、第二届中国林业学术大会——S4人工林培育理论与技术论文集：162-167.

徐风武，车玉粉，王淑荣. 2011. 紫椴栽培繁育技术及发展措施. 黑龙江科技信息，(07)：216.

周以良，董世林，聂绍荃. 1986. 黑龙江树木志. 哈尔滨：黑龙江科学技术出版社.

（执笔人：王臣）

紫椴 *Tilia amurensis* Rupr.　　　　　　　　　　摄影：王臣

5.6 钻天柳　　Chosenia arbutifolia (Pall.) A. Skv.

地方名　顺河柳、红毛柳
英文名　Awlleaf Chosenia
俄文名　Чозения; Чозения толокнянколистная.
分类地位　双子叶植物纲、杨柳目、杨柳科、钻天柳属

识别特征　落叶乔木，高可达20～30m，胸径达0.5～1m。树冠圆柱形；树皮褐灰色。小枝无毛，黄色带红色或紫红色，有白粉。芽扁卵形，长2～5mm，有光泽，有1枚鳞片。叶长圆状披针形至披针形，长5～8cm，宽1.5～2.3cm，先端渐尖，基部楔形，两面无毛，上面灰绿色，下面苍白色，常有白粉，边缘稍有锯齿或近全缘；叶柄长5～7mm；无托叶。花序先叶开放；雄花序开放时下垂，长1～3cm，雄蕊5，短于苞片，着生于苞片基部，花药黄色；苞片倒卵形，不脱落，外面无毛，边缘有长缘毛，无腺体；雌花序直立或斜展，长1～2.5cm；子房近卵状长圆形，有短柄，无毛，花柱2，明显，每花柱具有2裂的柱头；苞片倒卵状椭圆形，外面无毛，边缘有长毛，脱落。花期5月，果期6月。

生态及群落特征　生于排水良好的砂砾碎石土上，性喜阳光，在大兴安岭为河流两岸主要护岸树种。
分布　黑河境内山间溪流两侧常有分布。
濒危状况及致危原因　钻天柳分布区狭窄，主要分布在大兴安岭，黑河地区较少。其木材质软，无味，大径木是优质菜墩用材，优质野生木材极度匮乏，亟待保护。
保护及利用　钻天柳属为单种属，对杨柳科的分类学研究有重要意义。材质优良，分布局限，资源稀少，被列入《国家重点保护野生植物名录》，属国家Ⅱ级保护植物。被列入《中国珍稀濒危植物名录》，属Ⅲ级重点保护、稀有物种。目前已经可以进行人工栽培。

主要参考文献

张国夫，李遵华，刘跃辉，等. 2000. 钻天柳育苗及栽培技术的研究. 吉林林业科技，29（2）：24-27.

周以良，董世林，聂绍荃. 1986. 黑龙江树木志. 哈尔滨：黑龙江科学技术出版社.

（执笔人：王臣）

钻天柳 *Chosenia arbutifolia* (Pall.) A. Skv.

摄影：周繇

5.7 兴安杜鹃 *Rhododendron dauricum* L.

地方名 达子香、映山红、满山红

英文名 Dahurian Rhododendron，Xing'an Azalea

俄文名 Рододендрон даурский

分类地位 双子叶植物纲、杜鹃花目、杜鹃花科、杜鹃花属

识别特征 灌木，高 0.5~2m，分枝多。树皮淡灰色或暗灰色；小枝细而弯曲，暗灰色，萌枝或长枝稍粗，稍长，幼枝褐色，被毛和腺鳞；单叶互生，薄革质，椭圆形或长圆形，长 1~5cm，宽 1~1.5cm，上面深绿色，散生鳞片，下面淡绿色，密被鳞片；叶柄长 2~6mm。花序腋生枝顶或假顶生，1~4 花，先叶开放；花梗长 2~8mm；萼片小，长不及 1mm，5 裂，有毛；花冠宽漏斗状，长 1.3~2.3cm，粉红色或紫红色，径通常 2.5cm；雄蕊 10，超出花冠，花药紫红色，花丝下部有柔毛；子房 5 室，密被鳞片，花柱紫红色，光滑，长于花冠。蒴果长圆形，长 1~1.5cm，径约 5mm，先端 5 瓣开裂。花期 4~6 月，果期 7 月。

生态及群落特征 生于山顶石砬子上，干燥石质山坡、山脊灌木丛间或陡坡柞木林下，构成灌木丛，亦常见于山地落叶松林、桦木林下或林缘。喜酸性土壤，一般称为酸性土壤的指示植物。

分布 黑河各区县林区均有分布。

濒危状况及致危原因 兴安杜鹃分布广泛，野生资源丰富，但由于其用途广，经济价值高，资源消耗迅速，亟待保护。

保护及利用 兴安杜鹃是《黑龙江重点保护野生中药材》物种之一。其干燥叶片具有止咳、祛痰、清肺作用，主治急慢性气管炎、咳嗽、感冒头痛；根可治肠炎、痢疾；花可祛风湿、和血、调经等。兴安杜鹃耐寒，花鲜艳夺目，深受人们喜爱，开花早，点缀早春寒山，令人赏心悦目。园林上可丛植、孤植，也是岩石园造园的上等材料。

主要参考文献

周以良，董世林，聂绍荃. 1986. 黑龙江树木志. 哈尔滨：黑龙江科学技术出版社.

朱有昌，吴德成，李景富. 1989. 东北药用植物志. 哈尔滨：黑龙江科学技术出版社.

（执笔人：王臣）

兴安杜鹃 *Rhododendron dauricum* L.

摄影：王臣

5.8 野大豆　*Glycine soja* Sieb. et Zucc.

地方名　小落豆、小落豆秧、落豆秧
英文名　Wild Soja
俄文名　Соя
分类地位　双子叶植物纲、蔷薇目、豆科、大豆属
识别特征　一年生缠绕草本，长1～4m。茎纤细，被褐色长硬毛。叶具3小叶；托叶卵状披针形，急尖，被黄色柔毛。顶生小叶卵圆形或卵状披针形，长3.5～6cm，宽1.5～2.5cm，全缘，两面均被绢状的糙伏毛，侧生小叶斜卵状披针形。花小，长约5mm；花梗密生黄色长硬毛；苞片披针形；花萼钟状，密生长毛，裂片5；花冠淡红紫色或白色。荚果长圆形，稍弯，两侧稍扁，长17～23mm，宽4～5mm，密被长硬毛，种子间稍缢缩，干时易裂；种子2或3颗，椭圆形，稍扁，长2.5～4mm，宽1.8～2.5mm，褐色至黑色，花期7～8月，果期8～10月。

生态及群落特征　生于潮湿的田边、园边、沟旁、河岸、湖边、沼泽、草甸，稀见于沿河岸疏林下。

分布　黑河各区县均有分布。

濒危状况及致危原因　野大豆分布广泛，为重要的野生资源植物，近年来由于过度开发土地，植被遭到破坏严重，野大豆的自然分布区日益缩减，已成为渐危种。

保护及利用　野大豆被列入《国家重点保护野生植物名录》，属国家Ⅱ级保护植物。被列入《中国珍稀濒危植物名录》，属渐危种。野大豆具有较高的食用价值、药用价值、饲用价值和育种价值。育种价值尤为重要，作为大豆属中唯一能和栽培种杂交的种质资源，其耐盐碱、耐瘠薄、耐寒、耐湿、耐阴、抗病、抗旱等诸多优良性状，将会在优良大豆品种的选育中发挥重要作用。

主要参考文献

黑龙江中医药大学，黑龙江省黑河市林业局. 2013. 黑河野生药用植物. 哈尔滨：东北林业大学出版社.

黄仁术. 2008. 野大豆的资源价值及其栽培技术. 资源开发与市场，24（9）：771-772，814.

辽宁省林业土壤研究所. 1976. 东北草本植物志（第五卷）. 北京：科学出版社.

朱有昌，吴德成，李景富. 1989. 东北药用植物志. 哈尔滨：黑龙江科学技术出版社.

（执笔人：王臣）

野大豆 *Glycine soja* Sieb. et Zucc.　　　　摄影：王臣

5.9 黄耆 Astragalus membranaceus (Fisch.) Bunge

地方名　膜荚黄耆、黄芪、东北黄耆
英文名　Milkvetch，Milkvetch
俄文名　Астрагал китайский
分类地位　双子叶植物纲、蔷薇目、豆科、黄耆属
识别特征　多年生草本，高50～100cm。主根肥厚，木质，常分枝，灰白色。茎直立，上部多分枝，有细棱，被白色柔毛。羽状复叶，小叶13～27片；小叶椭圆形或长圆状卵形，长7～30mm，宽3～12mm，上面绿色，近无毛，下面被伏贴白色柔毛。总状花序，有花10～20朵；总花梗与叶近等长或较长，至果期显著伸长；花萼钟状，长5～7mm；蝶形花冠黄色或淡黄色；10枚雄蕊，9枚花丝结合成鞘状，包围雌蕊，1枚分离；子房有柄，被细柔毛。荚果薄膜质，稍膨胀，半椭圆形，长20～30mm，宽8～12mm，顶端具刺尖；种子3～8粒。花期7～8月，果期8～9月。
生态及群落特征　生于林缘、灌丛或疏林下，亦见于山坡草地或草甸中。
分布　黑河各区县均有分布。
濒危状况及致危原因　黄耆濒危主要是人类活动所致。一方面，由于市场缺口大，人们过度采挖野生药材，特别是花、果期采挖药材，断绝了种子来源，自然更新难以为继；另一方面，草原过度放牧、山林过度采伐、适生地被大规模辟为农田，致使黄耆的自然分布区极度萎缩，资源锐减。
保护及利用　黄耆被列入《国家重点保护野生植物名录》，为国家Ⅱ级保护植物；也收录在《中国珍稀濒危保护植物名录》中，属Ⅲ级重点保护、渐危种。黄耆根可入药，具有补气升阳、固表止汗、脱毒生肌、利水脱肿等功效，主治气虚衰弱、消化力弱、自汗、盗汗、高血压、糖尿病、水肿及疮疡久不收口等症。黄耆也是我国大宗出口商品之一，国际市场需求旺盛。近年来，由于以黄耆为主的新药研发不断取得突破，使黄耆的用量不断增加，引发了对野生资源的过度采挖，野生黄耆已远远不能满足市场需求。目前，商品黄耆主要来源于人工栽培，但尚未实现规模化和规范化。

主要参考文献

段琦梅. 2005. 黄耆生物学特性研究. 杨凌：西北农林科技大学硕士学位论文.

辽宁省林业土壤研究所. 1976. 东北草本植物志（第五卷）. 北京：科学出版社.

秦雪梅，李震宇，孙海峰，等. 2013. 我国黄芪药材资源现状与分析. 中国中药杂志，38（19）：3234-3238.

朱有昌，吴德成，李景富. 1989. 东北药用植物志. 哈尔滨：黑龙江科学技术出版社.

（执笔人：王臣）

黄耆 *Astragalus membranaceus* (Fisch.) Bunge

5.10 黄檗 *Phellodendron amurense* Rupr.

地方名 黄菠萝、黄柏

英文名 Amur Corktree

俄文名 Бархат амурский, или Феллодéндрон амýрский

分类地位 双子叶植物纲、芸香目、芸香科、黄檗属

识别特征 乔木，高可达30m左右，胸径可达1m。枝条粗大展开，树冠大；树皮浅灰色或灰褐色，木栓层发达柔软，深沟状或不规则网状开裂，内皮薄，鲜黄色，味苦；茎节处有明显的马蹄形大叶痕。奇数羽状复叶，对生，小叶5~15枚，卵状披针形或卵形，长6~12cm，宽2.5~4.5cm，叶缘有细钝齿和缘毛，叶面无毛或中脉有疏短毛，叶背仅基部中脉两侧密被长柔毛。聚伞花序顶生；花小，单性，雌雄异株；萼片细小，阔卵形，长约1mm；花瓣紫绿色或黄绿色，长圆形，长3~4mm；雄花的雄蕊比花瓣长。雌花雄蕊退化成小鳞片状，子房有柄，5室，每室一胚珠。浆果状核果，径约1cm，初时绿色至橘黄色，成熟后变为黑色，果实有特殊气味。花期5~6月，果期9~10月。

生态及群落特征 适应性强，喜阳光，耐严寒，喜深厚、湿润、排水良好的土壤，常生于河岸、肥沃谷地或低山坡；深根性，抗风力强；皮厚，虽经山火，仍不致死；幼年需庇荫，幼树多生于疏林内，密林下很少见。

分布 爱辉、孙吴、逊克、北安、五大连池。

濒危状况及致危原因 黄檗濒危系内外双重因素所致。黄檗的某些生物学特性制约了自身的种群发展。第一，黄檗为雌雄异株，虫媒花，并且野生黄檗多是零星分散在阔叶混交林中，对昆虫传粉不利；第二，黄檗种子具有休眠特性，自然萌发率较低；第三，黄檗结实率低；第四，黄檗果肉和种子中含有活性较强的萌发抑制物质，导致黄檗种子发芽率较低；第五，黄檗为阳性树种，在林冠下难以自然更新。对黄檗过度利用是黄檗濒危的重要因素，人们伐树用材，剥皮入药，随着市场需求，特别是中药市场对黄檗需求的增大，加剧了对黄檗的不合理利用，使得分布面积逐渐缩小，野生资源越来越少。

保护及利用 黄檗是古老的残遗树种，对研究第三纪植物区系及第四纪冰川期气候具有重要科学意义。黄檗经济价值高，资源锐减，已被列入《国家重点保护野生植物名录》，为国家Ⅱ级保护植物；列入《中国珍稀濒危植物名录》，属Ⅲ级重点保护、渐危物种，也是《国家重点保护野生药材物种名录》Ⅱ级保护物种和《黑龙江重点保护野生中药材》物种之一。黄檗木材黄色至黄褐色，花纹美丽，为优质用材；内树皮入药，称黄柏，主治急性细菌性痢疾、急性肠炎、急性黄疸型肝炎、泌尿系统感染等炎症。

主要参考文献

刘琰璐，戴灵超，张昭. 2011. 黄檗繁殖技术研究进展. 中央民族大学学报（自然科学版），20（2）：84-87.

唐文涛，郭月林，荆田东，等. 2014. 黄檗种群保护与发展的对策与技术措施. 吉林林业科技，43（6）：26-27, 55.

限颖，王立军. 2010. 黄檗的种质资源学研究. 北方园艺，（20）：189-192.

闫志峰，张本刚，张昭，等. 2006. 珍稀濒危药用植物黄檗野生种群遗传多样性的AFLP分析. 生物多样性，14（6）：488-497.

周以良，董世林，聂绍荃. 1986. 黑龙江树木志. 哈尔滨：黑龙江科学技术出版社.

（执笔人：王臣）

黄檗 *Phellodendron amurense* Rupr.

5.11 刺五加 *Acanthopanax senticosus* (Rupr.et Maxim.) Harms

地方名 五加参、刺拐棒子
英文名 Manyprickle Acanthopanax
俄文名 Свободноягодник колючий
分类地位 双子叶植物纲、伞形目、五加科、五加属

识别特征 落叶灌木，高1~3m；分枝多；一或二年生枝条密生向下针状刺；掌状复叶互生，5小叶，少数3或4小叶；叶柄常疏生细刺；小叶纸质，椭圆状倒卵形或长圆形，长5~13cm，宽3~7cm，上面粗糙，深绿色，脉上有粗毛，下面淡绿色，脉上有短柔毛，边缘有锐利重锯齿，侧脉6~7对。伞形花序，直径2~4cm，单个顶生，花多数；总花梗长5~7cm，无毛；花萼无毛，近全缘或有不明显5小齿；花瓣5，紫黄色，卵形，长1.5~2mm；雄蕊5，长1.5~2mm；子房5室，花柱合生成柱状。浆果状核果，球形或卵球形，有5棱，成熟时黑色，直径7~8mm，宿存花柱长1.5~1.8mm。花期6~7月，果期8~10月。

生态及群落特征 刺五加耐阴，喜湿润和肥沃土壤，散生或丛生于针阔混交林或阔叶林内，萌发力强，为林内常见灌木，在采伐迹地或林缘也常见。

分布 黑河各区县均有分布。

刺五加 *Acanthopanax senticosus* (Rupr.et Maxim.) Harms

摄影：王臣

濒危状况及致危原因 刺五加濒危是由内、外双重因素所致。刺五加结实植株比例低、自然结实率低、种子传播不畅、成熟种子占比低、果实中含有萌发抑制物、种子深度休眠等，这些特性限制了刺五加种群的持续扩大。自然条件下，刺五加可以进行无性繁殖，靠根茎上产生的萌蘖扩增种群。研究指出，在没有外界干扰情况下，刺五加通过有性生殖和营养繁殖可以实现种群扩大和物种延续，可见不合理采挖是刺五加濒危的主要原因。从20世纪70年代末开始，刺五加根和根茎大规模用于医药工业，生产各种片剂、冲剂、针剂，远销国外，因而资源消耗与日俱增。人们大量采挖刺五加根及根茎制药，采摘嫩叶食用或加工成刺五加茶，采摘果实用于保健，使刺五加无法更新恢复，从而导致刺五加种群急剧减少甚至消失。

保护及利用 刺五加用途广泛，市场需求旺盛，野生资源匮乏，已被列入《国家重点保护野生植物名录》，属国家Ⅱ级保护植物；被列入《中国珍稀濒危植物名录》，属Ⅲ级重点保护、渐危物种；是《中国植物红皮书——珍稀濒危植物》中的渐危种，也是《国家重点保护野生药材物种名录》目录中的Ⅲ级保护物种，还是《黑龙江重点保护野生中药材》物种之一。刺五加以根、根茎、根皮和茎皮入药，具有人参样的强壮作用，故常称为"五加参"。

主要参考文献

黄丽，陈武荣，林丽，等. 2012. 濒危植物刺五加开发利用若干问题的探讨. 南方园艺，23（2）：41-43.

赖陈武，李艾莲. 2003. 刺五加资源保护研究进展. 第三届生物多样性保护与利用高新科学技术国际研讨会论文集.

孟祥才，宋琦，曹伍林，等. 2013. 从生物学角度探讨刺五加资源破坏原因及保护对策. 世界科学技术——中医药现代化★思路与方法，15（4）：634-637.

周以良，董世林，聂绍荃. 1986. 黑龙江树木志. 哈尔滨：黑龙江科学技术出版社.

朱有昌，吴德成，李景富. 1989. 东北药用植物志. 哈尔滨：黑龙江科学技术出版社.

祝宁，卓丽环，减润国. 1998. 刺五加（*Eleuther-ococcus sentincosus*）会成为濒危种吗？生物多样性，6（4）：253-259.

（执笔人：王臣）

5.12 防 风 *Saposhnikovia divaricata* (Trucz.) Schischk.

地方名 北防风、关防风

英文名 Divaricate Saposhnikovia

俄文名 Сапожниковия растопыренная

分类地位 双子叶植物纲、伞形目、伞形科、防风属

识别特征 多年生草本，一次结实。高30~80cm。根粗壮，细长圆柱形或分枝，淡黄棕色。根头处被有纤维状叶残基及明显的环纹。茎单生，自基部分枝较多，斜上升，与主茎近等长；基生叶丛生，有扁长的叶柄，基部有宽叶鞘。叶片卵形或长圆形，长14~35cm，宽6~18cm，二回或近三回羽状分裂。茎生叶与基生叶相似，但较小，顶生叶简化，有宽叶鞘。复伞形花序多数，生于茎和分枝顶端，花序梗长2~5cm；伞辐5~7，长3~5cm，无毛；小伞形花序有花4~10；无总苞片；小总苞片4~6，线形或披针形，先端长，长约3mm；萼齿短三角形；花瓣倒卵形，白色，长约1.5mm。双悬果狭圆形或椭圆形，长4~5mm，宽2~3mm，幼时有疣状突起，成熟时渐平滑。花期8~9月，果期9~10月。

生态及群落特征 生长于草原、丘陵、多砾石山坡。

分布 黑河各地均有分布。

濒危状况及致危原因 防风为大宗中药材，年消耗量很大，野生资源枯竭，人为过度采挖是主要原因。野生条件下，防风只进行有性繁殖，种子萌发时间长，个体发育周期长，开花结实后植株即行死亡，这些特点限制了种群扩大的速度。

保护及利用 防风已列入《国家重点保护野生药材物种名录》，也是《黑龙江重点保护野生中药材》物种之一。防风根入药，有发汗、祛痰、祛风、发表、镇痛的功效，用于治疗感冒、头痛、周身关节痛、神经痛等症。东北出产的防风商品习称"关防风"，质量好，疗效高，市场价格高，为东北地道药材。目前，防风已经可以大面积、机械化栽培，但在栽培条件下，存在抽薹早、抽薹率高、根木质化明显、商品质量较差等问题，需加强相关研究。

主要参考文献

高智，刘鸣远，关贺群. 1997. 东北"小篙子"防风生态特性及其栽培条件研究. 中国野生植物资源，16（2）：45-47.

孙晖，孙小兰，孟祥才，等. 2008. 防风抽薹对药材质量和产量的影响. 世界科学技术—中医药现代化，10（2）：101-104，108.

（执笔人：王臣）

防风 *Saposhnikovia divaricata* (Trucz.) Schischk.

摄影：王臣

5.13 龙 胆 *Gentiana scabra* Bunge

地方名 粗糙龙胆、龙胆草

英文名 Rough Gentian

俄文名 Горечавка шероховатая

分类地位 双子叶植物纲、捩花目、龙胆科、龙胆属

识别特征 多年生草本，高 30~60cm。根茎平卧或直立，具多数粗壮、肉质的须根。茎直立，不分枝或少分枝。叶对生，无柄，卵形或卵状披针形至线状披针形，长 2~7cm，宽 2~3cm，基部心形或圆形，边缘微外卷，粗糙，上面密生极细乳突，下面光滑，叶脉 3~5 条；叶绿色或带紫色。花多数，簇生枝顶和叶腋；无花梗；每朵花下具 2 个苞片，苞片披针形或线状披针形，与花萼近等长，长 2~2.5cm；花萼筒倒锥状，筒形或宽筒形，长 10~12mm，裂片常外翻或开展，长 8~10mm，边缘粗糙；花冠蓝紫色，有时喉部具多数黄绿色斑点，筒状钟形，长 4~5cm，裂片卵形或卵圆形，先端有尾尖，全缘；雄蕊着生冠筒中部；子房狭椭圆形或披针形，长 1.2~1.4cm，柄粗，长 0.9~1.1cm；柱头 2 裂。蒴果，宽椭圆形，长 2~2.5cm，柄长至 1.5cm；种子多数，褐色，长 1.8~2.5mm，两端具宽翅。花果期 8~9 月。

生态及群落特征 生于山坡草地、路边、河滩、灌丛中、林缘及林下、草甸，海拔 400~1700m。

分布 黑河各区县均有分布。

濒危状况及致危原因 龙胆根及根茎入药，是著名中药"关龙胆"三种原植物之一，由于有性生殖成功率低，个体生长缓慢，市场需求量大，致使野生资源枯竭，处于濒危状态。

保护及利用 龙胆在黑河地区杂木林下、林缘、河滩、草坡较为常见，但分布零散。本种已被列入《国家重点保护野生药材物种名录》，属濒危物种。该种还是《黑龙江省野生药材资源保护管理条例》重点保护物种。龙胆驯化栽培已经非常成功，市场需求主要依靠栽培生产。

主要参考文献

朱有昌，吴德成，李景富. 1989. 东北药用植物志. 哈尔滨：黑龙江科学技术出版社.

（执笔人：王臣）

龙胆 *Gentiana scabra* Bunge

摄影：王臣

5.14 三花龙胆 *Gentiana triflora* Pall.

地方名 龙胆草、关龙胆

英文名 Threeflower Gentian

俄文名 Горечавка трёхцветковая

分类地位 双子叶植物纲、捩花目、龙胆科、龙胆属

识别特征 多年生草本，高35～80cm。根茎平卧或直立，具多数粗壮、略肉质的须根。花枝单生，直立。叶对生，叶近革质，无柄，线状披针形至线形，长5～10cm，宽0.4～1cm，基部圆形，边缘微外卷，平滑；叶色灰绿色。花多数，稀3朵，簇生枝顶及叶腋；无花梗；每朵花下具2个苞片，苞片披针形，与花萼近等长；花萼筒钟形，长10～12mm，常一侧浅裂，裂片稍不整齐；花冠蓝紫色，钟形，长3.5～4.5cm，裂片卵圆形，长5～6mm，先端钝圆，全缘，边缘啮蚀形，稀全缘；雄蕊着生于冠筒中部；子房狭椭圆形，长8～10mm，柄长7～9mm，花柱短，柱头2裂。蒴果内藏，宽椭圆形，长1.5～1.8cm，柄长至1cm；种子褐色，线形或纺锤形，长2～2.5mm，两端有翅。花果期8～9月。

生态及群落特征 生于草地、湿草地、湿润林下，海拔640～950m。

分布 黑河各区县均有分布。

濒危状况及致危原因 三花龙胆根及根茎入药，是著名中药"关龙胆"三种原植物之一，由于有性生殖成功率低，个体生长缓慢，市场需求量大，致使野生资源枯竭，处于濒危状态。

保护及利用 三花龙胆在黑河地区湿草地及湿润林缘极为常见，由于采挖人工成本高，资源状态较好。本种已被列入《国家重点保护野生药材物种名录》，属濒危物种。该种还是《黑龙江省野生药材资源保护管理条例》收录物种。三花龙胆驯化栽培已经成功，由于产量低于龙胆和条叶龙胆，少有栽培。

主要参考文献

FRPS《中国植物志》全文电子版网站. 网址：http://frps.eflora.cn/.

朱有昌，吴德成，李景富. 1989. 东北药用植物志. 哈尔滨：黑龙江科学技术出版社.

（执笔人：王臣）

三花龙胆 *Gentiana triflora* Pall.

摄影：王臣

5.15 秦艽　　Gentiana macrophylla Pall.

地方名　大叶龙胆
英文名　Largeleaf gentian
俄文名　Горечавка крупнолистная
分类地位　双子叶植物纲、捩花目、龙胆科、龙胆属

识别特征　多年生草本，高30～60cm，全株光滑无毛。主根粗壮，圆柱形，扭曲不直，分枝少。茎少数，丛生，直立或斜升，基部具多数叶残基，黄绿色或有时上部带紫红色。叶对生；基生叶莲座状，叶卵状椭圆形或狭椭圆形，长6～28cm，宽2.5～6cm，基部渐狭，边缘平滑，叶脉5～7条；茎生叶椭圆状披针形或狭椭圆形，长4.5～15cm，宽1.2～3.5cm，边缘平滑，叶脉3～5条。花多数，无花梗，簇生枝顶呈头状或腋生呈轮状；花萼筒膜质，萼齿4或5个；花冠筒部黄绿色，冠淡蓝色或蓝紫色，长1.8～2cm，裂片卵形或卵圆形，全缘；雄蕊着生于冠筒中下部；子房无柄，椭圆状披针形或狭椭圆形，长9～11mm，柱头2裂，裂片矩圆形。蒴果内藏或先端外露，卵状椭圆形，长15～17mm；种子红褐色，有光泽，矩圆形，长1.2～1.4mm，表面具细网纹。花果期7～10月。

生态及群落特征　生于河滩、路旁、水沟边、山坡草地、草甸、林下及林缘，海拔400～2400m。

分布　爱辉、嫩江（中央站林场）、五大连池。

濒危状况及致危原因　秦艽在黑河地区分布广泛，但种群密度低，呈零散分布，资源量低。从全国来看，森林砍伐、垦荒、放牧、采挖等人为干扰与破坏是秦艽濒危的主要原因。

保护及利用　秦艽被列入《国家重点保护野生药材物种名录》，为Ⅲ级保护物种。为加强保护和利用秦艽，人们对秦艽展开了综合研究。目前栽培产品是药材商品的主要来源，大大减轻了对野生资源的压力。

主要参考文献

王琬. 2014. 秦艽的生物学特性研究. 杨凌：西北农林科技大学硕士学位论文.

张西玲，晋玲，刘丽莎. 2003. 濒危药用植物秦艽的资源利用与保护. 中药研究与信息，5（6）：27-29.

朱有昌，吴德成，李景富. 1989. 东北药用植物志. 哈尔滨：黑龙江科学技术出版社.

（执笔人：王臣）

秦艽 *Gentiana macrophylla* Pall.

摄影：王臣、周繇

5.16 黄芩 *Scutellaria baicalensis* Georgi

地方名 元芩、黄芩茶、山茶根
英文名 Baikal Skullcap
俄文名 Шлемник байкальский
分类地位 双子叶植物纲、管状花目、唇形科、黄芩属

识别特征 多年生草本；主根粗大，少分枝，外皮褐色，断面鲜黄色，中心有时成空腔并残存褐色腐朽组织。茎基部伏地，上升，高15~120cm，四棱形，自基部多分枝。叶对生，披针形至线状披针形，长1.5~4.5cm，宽0.3~1.2cm，全缘。总状花序顶生，长7~15cm，花偏向一侧，有时多分枝茎顶可形成圆锥花序。花萼合生，开花时长4mm，上方具盔状盾片。花冠紫色、紫红色至蓝色，长2.3~3cm，外面密被具腺短柔毛；冠筒近基部明显膝曲；花冠合生，唇形，2裂，上唇盔状。雄蕊4，稍露出；花柱细长，先端锐尖，微裂。子房四裂，褐色，无毛。小坚果卵球形，高1.5mm，径1mm，黑褐色，具瘤，腹面近基部具果脐。花期7~8月，果期8~9月。

生态及群落特征 生于草甸草原、沙质草地、丘陵坡地及草地、向阳山坡和山麓，有时亦见于石砬子、砾质地及山阴坡等处。

分布 黑河各区县均有分布。

濒危状况及致危原因 黄芩以种子进行繁殖，繁殖成功率高，在自然状态下可以顺利实现种群扩增和物种延续，濒危的主要原因是人们过度采挖及采伐、开荒。

保护及利用 黄芩被收入《国家重点保护野生药材物种名录》，也是《黑龙江省野生药材资源保护管理条例》重点保护物种。黄芩根为清凉性解热消炎药，对上呼吸道感染、急性胃肠炎等均有功效，少量服用有健胃的作用。近年来，国外研究指出黄芩制剂、黄芩酊可治疗植物性神经性及动脉硬化性高血压，以及神经系统的机能障碍，可消除高血压的头痛、失眠、胸闷等症，外用有抗生作用，如对白喉杆菌、伤寒菌、霍乱、溶血链球菌A型、葡萄球菌均有不同程度的抑止效果。茎秆可提制芳香油，亦因可代茶用而称为芩茶。一定时期以来，由于各类"双黄连"制剂研发成功，使黄芩药材需求量剧增，野生药材资源近于枯竭。目前，黄芩已经可以大面积栽培，是商品黄芩的主要来源。

主要参考文献

辽宁省林业土壤研究所. 1981. 东北草本植物志（第七卷）. 北京：科学出版社.

朱有昌，吴德成，李景富. 1989. 东北药用植物志. 哈尔滨：黑龙江科学技术出版社.

（执笔人：王臣）

黄芩 *Scutellaria baicalensis* Georgi　　摄影：周繇

5.17 水曲柳 *Fraxinus mandschurica* Rupr.

地方名　东北梣
英文名　Manchurian ash
俄文名　Ясень маньчжурский
分类地位　双子叶植物纲、捩花目、木樨科、梣属
识别特征　落叶大乔木，高达 30m 以上，胸径可达 1m；树皮厚，灰褐色，纵裂。枝对生，幼枝常呈四棱形，绿色，无毛，皮孔明显。冬芽大，圆锥形，黑褐色。叶痕节状隆起，半圆形。奇数羽状复叶对生，长 18～50cm，宽达 20cm，叶柄长 6～8cm，近基部膨大；叶轴具窄翅，上面具

水曲柳 *Fraxinus mandschurica* Rupr.

摄影：王臣、周繇

沟，小叶着生处簇生锈色毛；小叶 7～13 枚，长圆形至卵状长圆形，长 5～15cm，宽 2～5cm，叶缘具细锯齿，上面暗绿色，无毛或疏被白色硬毛，下面黄绿色，沿脉被锈色毛，小叶近无柄。花单性，雌雄异株，先叶开放，圆锥花序生于上年枝叶腋，长 15～20cm；花序轴无毛；花萼钟状，4 裂，早落，无花冠；雄花 2 枚雄蕊；雌花具 1 个子房和 2 枚不育雄蕊，子房扁而宽，柱头 2 裂。翅果长圆形至倒卵状披针形，常扭曲，长 3～4cm，宽 6～9mm。花期 5～6 月，果期 8～10 月。

生态及群落特征　水曲柳喜光，耐寒，喜温湿气候，为中生树种，易受晚春的霜害。主根短，侧根发达，萌蘖性能强，可进行萌芽更新。

分布　黑河全境均有分布。

濒危状况及致危原因　大兴安岭及黑河地区是水曲柳分布的北界，数量不多，目前大树已不多见。濒危的主要原因是人为采伐和自身生长更新缓慢。

保护及利用　水曲柳资源锐减，被列入《国家重点保护野生植物名录》，为国家Ⅱ级保护植物；被列入《中国珍稀濒危植物名录》，属Ⅲ级重点保护、渐危物种。水曲柳是古老的残遗植物，对研究第三纪植物区系及第四纪冰川期气候具有重要科学意义。水曲柳是东北三大珍贵硬阔树种之一，树干端直，材质坚硬致密，有弹性，纹理通直，花纹美丽，耐腐，耐水湿，韧性大，广泛用于建筑、飞机、造船、仪器、运动器材、枪托、家具、室内装饰、车辆等领域；果实含油率 10.4%，可榨油。叶可提炼芳香油。树皮含单宁 3.09%，可提取栲胶。水曲柳枝干粗壮，颇具阳刚之气，叶长大而美，是东北地区极具观赏价值的乡土树种。

主要参考文献

聂绍荃，袁晓颖，杨逢建. 2003. 黑龙江植物资源志. 哈尔滨：东北林业大学出版社.

尹立辉，孙亚峰. 2006. 水曲柳研究进展和展望. 长春大学学报，16(3)：72-75.

周以良，董世林，聂绍荃. 1986. 黑龙江树木志. 哈尔滨：黑龙江科学技术出版社.

（执笔人：王臣）

5.18　草苁蓉　*Boschniakia rossica* (Cham. et Schlecht.) Fedtsch.

地方名　苁蓉、不老草
英文名　Russia Cistanche herb
俄文名　Бошнякия русская
分类地位　双子叶植物纲、管状花目、列当科、草苁蓉属

识别特征　寄生草本，植株高 15～35cm，全株无毛，黄褐色或褐紫色。根茎块状、肥大，质硬；茎直立，常 2 或 3 条，粗壮，肉质，不分枝，中部直径 1.5～2cm。叶鳞片状，密集生于茎近基部，向上渐变稀疏，三角形或宽卵状三角形，长、宽为 6～10mm。穗状花序顶生，长 7～22cm；花密集，苞片 1 枚，黄色，宽卵形或近圆形；花萼杯状，长 5～7mm，顶端不整齐的 3～5 齿裂；花冠暗紫色或暗紫红色，筒膨大成囊状，先端 2 唇形；上唇直立，下唇极短，3 裂。雄蕊 4 枚，稍伸出花冠之外。雌蕊 2 心皮合生，子房近球形，柱头 2 浅裂。蒴果近球形，2 瓣开裂。种子细小，椭圆球形，长 0.4～0.5mm，直径约 0.2mm。花期 7～8 月，果期 8～9 月。

生态及群落特征　生于海拔 520～1900m 的岳桦林下、林缘草地或林下，寄生于东北桤木（*Alnus mandshurica*）的根上。

分布　爱辉可能有分布。

濒危状况及致危原因　草苁蓉濒危的原因一般认为有如下几方面：①寄主少。草苁蓉专性寄生于桤木属（*Alnus*）的根部，由于桤木不堪用材，常被砍伐弃用，桤木林日渐稀少，适于草苁蓉寄生的植株更少。②对环境要求苛刻。③繁殖成功率极低。④人们在花果期集中、过度采集，断绝了种源。其中人为因素是濒危的主要原因。

草苁蓉 *Boschniakia rossica* (Cham. et Schlecht.) Fedtsch.

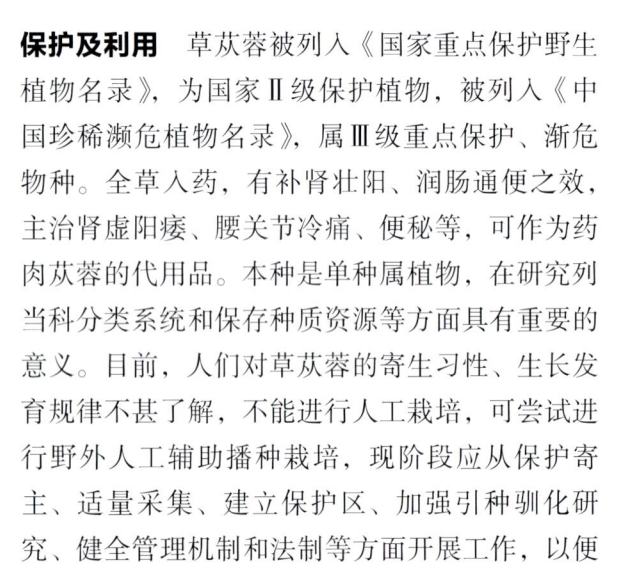

摄影：周繇

保护及利用 草苁蓉被列入《国家重点保护野生植物名录》，为国家Ⅱ级保护植物，被列入《中国珍稀濒危植物名录》，属Ⅲ级重点保护、渐危物种。全草入药，有补肾壮阳、润肠通便之效，主治肾虚阳痿、腰关节冷痛、便秘等，可作为药肉苁蓉的代用品。本种是单种属植物，在研究列当科分类系统和保存种质资源等方面具有重要的意义。目前，人们对草苁蓉的寄生习性、生长发育规律不甚了解，不能进行人工栽培，可尝试进行野外人工辅助播种栽培，现阶段应从保护寄主、适量采集、建立保护区、加强引种驯化研究、健全管理机制和法制等方面开展工作，以便对野生资源进行切实的保护。

主要参考文献

常维春，李井山，李树殿，等. 1988. 草苁蓉生物学特性的初步观察. 中药材，11（5）：9-10.

李书心，刘淑珍，曹伟. 2005. 东北草本植物志（第八卷）. 北京：科学出版社.

杨树春，于海峰，王雪松. 1998. 草苁蓉资源的开发利用与保护. 特种经济动植物，1（1）：18-20.

朱有昌，吴德成，李景富. 1989. 东北药用植物志. 哈尔滨：黑龙江科学技术出版社.

（执笔人：王臣）

5.19 桔 梗 *Platycodon grandiflorus* (Jacq.) A. DC.

地方名 铃当花、和尚帽

英文名 Balloonflower

俄文名 Ширококолокольчик крупноцветковый

分类地位 双子叶植物纲、桔梗目、桔梗科、桔梗属

识别特征 多年生草本，具白色乳汁，茎高20～120cm，通常无毛。叶互生，或部分轮生至全部轮生，无柄或有极短的柄，叶片卵形、卵状椭圆形至披针形，长2～7cm，宽0.5～3.5cm，上面无毛、绿色，下面常无毛而有白粉，边缘具细锯齿。花单生茎顶或数朵集成假总状花序，或有花序分枝而集成圆锥花序；花萼钟状，绿色，裂片5，宿存；花冠阔钟状，较大，径2.5～5cm，蓝色或紫色，蕾期囊泡状；雄蕊5，早期靠合花柱，后期外展；子房倒卵形，5室，柱头5裂，花初期聚拢，后期分离并外卷。蒴果倒卵形，顶

端5瓣裂。花期7~9月，果期8~9月。

生态及群落特征　生于海拔2000m以下的阳处草丛、灌丛中，少生于林下。

分布　黑河全市均有分布。

濒危状况及致危原因　桔梗以种子进行繁殖，繁殖成功率高，自然状态下可以顺利实现种群扩增和物种延续，濒危的主要原因是人们过度采挖及采伐、开荒。

保护及利用　桔梗是《黑龙江省野生药材资源保护管理条例》确定的重点保护物种之一。根入药，含桔梗皂苷，有止咳、祛痰、消炎等功效。东北地区居民，特别是朝鲜族居民有以桔梗根制作咸菜的习俗，作为佐餐佳品，并大有流行之势，使桔梗消费量剧增。野生资源被大量采挖，但桔梗已经可以大面积人工栽培，目前，栽培品已成为市场需求的主要来源。

主要参考文献

高峻，王应军，陈颖，等. 2012. 桔梗资源的研究. 中国医药指南，10(34)：421-423.

朱有昌，吴德成，李景富. 1989. 东北药用植物志. 哈尔滨：黑龙江科学技术出版社.

（执笔人：王臣）

桔梗 *Platycodon grandiflorus* (Jacq.) A. DC.

摄影：王臣

单子叶植物

5.20 浮叶慈姑 *Sagittaria natans* Pall.

地方名 小慈姑
英文名 Floatleaf Arrowhead, Beach arrowhead
俄文名 Стрелоли́ст пла́вающий, Стрелолист альпи́йский
分类地位 单子叶植物纲、沼生目、泽泻科、慈姑属

识别特征 多年生水生浮叶草本。根状茎匍匐。沉水叶披针形，或叶柄状；浮水叶宽披针形、圆形、箭形，长5~17cm；箭形叶在顶裂片与侧裂片之间缢缩，顶裂片长4.5~12cm，宽0.7~7cm，叶脉3~7条，侧裂片长1.2~6cm，叶脉3条；叶柄长20~50cm，基部鞘状。花葶高30~50cm，粗壮，直立，挺水。花序总状，长5~25cm，具花2~6轮，每轮2~3花。花单性；雄花在花序的上部，花梗细长；雌花在下，花梗粗短；萼片3，绿色；花瓣3，白色，较萼片大，易脱落；花药黄色，心皮多数，离生，两侧压扁，密集成球状。瘦果两侧压扁，歪狭倒三角形，具狭翅，近全缘，花柱宿存呈喙状，位于腹侧。花期7~8月，果期8~9月。

生态及群落特征 生于池塘、水甸子、小溪及沟渠等静水或缓流水体中。

分布 北安。

濒危状况及致危原因 浮叶慈姑是典型的温带、寒温带分布种，在我国主要分布在东北地区，分布区狭窄，野外种群稀少，濒临灭绝。浮叶慈姑适宜生长在较寒冷的湖泊沿岸沼泽等地，由于湿地资源急剧萎缩，使该物种的适生生境越来越少，进而导致其处于濒危状态。

保护及利用 浮叶慈姑由于分布区狭窄、野外种群稀少，濒于灭绝，已被列入《国家重点保护野生植物名录》，属国家Ⅱ级保护植物。从浮叶慈姑分布生境状况来看，应对现存的浮叶慈姑居群开展就地保护，尽力保持其种群规模。另外，应加强对湿地恢复的研究和实践，尽可能多地保护浮叶慈姑的适生生境。

主要参考文献

戴璨，汤璐瑛. 2005. 濒危植物浮叶慈姑遗传多样性的RAPD分析. 氨基酸和生物资源, 27（1）: 6-9.

秦忠时，方振富，赵士洞. 2004. 东北草本植物志（第十卷）. 北京：科学出版社.

（执笔人：王臣）

浮叶慈姑 *Sagittaria natans* Pall.

摄影：孙阁

5.21 平贝母 *Fritillaria ussuriensis* Maxim.

地方名 平贝、贝母

英文名 Ussuri Fritillary

俄文名 Рябчик Уссурийский

分类地位 单子叶植物纲、百合目、百合科、贝母属

识别特征 多年生草本，具鳞茎，鳞茎由2枚鳞片组成，直径1～1.5cm，周围还常有少数小鳞茎，容易脱落。地上茎细弱，可高达1m。叶轮生或对生，中部者轮生，向上成对生或互生；叶条形至披针形，长7～14cm，宽3～6.5mm，下部叶先端不卷曲或稍卷曲，顶部叶先端非常卷曲，用于攀附。花1～3朵，顶生或生于顶端叶腋，钟状俯垂，花被片两轮，紫色，具黄色小方格，外花被片长约3.5cm，宽约1.5cm，比内花被片稍长而宽；蜜腺窝在背面明显凸出；雄蕊6，长约为花被片的3/5；雌蕊1，子房3室，柱头3深裂。蒴果广倒卵形。花期5月，果期6月。

生态及群落特征 平贝母喜生于海拔1000m以下的山脚坡地、阔叶林地、林缘、灌丛、草甸及河谷两岸，土壤多为土层较厚、质地疏松、土质肥沃、结构良好的富含腐殖质的棕色森林土及山地黑钙土。

分布 爱辉、孙吴、逊克、嫩江、五大连池、北安。

濒危状况及致危原因 自然条件下，平贝母大多生于山林荫蔽条件下，由于林木不断被砍伐，自然植被遭受破坏，加之长期无计划采挖和放牧等人为活动影响，野生资源逐渐减少，以致被列为受保护物种。

保护及利用 采伐森林、开荒等致使野生资源受到了严重破坏，平贝母被列入《中国珍稀濒危保护植物名录》，属Ⅲ级重点保护、渐危物种。平贝母有悠久的药用、栽培历史，是药材"平贝"的唯一来源。平贝母在临床上与川贝、浙贝具有相同或相似的功效，清热润肺、化痰止咳，多用于肺热燥咳、干咳少痰、阴虚劳嗽、咳痰带血。现在，平贝母在东北东部山区广为栽培，是商品药材的主要来源，一度曾出现供过于求的现象。目前，人们对平贝母的研究涉及各个方面，但作为濒危保护植物，其野生资源概况并不清楚，保护生物学方面的研究始终未见报道。

主要参考文献

傅沛云，孙启时，陈佑安，等. 1998. 东北草本植物志（第十二卷）. 北京：科学出版社.

孙海峰，朱天龙，吕游，等. 2014. 黑龙江省的平贝母资源调查和保护开发对策. 现代中药研究与实践，28（1）：20-22.

王长宝，徐增奇，王仲，等. 2013. 濒危药用植物平贝母的研究进展. 中国野生植物资源，32（4）：10-12，40.

朱有昌，吴德成，李景富. 1989. 东北药用植物志. 哈尔滨：黑龙江科学技术出版社.

（执笔人：王臣）

平贝母 *Fritillaria ussuriensis* Maxim.

摄影：周繇

5.22 北重楼 *Paris verticillata* Bieb.

地方名 七叶一枝花
英文名 Verticillate Paris
俄文名 Вороний глаз мутовчатый
分类地位 单子叶植物纲、百合目、百合科、重楼属

识别特征 多年生直立草本，植株高20~60cm；根状茎细长，平卧。茎单一，绿白色，有时带紫色。叶5~8枚轮生，披针形、狭矩圆形、倒披针形或倒卵状披针形，长4~15cm，宽1.5~5cm，具短柄或近无柄。花单一，顶生；外轮花被片4，绿色，极少带紫色，叶状，平展，倒卵状披针形、矩圆状披针形或倒披针形；内轮花被片黄绿色，丝状，长1~2cm，下垂；雄蕊8枚，花药长约1cm，药隔突出部分长6~8（10）mm；子房近球形，紫褐色，花柱具4个分枝，分枝细长，并向外反卷。蒴果浆果状，不开裂，紫黑色，具少数种子。花期5~6月，果期7~9月。

生态及群落特征 生杂木林及阔叶混交林下，腐殖质层深厚处。

分布 黑河各区县均有分布。

濒危状况及致危原因 北重楼在东北东部山区广泛分布，资源较为丰富，但林区植被的破坏和适宜生境的减少在一定程度上威胁着北重楼的种群扩增和资源现状。

保护及利用 北重楼被列入《国家重点保护野生植物名录》，属国家Ⅱ级保护植物，对保护重楼类药材种质资源具有重要意义。北重楼根茎入药，味苦，性寒，有小毒。有清热解毒、消肿散瘀之功效，主治热病烦躁、疖肿疔毒、毒蛇咬伤及上呼吸道感染等。近年来，科研人员对重楼类植物进行了综合利用研究，发现地上部分具有较高的利用价值。

主要参考文献

傅沛云，孙启时，陈佑安，等. 1998. 东北草本植物志（第十二卷）. 北京：科学出版社.

毛淑敏. 2007. 黑龙江省两种重楼的生药学研究. 佳木斯：佳木斯大学硕士学位论文.

聂绍荃，袁晓颖，杨逢建. 2003. 黑龙江植物资源志. 哈尔滨：东北林业大学出版社.

滕杰，李毅，王良信. 2001. 黑龙江省北重楼的资源调查地理分布和群落类型调查（Ⅰ）. 黑龙江医药科学，24（1）：14-15，17.

张金渝，虞泓，张时刚，等. 2004. 滇重楼与华重楼的野生驯化和繁殖技术研究. 西南农业学报，17（3）：314-317.

（执笔人：王臣）

北重楼 *Paris verticillata* Bieb. 摄影：王臣

5.23 穿龙薯蓣 *Dioscorea nipponica* Makino

地方名 穿山龙、穿地龙

英文名 Throughhill Yam

俄文名 Диоскорея ниппонская

分类地位 单子叶植物纲、百合目、薯蓣科、薯蓣属

识别特征 多年生缠绕草质藤本。根状茎横生，圆柱形，粗壮坚硬，多分枝，栓皮层显著剥离。茎左旋缠绕，近无毛，长达5m或更长。单叶互生，叶柄长10~20cm；叶片掌状心形、卵圆形或三角状卵形，长5~15cm，宽2.5~13cm，基部心形，边缘不等大的三角状浅裂、中裂或深裂，顶端叶片小，近全缘。花单性，雌雄异株。雄花序为腋生的穗状花序，花序基部常由2~4朵集成小伞状，至花序顶端常为单花；花被略呈钟状，长2~3mm，6裂，雄蕊6枚，着生于花被裂片的中央，明显短于花被。雌花序穗状，单生叶腋，下垂；雌花花被管状，顶端具6个短小裂片；有时具退化雄蕊；子房3室，雌蕊柱头3裂，裂片再2裂。蒴果倒卵状椭圆形，具3翅；种子四周有不等的薄膜状翅。花期5~7月，果期7~9月。

生态及群落特征 常生于山腰的河谷两侧半阴半阳的山坡灌木丛中和稀疏杂木林内及林缘，而在山脊路旁及乱石覆盖的灌木丛中较少，喜肥沃、疏松、湿润、腐殖质较深厚的黄砾壤土和黑砾壤土，常分布在海拔100~1700m处，集中在300~900m。

分布 黑河全区县均有分布。

濒危状况及致危原因 国内外合成甾体激素类药物迅速发展，对薯蓣皂苷素的需求剧增，野生资源量已远远不能满足需求。由于生存环境破坏和人类大量采挖，穿龙薯蓣野生资源已接近濒危状态。

保护及利用 穿龙薯蓣根状茎含薯蓣皂苷元，是合成甾体激素药物的重要原料，相关药物开发成功，极大地增加了薯蓣类药材的需求量，导致野生资源迅速减少，以至于面临枯竭。穿龙薯蓣被列入《国家重点保护野生植物名录》，为国家Ⅱ级保护植物。穿龙薯蓣根茎入药，味甘、苦，性温，有舒筋活络、祛风止痛、止咳平喘、祛痰、消食、利水、截疟的功能。多年来，人们逐渐开始重视穿龙薯蓣资源的开发和保护利用，从有性繁殖、生物学特性等方面探讨人工栽培的可能性，并不断改进薯蓣皂苷元和薯蓣皂苷的提取工艺，提高其产率；另外，人们还尝试采用组织培养技术进行穿龙薯蓣种苗生产和品种培育。

主要参考文献

傅沛云，孙启时，陈佑安，等. 1998. 东北草本植物志（第十二卷）. 北京：科学出版社.

张数鑫，周录英，于元杰. 2005. 穿龙薯蓣研究进展分子植物育种，3（1）：107-111.

朱有昌，吴德成，李景富. 1989. 东北药用植物志. 哈尔滨：黑龙江科学技术出版社.

（执笔人：王臣）

穿龙薯蓣 *Dioscorea nipponica* Makino　　　　　　　　　　　　　摄影：王臣

5.24 凹舌兰 *Coeloglossum viride* (L.) Hartm.

地方名 绿花凹舌兰、长苞凹舌兰
英文名 Long-bracted green orchid，Coeloglossum
俄文名 Пололепестник зелёный
分类地位 单子叶植物纲、微子目、兰科、凹舌兰属

识别特征 多年生草本，植株高 14~45cm，全株无毛。块茎肉质，前部呈掌状分裂。茎单一，直立，基部具 2~3 枚筒状鞘；中部具 3~5 枚叶，叶片狭倒卵状长圆形、椭圆形或椭圆状披针形，长 5~12cm，宽 1.5~5cm，基部收狭成抱茎的鞘；叶之上常具 1 至数枚苞片状小叶。总状花序具多数花，长 3~15cm；花苞片线形或狭披针形，常明显较花长；花绿黄色或绿棕色；萼片基部常稍合生，中萼片直立，侧萼片偏斜；侧花瓣直立，较中萼片稍短，与中萼片靠合呈兜状；唇瓣下垂，肉质，倒披针形，较萼片长，基部具囊状距，前部 3 裂，距卵球形，长 2~4mm。子房纺锤形，扭转，连花梗长约 1cm；蒴果直立，椭圆形，无毛。花期 6~8 月，果期 9~10 月。

生态及群落特征 生于林下、林缘、草甸、山坡，亦见于高山冻原附近。

分布 逊克可能有分布。

濒危状况及致危原因 凹舌兰在野外极为少见，主要是其有性繁殖成功率低，生境特殊所致。由于经济价值低，个体稀少，难于发现，人们很少采集，但人类的生产活动（开荒、采伐、放牧、旅游）一定程度上破坏了其赖以生长的环境，间接导致种群数量降低。

保护及利用 凹舌兰的块根可与手参同等入药。由于种群稀少，已被列入《国家重点保护野生植物名录》，为国家 II 级保护植物。目前，有关凹舌兰的专门研究限于药学方面，基础研究未见报道，为更好地保护该物种，应加大基础研究的力度。

主要参考文献

傅沛云，孙启时，陈佑安，等. 1998. 东北草本植物志（第十二卷）. 北京：科学出版社.

朱有昌，吴德成，李景富. 1989. 东北药用植物志. 哈尔滨：黑龙江科学技术出版社.

（执笔人：王臣）

凹舌兰 *Coeloglossum viride* (L.) Hartm. 摄影：周繇

5.25 杓 兰　　*Cypripedium calceolus* L.

地方名　黄囊杓兰、欧洲杓兰
英文名　European Ladyslipper
俄文名　Башмачо́к настоя́щий, Вене́рин башмачо́к настоя́щий

分类地位　单子叶植物纲、微子目、兰科、杓兰属

识别特征　陆生多年生草本，植株高 20～50cm，具较粗壮的根状茎。茎直立，被腺毛，基部具数枚鞘，中部以上具 3 或 4 枚叶，叶片椭圆形或卵状椭圆形，长 7～16cm，宽 4～7cm，背面疏被短柔毛，边缘具细缘毛。花序顶生，通常具 1～2 花；苞片叶状，椭圆状披针形或卵状披针形；花萼片和侧花瓣栗色或紫红色，唇瓣黄色；中萼片卵形或卵状披针形，长 2.5～5cm，宽 8～15mm；合生侧萼片与中萼片相似；侧花瓣线形或线状披针形，与萼片近等长，扭转；唇瓣深囊状，椭圆形，长 3～4cm，宽 2～3cm；花梗和子房长约 3cm，子房纺锤形，具短腺毛。花期 6～7 月，果期 8 月。

生态及群落特征　生于针阔混交林下、林缘及林间。

分布　嫩江（中央站）。

濒危状况及致危原因　杓兰在黑河林区均有分布，种群数量稀少，远不如紫点杓兰和大花杓兰易见。杓兰有性繁殖成功率低，加上人们采挖及适生生境减少或遭破坏，资源面临枯竭。

保护及利用　杓兰被列入《国家重点保护野生植物名录》，为国家Ⅰ级保护植物。杓兰由于具栗色或紫红色萼片和花瓣、唇瓣黄色，因而观赏价值高于大花杓兰，野生资源面临更大压力，亟待被保护。

主要参考文献

傅沛云，孙启时，陈佑安，等. 1998. 东北草本植物志（第十二卷）. 北京：科学出版社.

（执笔人：王臣）

杓兰 *Cypripedium calceolus* L.

摄影：李显达

5.26 大花杓兰 *Cypripedium macranthum* Sw.

地方名 大花囊兰、狗卵子花
英文名 Bigflower Ladyslipper
俄文名 Башмачо́к крупноцветко́вый, Венерин башмачок крупноцветковый

分类地位 单子叶植物纲、微子目、兰科、杓兰属

识别特征 陆生多年生草本，植株高25～50cm，具粗短的根状茎。茎直立，稍被短柔毛或近无毛，基部具数枚鞘，具3～5枚叶。叶互生，叶片椭圆形或椭圆状卵形，长10～15cm，宽6～8cm，两面脉上略被短柔毛或近无毛，边缘有细缘毛。花序顶生，1花，极少2花；花苞片叶状，通常椭圆形；花大，紫色、红色或粉红色，通常有暗色脉纹，极少白色；中萼片宽卵状椭圆形或卵状椭圆形，侧萼片合生，合萼片卵形，长3～4cm，宽1.5～2cm，先端2浅裂；侧花瓣披针形，长4.5～6cm，宽1.5～2.5cm，先端渐尖，不扭转；唇瓣深囊状，近球形或椭圆形，长4.5～5.5cm；囊口较小，直径约1.5cm；花梗和子房长3～3.5cm，无毛；子房狭圆柱形，弧曲。蒴果纺锤形，具6棱。花期6～7月，果期8～9月。

生态及群落特征 性喜阴湿处，生于海拔500～2400m的山地林缘、疏林下、灌丛及草甸子。

分布 爱辉、孙吴、逊克、嫩江（中央站林场）、北安。

濒危状况及致危原因 大花杓兰有性繁殖成功率低，但个体寿命长和无性繁殖系数大使种群得以繁衍。大花杓兰适应多种生境，不但能生于原始林下，而且在次生林下也能生长良好，只有当森林皆伐或严重火灾造成全光生境或水土严重流失使土壤贫瘠时，才影响其生长发育，加速个体死亡，导致种群数量下降。目前，野生大花杓兰种群衰退，已处于濒危状态。导致大花杓兰种群数量减少的主要原因是人类受经济利益驱使而滥采乱挖。

保护及利用 大花杓兰在黑河林区均有分布，但野生种群数量明显减少，除自然保护区及林相较好的林地外，已不常见。被列入《国家重点保护野生植物名录》，为国家Ⅰ级保护植物。大花杓兰花紫红色，花较大，可作为野生花卉资源加以引种和定向培育，以更好地供观赏。另外，大花杓兰的根、根茎或全草入药。味苦、辛，性温，有小毒。有利尿消肿、活血祛瘀、祛风镇痛之功效。有学者从种质资源分布、生殖生物学、菌根生物学、药用与化学成分及栽培管理等方面对大花杓兰进行了初步研究，积累了本物种保护的基本资料。

主要参考文献

傅沛云，孙启时，陈佑安，等. 1998. 东北草本植物志（第十二卷）. 北京：科学出版社.

聂绍荃，袁晓颖，杨逢建. 2003. 黑龙江植物资源志. 哈尔滨：东北林业大学出版社.

王全喜，李强. 1998. 大花杓兰濒危机制研究. 国土与自然资源研究，1: 67-69.

赵国英，徐宝萍，董然. 2013. 杓兰属植物研究现状. 北方园艺，（8）：185-188.

朱有昌，吴德成，李景富. 1989. 东北药用植物志. 哈尔滨：黑龙江科学技术出版社.

（执笔人：王臣）

大花杓兰 *Cypripedium macranthum* Sw.

5.27 紫点杓兰　*Cypripedium guttatum* Sw.

地方名　斑花杓兰、小囊兰
英文名　Purplespot Ladyslipper
俄文名　Венерин башмачок пятнистый, Башмачо́к ка́пельный
分类地位　单子叶植物纲、微子目、兰科、杓兰属

识别特征　陆生多年生草本，植株高15～25cm，具细长而横走的根状茎。茎直立，被短柔毛和腺毛，基部具数枚鞘。叶2枚，极少3枚，互生或近对生；叶片椭圆形、卵形或卵状披针形，长5～12cm，宽2.5～6cm，干后常变黑色或浅黑色。花序顶生，1花；花柄密被短柔毛和腺毛；苞片叶状，卵状披针形，通常长1.5～3cm；花白色，具淡紫红色或淡褐红色斑；中萼片卵状椭圆形或宽卵状椭圆形，长1.5～2.2cm，宽1.2～1.6cm；侧萼片合生，狭椭圆形，先端2浅裂；侧花瓣近匙形或提琴形，长1.3～1.8cm，宽5～7mm；唇瓣深囊状，近球形，长与宽各约1.5cm，具宽阔的囊口；花梗和子房长1～1.5cm，被腺毛；子房细纺锤形。蒴果近狭椭圆形，下垂，被微柔毛，纵裂。花期6～7月，果期7～8月。

生态及群落特征　稍喜湿润，生于海拔400～2000m的林下、林间草地、林缘、草甸、落叶松、白桦疏林下及岳桦林下。

分布　爱辉、孙吴、逊克、嫩江、北安。

濒危状况及致危原因　紫点杓兰在黑河地域内的林区均有分布，种群数量多于大花杓兰，自然保护区及林相较好的林地较为常见。由于人们的采挖、适生条件的消失及有性繁殖成功率极低，紫点杓兰野生种群亦呈明确的萎缩趋势，需要加强保护。

保护及利用　紫点杓兰已被列入《国家重点保护野生植物名录》，属国家Ⅰ级保护植物。同大花杓兰一样，紫点杓兰的观赏价值也非常高，其根茎及花亦可入药。由于尚不能人工规模化繁殖、栽培，野生资源面临一定的威胁。

主要参考文献

傅沛云，孙启时，陈佑安，等. 1998. 东北草本植物志（第十二卷）. 北京：科学出版社.

黄家林，胡虹. 2002. 紫点杓兰的离体繁殖. 植物生理学通讯，1：42.

聂绍荃，袁晓颖，杨逢建. 2003. 黑龙江植物资源志. 哈尔滨：东北林业大学出版社.

朱有昌，吴德成，李景富. 1989. 东北药用植物志. 哈尔滨：黑龙江科学技术出版社.

（执笔人：王臣）

紫点杓兰 *Cypripedium guttatum* Sw.

5.28 东北杓兰 *Cypripedium ventricosum* Sw.

英文名 NE China Ladyslipper

俄文名 Венерин башмачок вздутый, Венерин башмачок вздутоцветковый

分类地位 单子叶植物纲、微子目、兰科、杓兰属

识别特征 植株高达50cm。茎直立，通常具3~5枚叶。叶片椭圆形至卵状椭圆形，长13~20cm，宽7~11cm，无毛或两面脉上偶见有微柔毛。花序顶生，通常具2花；花红紫色、粉红色至白色，大小变化较大；花瓣通常多少扭转；唇瓣深囊状，椭圆形或倒卵状球形，通常囊口周围有浅色的圈；退化雄蕊长可达1cm。花期5~6月。

生态及群落特征 生于疏林下、林缘或草地上。

分布 嫩江。

濒危状况及致危原因 东北杓兰被认为是杓兰（*Cypripedium calceolus*）和大花杓兰（*C. macranthum*）的种间杂种。其分布区与杓兰和大花杓兰的重合分布区一致，相对少见。在东北以往的分类学著作中本种未见记载，实物和照片系首次报道。该种与杓兰、大花杓兰和紫点杓兰相比更为稀少，尤显珍贵，应加强保护。

保护及利用 东北杓兰产于黑龙江西北部和内蒙古东北部大兴安岭，野外少见，被列入《国家重点保护野生植物名录》，为国家Ⅱ级保护植物。其观赏价值与其他几种地产杓兰一致，药用价值有待进一步研究。国内未见专门研究报道。

参考文献

陈心启，吉占和. 2003. 中国兰花全书. 北京：中国林业出版社.

（执笔人：王臣）

东北杓兰 *Cypripedium ventricosum* Sw.

摄影：李显达

5.29 尖叶火烧兰　　Epipactis thunbergii A. Gray

地方名　火烧兰
英文名　Tineleaf Epipactis
俄文名　Эпипактис или Дремлик Тунберга
分类地位　单子叶植物纲、微子目、兰科、火烧兰属

识别特征　陆生多年生草本，高 20～30cm。茎直立，无毛，基部具 2～4 枚鳞片状鞘。叶 6～8 枚，互生；叶片卵状披针形，先端渐尖或尾状渐尖，长 5～10cm，宽 1.2～3cm，基部抱茎呈鞘状，向上叶逐渐变小。总状花序顶生，具 3～10 朵花；苞片叶状，卵状椭圆形，较花长，向上逐渐变短；花平展或下垂，淡褐黄色，中萼片卵状椭圆形，长约 11mm；侧萼片卵状椭圆形，与中萼片近等长；侧花瓣宽卵形，稍歪斜，稍短于萼片或近等长；唇瓣长近 10mm，上下唇以一极短的关节相连；下唇楔形，上唇匙形；蕊柱粗短，长约 3mm。子房和花梗长 1.5cm，无毛。花期 6～7（8）月，果期 8～9 月。

生态及群落特征　生于湿草地及草甸。

分布　爱辉可能有分布。

濒危状况及致危原因　尖叶火烧兰野外种群少，种群密度低，为罕见种类。濒危的主要原因是由物种本身的生物学特性所决定的。有性繁殖成功率极低是种群扩大困难的直接原因，另外，尖叶火烧兰对生长条件要求也较为苛刻，人类活动使原生植被遭到破坏，从而导致适生生境的减少，继而间接危及尖叶火烧兰种群的扩大。

保护及利用　尖叶火烧兰已被列入《国家重点保护野生植物名录》，为国家Ⅱ级保护植物。尖叶火烧兰对兰科植物的分类演化研究有一定的意义，野生资源稀少，专门研究报道极少，为更好地保护该物种，应加大基础研究的力度。

主要参考文献

傅沛云，孙启时，陈佑安，等. 1998. 东北草本植物志（第十二卷）. 北京：科学出版社.

（执笔人：王臣）

尖叶火烧兰 *Epipactis thunbergii* A. Gray　　摄影：王臣

5.30 裂唇虎舌兰 *Epipogium aphyllum* (F. W. Schmidt) Sw.

地方名 小虎舌兰

英文名 Splitlip Epipogium

俄文名 Надбородник безлистный

分类地位 单子叶植物纲、微子目、兰科、虎舌兰属

识别特征 腐生多年生草本，植株淡褐色，植株高10~30cm，无毛。地下具分枝的、珊瑚状的根状茎。茎单一、直立，肉质，无绿叶，具数枚膜质鞘，鞘抱茎。总状花序顶生，具2~6花；花苞片狭卵状长圆形，长6~8mm；花梗纤细，长3~5mm；花黄色而带粉红色或淡紫色晕，多少下垂；萼片披针形或狭长圆状披针形；花瓣与萼片相似，常略宽于萼片；唇瓣近基部3裂；侧裂片直立，中裂片卵状椭圆形，边缘近全缘并多少内卷，内面常有4~6条紫红色的纵脊，纵脊皱波状；距粗大，长5~8mm；蕊柱粗短；花药2室，花粉块2；子房宽倒卵形，长4~6mm，宽3~5mm；花梗长3~6mm，子房及花梗不扭转。蒴果倒卵状椭圆形，长约10mm。花期8~9月，果期9月。

生态及群落特征 生于针叶林及针阔混交林下（腐生），岩隙或苔藓丛生之地。

分布 逊克。

濒危状况及致危原因 裂唇虎舌兰野外种群少，种群密度低，为罕见种类。濒危的主要原因是由物种本身的生物学特性所决定的。有性繁殖成功率极低是种群扩大困难的直接原因，另外，裂唇虎舌兰的腐生特性对生长环境要求苛刻。人类活动使原生植被遭到破坏，间接危及裂唇虎舌兰种群的扩大。

保护及利用 裂唇虎舌兰被列入《国家重点保护野生植物名录》，为国家Ⅱ级保护植物。目前，有关裂唇虎舌兰的专门研究报道极少，为更好地保护该物种，应加大基础研究的力度。

主要参考文献

傅沛云，孙启时，陈佑安，等. 1998. 东北草本植物志（第十二卷）. 北京：科学出版社.

（执笔人：王臣）

裂唇虎舌兰 *Epipogium aphyllum* (F. W. Schmidt) Sw.

摄影：周繇

5.31 小斑叶兰 *Goodyera repens* (L.) R. Br.

地方名 匍根斑叶兰

英文名 Small Spotleaf-orchis，Creeping Rattlesnakeplantain

俄文名 Гудайера ползучая

分类地位 单子叶植物纲、微子目、兰科、斑叶兰属

识别特征 陆生多年生草本，植株高10～25cm。具匍匐而后上举的根状茎。茎单一，直立，上半部被腺毛，近基部具5～6枚叶。叶片卵形或卵状椭圆形，全缘，长1～3cm，宽8～25mm，叶脉显著，上面深绿色具白色网状斑纹，背面淡绿色，叶柄长5～10mm，基部扩大成抱茎的鞘。花茎直立或近直立，具3～5枚鞘状苞片；总状花序具花10余朵，密集、偏向一侧着生；花苞片披针形；花小，白色或带绿色或带粉红色，半张开；中萼片卵形或卵状长圆形，与花瓣黏合呈兜状；侧萼片斜卵形、卵状椭圆形；侧花瓣斜匙形，具1脉；唇瓣卵形，基部凹陷呈囊状，长3～3.5mm，宽2～2.5mm。子房圆柱状纺锤形，连花梗长4mm，被稀疏腺状柔毛。蒴果广卵形或近球形，长5～6mm，具纵棱。花期7～8月，果期9月。

生态及群落特征 生于海拔200～3800m的山坡、沟谷林下及林缘阴湿处。

分布 爱辉可能有分布。

濒危状况及致危原因 小斑叶兰野外种群少，种群密度低，为罕见种类。濒危的主要原因是其有性繁殖成功率极低，另外，小斑叶兰对生长条件要求也较为苛刻。小斑叶兰虽有一定的药用价值，由于个体稀少，人们并不会大量采集，人类活动使原生植被遭到破坏，间接危及了小斑叶兰种群的扩大。

保护及利用 小斑叶兰被列入《国家重点保护野生植物名录》，为国家Ⅱ级保护植物。小斑叶兰全草或根茎及根入药，主治肺结核、咳嗽、支气管炎、跌打损伤；外用治毒蛇咬伤、骨节疼痛、痈疖疮疡。国外用地上部分治疗维生素C缺乏症，叶治疗淋巴结核。目前，有关小斑叶兰的专门研究报道极少，为更好地保护该物种，应加大基础研究的力度。

主要参考文献

傅沛云，孙启时，陈佑安，等．1998．东北草本植物志（第十二卷）．北京：科学出版社．

朱有昌，吴德成，李景富．1989．东北药用植物志．哈尔滨：黑龙江科学技术出版社．

（执笔人：王臣）

小斑叶兰 *Goodyera repens* (L.) R. Br.   摄影：周繇

5.32 手 参 *Gymnadenia conopsea* (L.) R. Br.

地方名 手掌参、佛手参
英文名 Fragrant orchid，Reinorchis
俄文名 Кокушник длиннорогий
分类地位 单子叶植物纲、微子目、兰科、手参属
识别特征 陆生多年生草本，植株高20～60cm，全株通常无毛。块根1～2，肉质肥厚，两侧压扁，下部掌状分裂，裂片细长。茎直立，圆柱形，基部具2～3枚筒状鞘，其上具4～5枚叶，叶片线状披针形、狭长圆形或带形，长5.5～20cm，宽1～2.5cm，基部收窄成抱茎的鞘，再向上具1至数枚苞片状小叶。总状花序顶生，直立，具多数密生的花；花苞片披针形，长于或等长于花；花小，紫红色或粉红色，罕为粉白色；中萼片宽椭圆形或宽卵状椭圆形，长3.5～5.5mm，宽3～4mm；侧萼片斜卵形，反折，边缘向外卷，较中萼片稍长或几等长；侧花瓣直立，斜卵状三角形，与中萼片等长，与侧萼片近等宽；唇瓣向前伸展，宽倒卵形，长4～5mm，前部3裂，中裂片较侧裂片大，三角形；距细而长，狭圆筒形，下垂，长约1cm，稍向前弯，长于子房；子房纺锤形，扭转，长6～12mm。蒴果近长圆形或长圆状椭圆形。花期6～8月，果期8～9月。
生态及群落特征 生于林缘、山坡林下、草甸、湿草地、较湿山坡、灌丛间或砾石滩草丛中。
分布 爱辉、北安。
濒危状况及致危原因 手参生长条件特殊，有性繁殖成功率较低，生长周期长，野生资源储量少。人们过度采挖甚至滥采滥挖是导致其濒危的主要原因。
保护及利用 手参被列入《国家重点保护野生植物名录》，为国家Ⅱ级保护植物，也被列入《濒危野生动植物种国际贸易公约》Ⅱ级珍稀濒危植物。手参为我国传统中药，尤其在蒙古族、藏族广为应用。块根入药，含黏液质、皂苷、挥发油等多种有效成分，在中药、藏药、蒙药中均用，有益气补血、生津止渴等功效，具有很高的药用价值。在西藏等地，手参块根还被用作滋补品食用，需求量越来越大，其价格也逐年攀升。目前，为更好地开发保护手参资源，科技工作者从各个层面开展了研究工作，特别是在药学方面取得了一定进展，有性繁殖尚无相关报道，组织培养技术可能是手参药用产业化发展的突破口。

主要参考文献

丁兰，张丽，郭柳，等. 2014. 濒危植物佛手参种子的非共生萌发及种苗的快速繁殖. 植物生理学报，50（1）：77-82.

傅沛云，孙启时，陈佑安，等. 1998. 东北草本植物志（第十二卷）. 北京：科学出版社.

韩鸿萍，曾阳. 2010. 中药手掌参的研究进展. 青海科技，1：41-43.

聂绍荃，袁晓颖，杨逢建. 2003. 黑龙江植物资源志. 哈尔滨：东北林业大学出版社.

旺其格，全喜. 2011. 蒙药手掌参研究进展. 中国民族民间医药，18：1-2.

朱有昌，吴德成，李景富. 1989. 东北药用植物志. 哈尔滨：黑龙江科学技术出版社.

（执笔人：王臣）

手参 *Gymnadenia conopsea* (L.) R. Br.   摄影：周繇

5.33 线叶十字兰　　*Habenaria linearifolia* Maxim.

地方名　线叶玉凤花、十字兰
英文名　Linearleaf Crossorchis
俄文名　Поводник линейнолистный
分类地位　单子叶植物纲、微子目、兰科、玉凤花属

识别特征　多年生草本，植株高 25～95cm。块茎 1～2，肉质，卵形或球形。茎较细，直立，单一，具多枚疏生的叶，向上渐小，呈苞片状。叶片 5～7 枚，线形，长 5～20cm，宽 3～8mm，基部成抱茎的鞘。总状花序，具花几朵至 20 余朵，花序轴无毛；花苞片披针形至卵状披针形，短于子房；花白色或绿白色，径 1～1.5cm；中萼片直立，凹陷成舟形，卵形或宽卵形；侧萼片稍大，张开，反折，斜卵形；侧花瓣直立，三角状斜卵形，与中萼片近等长；唇瓣向前伸展，长达 15mm，近中部 3 深裂，呈近十字形；裂片线形，近等长，长 8～9mm，宽 0.5～0.6mm；距下垂，稍向前弯曲，长 2.5～3.5cm，向末端逐渐稍增粗呈细棒状，较子房长，末端钝；子房细圆柱形，扭转，稍弧曲，无毛，连花梗长 1.8～2cm。花期 7～8 月，果期 8～9 月。

生态及群落特征　生于草甸、稍湿草地、山坡、沟谷或林下阴湿草地。

分布　嫩江（中央站）。

濒危状况及致危原因　线叶十字兰野外种群少，种群密度低，为罕见种类。濒危的主要原因是其有性繁殖成功率极低，另外，线叶十字兰对生长条件要求也较为苛刻，原生植被的破坏会危及线叶十字兰种群的生存。

保护及利用　线叶十字兰被列入《国家重点保护野生植物名录》，为国家 Ⅱ 级保护植物。目前，有关线叶十字兰的专门研究报道很少，为更好地保护该物种，应加大基础研究的力度。

主要参考文献

傅沛云，孙启时，陈佑安，等．1998．东北草本植物志（第十二卷）．北京：科学出版社．

（执笔人：王臣）

线叶十字兰 *Habenaria linearifolia* Maxim.

摄影：王臣

5.34 角盘兰　　*Herminium monorchis* (L.) R. Br.

地方名　人头七、开口箭
英文名　Common Herminium
俄文名　Бро́вник одноклу́бневый
分类地位　单子叶植物纲、微子目、兰科、角盘兰属

识别特征　陆生多年生草本，植株高 5.5～50cm，全株通常无毛。块茎球形，直径 6～10mm，肉质，颈部生数条细长根。茎直立，基部具 1～3 枚膜质鞘，下部具 2～3 枚叶，在叶上具 1～2 枚苞片状小叶。叶片狭椭圆状披针形或狭椭圆形，全缘，直立伸展，长 2～13cm，宽 5～25mm，基部渐狭并略抱茎。总状花序顶生，长达 15cm，具多数花；花苞片线状披针形，比子房短或近等长；花小，密集，黄绿色，垂头；中萼片椭圆形或长圆状披针形，长 2.2mm，宽 1.2mm；侧萼片长圆状披针形，较中萼片稍狭；侧花瓣线状披针形，中部以下较宽，长 3～5mm；唇瓣与侧瓣等长，基部凹陷呈浅囊状，近中部 3 裂，中裂片线形，侧裂片三角形，较中裂片短很多，无距；子房圆柱状纺锤形，无毛，扭转，顶部明显钩曲，连花梗长 4～5mm；蒴果长圆形，长 6～8mm。花期 7～8 月，果期 8～9 月。

生态及群落特征　生于山坡阔叶林至针叶林下、灌丛下、山坡草地或河滩沼泽草地中，喜山地林下腐殖质深厚的土壤。

分布　爱辉、孙吴可能有分布。

濒危状况及致危原因　角盘兰较罕见，种群密度小，主要是生态习性特殊、有性繁殖成功率低所致。另外，人类活动导致原生植被破坏，使适生生境减少，也是角盘兰少见的原因之一。

保护及利用　角盘兰被列入《国家重点保护野生植物名录》，为国家 II 级保护植物。带根全草入药。味甘，性温。有滋阴补肾、生津止咳、补脾健胃、调经之功效。目前，有关角盘兰的专门研究报道很少，为更好地保护该物种，应对该物种展开全面的研究。

主要参考文献

朱有昌，吴德成，李景富. 1989. 东北药用植物志. 哈尔滨：黑龙江科学技术出版社.

（执笔人：王臣）

角盘兰 *Herminium monorchis* (L.) R. Br.　　摄影：周繇

5.35 羊耳蒜 *Liparis japonica* (Miq.) Maxim.

英文名 Japan Liparis

俄文名 Глянцелистник японский

分类地位 单子叶植物纲、微子目、兰科、羊耳蒜属

识别特征 多年生草本，高15～35cm，全株无毛。假鳞茎卵形，如蒜头状，径8～20mm，外被白色的薄膜质鞘。茎直立，具狭翅。叶2枚，基生，叶片卵形、卵状长圆形或近椭圆形，膜质或草质，长5～16cm，宽2～8cm，边缘皱波状或近全缘。总状花序顶生，具数朵至近20朵花，花葶长12～50cm；花苞片狭卵形，长2～5mm；花通常淡绿色或绿白色或微带污紫色；萼片线状披针形，长7～9mm，先端略钝，具3脉；侧萼片稍斜歪；侧花瓣丝状，长7～9mm，宽约0.5mm；唇瓣近倒卵形，长7～9mm，宽4～5mm，先端具短尖，边缘稍有不明显的细齿或近全缘，基部逐渐变狭，具短爪，开花时瓣片中上部反折。花梗和子房长8～10mm；蒴果倒卵状长圆形。花期6～8月，果期9～10月。

生态及群落特征 生于林下、林缘、灌丛中、草地荫蔽处，或石砬子旁腐殖质层深厚的土壤上。

分布 黑河全县区均有分布。

濒危状况及致危原因 羊耳蒜分布范围广，野外种群多，个体数量较大，属兰科常见种类，说明羊耳蒜的有性繁殖较为成功，濒危的主要原因是生态环境的破坏和人们的过度采挖。

保护及利用 羊耳蒜被列入《国家重点保护野生植物名录》，为国家Ⅱ级保护植物。带根全草入药。味微酸、涩，性平。有活血调经、强心、镇静、止血、止痛之功效。目前，有关羊耳蒜研究报道很少，主要是形态学和组织培养方面的研究，尚没有人工栽培成功的报道。

主要参考文献

傅沛云，孙启时，陈佑安，等．1998．东北草本植物志（第十二卷）．北京：科学出版社．

朱有昌，吴德成，李景富．1989．东北药用植物志．哈尔滨：黑龙江科学技术出版社．

（执笔人：王臣）

羊耳蒜 *Liparis japonica* (Miq.) Maxim.

摄影：王臣

5.36 沼兰　　*Malaxis monophyllos* (L.) Sw.

地方名　穗花一叶兰、鞘沼兰
英文名　Bogorchis，Sheath Addermouth Orchid
俄文名　Мякотница однолистная
分类地位　单子叶植物纲、微子目、兰科、沼兰属
识别特征　陆生多年生草本。高 12～35cm，全株无毛。假鳞茎卵形，具多数白色膜质鞘。茎直立，叶通常 1 枚，较少 2 枚，基生，膜质，卵形、长圆形或近椭圆形，长 4～10cm，宽 1～4cm；叶柄稍呈鞘状。总状花序顶生，多花，花序轴具狭翅；花苞片披针形；花梗扭转 360°，比苞片稍长；花小，较密集，淡黄绿色至淡绿色；中萼片位于下方，披针形或狭卵状披针形，长 2～4mm；侧萼片线状披针形，略狭于中萼片；侧花瓣近丝状或极狭的披针形；唇瓣位于上方，长 3～4mm，先端骤然收狭成线状披针形的尾（中裂片）；子房长 1～2mm，初时随花梗扭转，后期伸直。蒴果倒卵形或倒卵状椭圆形；果梗长 2.5～3mm。花期 7～8 月，果期 8～9 月。
生态及群落特征　生于林下、林缘、草甸、稍湿草地、灌丛中或草坡上。

分布　爱辉、逊克、五大连池、嫩江（中央站）。
濒危状况及致危原因　沼兰处于近危乃至易危状态，主要由于灭绝性采挖和生态环境的恶化，另外，沼兰种子具有萌发缓慢和萌发率低的特性也是濒危原因之一。
保护及利用　沼兰被列入《国家重点保护野生植物名录》，为国家 II 级保护植物。全草入药，有清热解毒、调经活血、利尿消肿之功效。由于自然资源遭到严重破坏，急需对沼兰种质资源进行保护和繁殖。目前，有关沼兰的研究报道很少，为更好地保护该物种，应对该物种展开全面的研究。

主要参考文献

傅沛云，孙启时，陈佑安，等. 1998. 东北草本植物志（第十二卷）. 北京：科学出版社.

王瑞霞，何明高，宋松泉. 2010. 培养基与光照对沼兰种子非共生萌发的影响. 植物生态学报，34（4）：438-443.

（执笔人：王臣）

沼兰 *Malaxis monophyllos* (L.) Sw.　　摄影：王臣

5.37 二叶兜被兰　　*Neottianthe cucullata* (L.) Schltr.

地方名　鸟巢兰、百步还阳丹
英文名　Twoleaf Hoodorchis
俄文名　Гнездоцветка клобучковая
分类地位　单子叶植物纲、微子目、兰科、兜被兰属

识别特征　陆生多年生小草本，植株高10～40cm。地下具1至数个圆球形或卵形块茎。茎直立或近直立，具2枚基生叶。叶片卵形、卵状披针形或椭圆形，长4～6cm，宽1.5～3.5cm，叶上面有时具少数或多而密的紫红色斑点；茎中部生有1至数枚狭披针形至线形的苞片状小叶。顶生总状花序具多花，常偏向一侧；花紫红色或粉红色；萼片彼此紧密靠合成兜，兜长5～7mm，宽3～4mm；中萼片长5～6mm，宽约1.5mm；侧萼片斜镰状披针形，长6～7mm，基部宽1.8mm；侧花瓣披针状线形，长约5mm，宽约0.5mm，与萼片贴生；唇瓣向前伸展，长7～9mm，中部3裂，侧裂片线形，中裂片较侧裂片长而稍宽；距细圆筒状圆锥形，长4～7mm，中部向前弯曲。子房近长圆形或近纺锤形，基部常渐狭，长5～10mm，扭转，无毛。花期7～8月，果期9月。

生态及群落特征　生于林下、林缘及灌丛间。
分布　爱辉、孙吴、逊克、五大连池。
濒危状况及致危原因　二叶兜被兰野外种群少，种群密度低，为罕见种类。濒危的主要原因是由物种本身的生物学特性所决定的。二叶兜被兰虽有一定的药用价值，但由于个体稀少，人们并不会大量采集。人类活动使原生植被遭到破坏，导致适生生境减少，继而减少二叶兜被兰种群数量。
保护及利用　二叶兜被兰被列入《国家重点保护野生植物名录》，为国家Ⅱ级保护植物。全草入药。味甘，性平，有强心兴奋、活血散瘀之功效。目前，有关二叶兜被兰的资料稀缺，应对该物种展开全面的研究。

主要参考文献

傅沛云，孙启时，陈佑安，等．1998．东北草本植物志（第十二卷）．北京：科学出版社．

朱有昌，吴德成，李景富．1989．东北药用植物志．哈尔滨：黑龙江科学技术出版社．

（执笔人：王臣）

二叶兜被兰 *Neottianthe cucullata* (L.) Schltr.　　　　　　摄影：王臣

5.38 广布红门兰 *Orchis chusua* D. Don

地方名 库莎红门兰、千鸟兰

英文名 Blazon Orchis

俄文名 Понерорхис малоцветковый

分类地位 单子叶植物纲、微子目、兰科、玉凤花属

识别特征 多年生草本，植株高5～45cm。块茎长圆形或圆球形，肉质，不裂，生数条至多条细根。茎直立，纤细，稍有细纵棱，无毛，基部具1～3枚膜质鞘，鞘之上具1～5枚叶，之上具1～3枚小的、披针形苞片状叶。叶片长圆状披针形、披针形或线状披针形至线形，长3～15cm，宽0.2～3cm，基部收狭成抱茎的鞘。顶生总状花序，具2～10余朵花，多偏向一侧；花苞片披针形或卵状披针形；花紫红色或粉红色；中萼片长圆形或卵状长圆形，凹陷呈舟状，长5～8mm，宽2.5～5mm；侧萼片向后反折，卵状披针形，长6～9mm，宽3～5mm；侧花瓣直立，斜狭卵形、宽卵形或狭卵状长圆形；唇瓣向前伸展，较萼片长和宽，3裂；距圆筒状或圆筒状锥形，常向后斜展或近平展，通常长于子房。子房圆柱形，扭转，无毛，连花梗长12～20mm。花期6～7月。

生态及群落特征 生于林缘、林下、较湿草地。

分布 爱辉可能有分布。

濒危状况及致危原因 广布红门兰野外种群少，种群密度低，为罕见种类。濒危的主要原因是人为过度采集，以及由物种本身的生物学特性所决定。

保护及利用 广布红门兰野生资源稀少，被列入《国家重点保护野生植物名录》，为国家Ⅱ级保护植物。块茎入药，清热解毒、补肾益气、安神。蒙药用于治疗遗精、精亏、阳痿、肾寒、腰腿痛、"青腿"病、痛风、游痛症、久病体弱。广布红门兰植株小巧清秀，花色艳丽，也见于栽培，用于观赏。目前，有关广布红门兰的研究很少，应对该物种展开全面的研究。

主要参考文献

傅沛云，孙启时，陈佑安，等. 1998. 东北草本植物志（第十二卷）. 北京：科学出版社.

（执笔人：王臣）

Orchis chusua D. Don

摄影：周繇

5.39 朱兰　　*Pogonia japonica* Rchb. f.

英文名　Japan Pogonia

俄文名　Бородатка японская или Погония японская

分类地位　单子叶植物纲、微子目、兰科、朱兰属

识别特征　陆生多年生草本，植株高10～25cm。根状茎直生，长1～2cm，具细长、稍肉质的根。茎直立，纤细，在中部或中部以上具1枚叶。叶稍肉质，近长圆形或长圆状披针形，长3.5～9cm，宽8～17mm，抱茎。花苞片叶状，狭长圆形、线状披针形或披针形，长1.5～4cm；花梗和子房长明显短于花苞片；花单生茎顶，向上斜展，常紫红色或淡紫红色；萼片狭长圆状倒披针形，长1.5～2.2cm；花瓣与萼片相似，近等长，但明显较宽；唇瓣近狭长圆形，长1.4～2cm，中部以上3裂；侧裂片先端具不规则缺刻或流苏；中裂片舌状或倒卵形，边缘具流苏状或啮蚀状；蕊柱细长，长7～10mm。蒴果长圆形，稍扭曲，长2～2.5cm，宽5～6mm。花期5～7月，果期8～9月。

生态及群落特征　生于湿草地、林间草地及林下。

分布　嫩江（中央站）。

濒危状况及致危原因　朱兰植株稀少，属罕见种类，主要缘于物种本身的生物学特性，另外，人类的采集入药也是植株稀少的重要原因。

保护及利用　朱兰野生资源稀少，被列入《国家重点保护野生植物名录》，为国家Ⅱ级保护植物。全草入药，苦寒，有清热解毒、润肺止咳、消肿、止血之功效。目前，有关朱兰的研究很少，为有效保护其野生种质资源，应展开全面研究。

主要参考文献

傅沛云，孙启时，陈佑安，等．1998．东北草本植物志（第十二卷）．北京：科学出版社．

（执笔人：王臣）

朱兰 *Pogonia japonica* Rchb. f.

摄影：李显达

5.40 二叶舌唇兰 *Platanthera chlorantha* Cust. ex Rchb.

地方名 大叶长距兰
英文名 Bileaf Platanthera
俄文名 Любка зелёноцветная
分类地位 单子叶植物纲、微子目、兰科、舌唇兰属

识别特征 陆生多年生草本，植株高 25～60cm。块茎 1 或 2 个，卵状纺锤形，肉质，长 3～4cm，基部粗约 1cm。茎直立，无毛，基部具 1 或 2 枚叶鞘，之上为 2 枚彼此紧靠、近对生的大叶，在大叶之上具 2～4 枚变小的披针形苞片状小叶。大叶片椭圆形或倒披针状椭圆形，长 10～20cm，宽 4～8cm，基部收窄成抱茎的鞘状柄。总状花序具 12～32 朵花，长 13～23cm；花苞片披针形，先端渐尖，最下部的长于子房；花较大，绿白色或白色；中萼片直立，舟状，圆状心形，长 6～7mm，宽 5～6mm；侧萼片张开，斜卵形，长 7.5～8mm，宽 4～4.5mm；侧花瓣直立，偏斜，狭披针形，长 5～6mm，基部宽 2.5～3mm；唇瓣向前伸，舌状，肉质，长 8～13mm，宽约 2mm；距棒状圆筒形，长 25～36mm，水平或斜的向下伸展，稍微钩曲或弯曲，明显长于子房，为子房长的 1.5～2 倍；子房圆柱状，扭转，长 13～25mm，无毛。蒴果狭长圆形，上端常稍狭窄并具短喙，连喙长 17～20mm，具纵棱，无毛。花期 6～7 月，果期 8～9 月。

生态及群落特征 生于林下、林缘、草甸、较湿草地。

分布 爱辉、五大连池、嫩江（中央站）。

濒危状况及致危原因 二叶舌唇兰野外种群少，种群密度低，为罕见种类。濒危的主要原因是由物种本身的生物学特性所决定的。二叶舌唇兰有一定的药用价值，人们的采集也是濒危因素之一。另外，人类活动使原生植被遭到破坏，导致适生生境减少，也是不可忽略的濒危因素。

保护及利用 二叶舌唇兰野生资源稀少，被列入《国家重点保护野生植物名录》，为国家 II 级保护植物。块茎入中药及蒙药，补肺生肌、化瘀止血。用于治疗肺痨咯血、吐血、衄血；外用治创伤、痈肿、水火烫伤。二叶舌唇兰还有一定的观赏价值。目前，有关二叶舌唇兰的研究很少，应展开全面的研究。

主要参考文献

傅沛云，孙启时，陈佑安，等. 1998. 东北草本植物志（第十二卷）. 北京：科学出版社.

马玉心，崔大练，张国秀. 2002. 北国林海的奇葩——二叶舌唇兰. 中国林副特产，(4)：62.

（执笔人：王臣）

二叶舌唇兰 *Platanthera chlorantha* Cust. ex Rchb. 摄影：周繇

5.41 密花舌唇兰 *Platanthera hologlottis* Maxim.

地方名 沼兰、狭叶长距兰
英文名 Denseflower Platanthera
俄文名 Любка цельногубая
分类地位 单子叶植物纲、微子目、兰科、舌唇兰属

识别特征 陆生多年生草本，植株高35～100cm。根状茎指状、肉质，水平伸展，具肉质细长纤维根。茎直立，直径3～9mm，无毛。基部具1～2枚叶鞘，之上具3～6枚大叶，向上渐小，呈苞片状。叶片线状披针形或宽线形，下部叶长7～20cm，宽

密花舌唇兰 *Platanthera hologlottis* Maxim.

摄影：周繇、王臣

0.8~2cm，上部叶长1.5~3cm，宽2~3mm，基部成短鞘抱茎。总状花序顶生，密生多花，花序长5~26cm；花苞片披针形或线状披针形；花白色，芳香；中萼片直立，舟状，卵形或椭圆形，长4~5mm，宽3~3.5mm；侧萼片反折，偏斜，椭圆状卵形，长5~7mm，宽1.5~3mm；侧花瓣直立，斜卵形，长4~5mm，宽1.5~2mm；唇瓣舌形或舌状披针形，稍肉质，长6~7mm，宽2.5~3mm；距下垂，纤细，圆筒状，长1~2cm，长于子房，距口的突起物显著；子房圆柱形，先端变狭，扭转，长10~15mm，无毛。花期6~7月。

生态及群落特征　生于湿草地、沼泽边湿地、草甸、林缘。

分布　爱辉、孙吴、嫩江（中央站）、五大连池。

濒危状况及致危原因　密花舌唇兰野外种群少，种群密度低，为罕见种类。濒危的主要原因是由物种本身的生物学特性所决定的。密花舌唇兰有一定的药用价值，人们的采集也是濒危因素之一。另外，人类活动使原生植被遭到破坏，导致适生生境减少，也是不可忽略的濒危因素。

保护及利用　密花舌唇兰被列入《国家重点保护野生植物名录》，为国家Ⅱ级保护植物。全草入药，润肺止咳，且有一定的观赏价值。目前，有关密花舌唇兰的研究很少，应展开全面的研究。

主要参考文献

傅沛云，孙启时，陈佑安，等．1998．东北草本植物志（第十二卷）．北京：科学出版社．

马玉心，崔大练．2003．北方野生花卉珍品——密花舌唇兰．植物杂志，02：31．

（执笔人：王臣）

5.42　绶　草　*Spiranthes sinensis* (Pers.) Ames.

地方名　东北盘龙参、拧劲兰
英文名　China Ladytress
俄文名　Скрученник китайский
分类地位　单子叶植物纲、微子目、兰科、绶草属

识别特征　陆生多年生草本，植株高15~60cm。根数条，指状，肉质，簇生于茎基部。茎直立，基生叶2~5枚。叶片宽线形或宽线状披针形，长3~10cm，常宽5~10mm，基部收窄成具柄状抱茎的鞘。花茎直立，长10~25cm，上部被腺状柔毛至无毛；总状花序具多数密生的花，长4~10cm，呈螺旋状扭转；花苞片卵状披针形，下部的长于子房；花小，紫红色、粉红色或白色，在花序轴上呈螺旋状排列；子房卵形，扭转，长4~5mm，被腺毛。蒴果具3棱，长5~7mm。花期7~8月，果期8~9月。

生态及群落特征　生于林缘、稍湿草地、沼泽化草甸或林下、湖岸或河边草地、五花草塘等。

分布　嫩江（中央站）。

濒危状况及致危原因　绶草分布较广，在适宜生境中零散分布，易见，很难形成较大种群，野生资源处于濒危状态，原因之一是人们的过度采挖。绶草植株细小，且大多在花期采集，获得医药用量需要大量采集个体，从而使更新种源断绝，个体数量急剧减少。另外，适生生境不断消失是濒危的另一原因。

保护及利用　绶草被列入《国家重点保护野生植物名录》，为国家Ⅱ级保护植物。绶草根或全草入药，味甘、淡，性平。具填精壮阳、滋阴益气、清热、止血、润肺止咳、凉血解毒之功效。绶草中的阿魏酸二十八醇酯已被证明具有显著的抗肿瘤作用，显示了抗癌药物开发前景。绶草总状花序顶生，粉红色小花螺旋状排列在花序轴上，如小龙盘柱，色彩艳丽、外形别致，是一种极具开发价值的野生观赏植物。目前，绶草野生资源枯竭，尚不能进行人工栽培，有关绶草的研究集中在快繁体系建立、共生菌研究及药学研究方面。

主要参考文献

董必慧，杨小兰．2006．沿海滩涂濒危物种绶草的生长利用特性和保护策略．江苏农业科学，（3）：193-195．

傅沛云，孙启时，陈佑安，等．1998．东北草本植物志（第十二卷）．北京：科学出版社．

牛玉璐，曹永胜．2009．绶草的组织培养与快速繁殖研究．畜牧与饲料科学，30（1）：18．

朱有昌，吴德成，李景富．1989．东北药用植物志．哈尔滨：黑龙江科学技术出版社．

（执笔人：王臣）

绶草 *Spiranthes sinensis* (Pers.) Ames.

摄影：王臣、周繇

5.43 蜻蜓兰 *Tulotis fuscescens* (L.) Czer. Addit. et Collig.

地方名 竹叶兰
英文名 Dragonflyorchis
俄文名 Тулотис буреющий
分类地位 单子叶植物纲、微子目、兰科、蜻蜓兰属

识别特征 陆生多年生草本，植株高 20～70cm。根状茎指状，肉质，细长。茎粗壮，直立，茎部具 1 或 2 枚筒状鞘，叶 1～3 枚互生于茎的中下部。叶片倒卵形或椭圆形，长 6～20cm，宽 3～12cm，基部收狭成抱茎的鞘，茎上部具 1 至几枚苞片状小叶。总状花序狭长，具多数密生的花；花苞片狭披针形，常长于子房；花小，黄绿色；中萼片直立，凹陷呈舟状，卵形，长 4mm，宽 3mm；侧萼片斜椭圆形，较中萼片稍长而狭；侧花瓣直立，斜椭圆状披针形，与中萼片相靠合且较窄；唇瓣向前伸展，多少下垂，舌状披针形，肉质，长 4～5mm，基部两侧各具 1 枚小的侧裂片；距细长，下垂，稍弧曲，与子房等长或稍较长。子房圆柱状纺锤形，扭转，稍弧曲；蒴果长圆形，具纵棱，顶端狭细成喙。花期 6～7 月。果期 8～9 月。

生态及群落特征 生于林下、林缘、灌丛间、草甸及林间和林外草地。

分布 爱辉、逊克、嫩江、五大连池。

濒危状况及致危原因 蜻蜓兰野外种群少，种群密度低，为罕见种类。濒危的主要原因是其有性繁殖成功率低，另外，蜻蜓兰对生长条件要求也较为苛刻。蜻蜓兰虽有一定的药用价值，但由于个体稀少，人们并不会大量采集，而人类活动导致了原生植被的破坏，从而危及蜻蜓兰种群数量。

保护及利用 蜻蜓兰被列入《国家重点保护野生植物名录》，为国家 II 级保护植物。全草入药，解毒生肌，主治烧伤。目前，有关蜻蜓兰的专门研究报道很少。

主要参考文献

傅沛云，孙启时，陈佑安，等. 1998. 东北草本植物志（第十二卷）. 北京：科学出版社.

（执笔人：王臣）

蜻蜓兰 *Tulotis fuscescens* (L.) Czer. Addit. et Collig.

摄影：周繇

第 6 章
附　录

6.1 黑河市野生动物名录

6.1.1 黑河市哺乳类名录

序号	名称	栖息生境	数量	保护级别	经济价值
	一、食虫目 INSECTIVORA				
	（一）猬科 Erinaceidae				
1	东北刺猬 *Erinaceus amurensis*	3.4	++	Ⅲ	1.3.4
2	达乌尔猬 *Mesechinus dauricus*	3.4	+	Ⅳ c	1.3.4
	（二）鼩鼱科 Soricidae				
3	中鼩鼱 *Sorex caecutiens*	3.4	+		4
4	普通鼩鼱 *Sorex araneus*	3.4	+		4
5	栗齿鼩鼱 *Sorex daphaenodon*	3.4.5	+		4
6	大鼩鼱 *Sorex mirabilis*	3.4	+		4
7	水鼩鼱 *Neomys fodiens*	3.4	O		4
8	小麝鼩 *Crocidura suaveolens*	3.4.5	+		4
9	大麝鼩 *Crocidura lasiura*	3.4.5	+		4
	二、翼手目 CHIROPTERA				
	（三）蝙蝠科 Vespertilionidae				
10	伊氏鼠耳蝠 *Myotis ikonnikovi*	4	O		1.4
11	长尾鼠耳蝠 *Myotis frater*	3.4	O		4
12	纳氏鼠耳蝠 *Myotis nattereri*	3.4	O		4
13	须鼠耳蝠 *Myotis mystacinus*	3.4	O		4
14	水鼠耳蝠 *Myotis daubentonii*	3.4	O		4
15	普通蝙蝠 *Vespertilio murinus*	3.4	++		1.4
16	大棕蝠 *Eptesicus serotinus*	4	O		4
17	普通伏翼 *Pipistrellus abramus*	4	O		4
	三、食肉目 CARNIVORA				
	（四）犬科 Canidae				
18	狼 *Canis lupus*	2.3.4	+	Ⅲ Ⅳ B	1.2.3
19	赤狐 *Vulpes vulpes*	3.4	++	Ⅲ Ⅳ c	1.2.3
20	貉 *Nyctereutes procyonoides*	2.3	++	Ⅲ	1.2.3
	（五）熊科 Ursidae				
21	黑熊 *Selenarctos thibetanus*	2.3.4	+	Ⅱ Ac	1.2.3
22	棕熊 *Ursus arctos*	2.3.4	O	Ⅱ Ab	1.2.3
	（六）鼬科 Mustelidae				
23	紫貂 *Martes zibellina*	4	+	Ⅰ c	2.3.4
24	青鼬 *Martes flavigula*	4	+	Ⅱ C	2.3.4
25	貂熊 *Gulo gulo*	4	+	Ⅰ c	2.3
26	艾鼬 *Mustela eversmanii*	3.4	+	Ⅲ Ⅳ c	1.2.3.4
27	小艾鼬 *Mustela amurensis*	3.4	+	Ⅲ Ⅳ	1.2.3.4
28	白鼬 *Mustela erminea*	3.4	+	Ⅲ C	1.2.3.4

续表

序号	名称	栖息生境	数量	保护级别	经济价值
29	香鼬 *Mustela altaica*	3.4	++	Ⅲ C	1.2.3.4
30	伶鼬 *Mustela nivalis*	3.4	+	Ⅲ Ⅳ	2.3.4
31	黄鼬 *Mustela sibirica*	3.4	+++	Ⅲ Cc	1.2.3.4
32	水貂 *Mustela vison*	1	+		2.3
33	狗獾 *Meles meles*	2.3.4	+	Ⅲ c	1.2.3
34	水獭 *Lutra lutra*	1.2	+	Ⅱ Ab	1.2.3
	（七）猫科 Felidae				
35	猞猁 *Lynx lynx*	4	+	Ⅱ Bc	1.2.3
36	豹猫 *Felis bengalensis*	4	+	Ⅲ Ⅳ Bc	1.2.3
	四、兔形目 LAGOMORPHA				
	（八）兔科 Leporidae				
37	雪兔 *Lepus timidus*	3.4	+++	Ⅱ c	1.2.3
38	东北兔 *Lepus mandschuricus*	3.4	++	Ⅲ	1.2.3
39	草兔 *Lepus capensis*	3.4	+++	Ⅲ	2.3
40	东北黑兔 *Lepus melainus*	3.4	+	Ⅲ	2.3
	（九）鼠兔科 Ochotonidae				
41	高山鼠兔 *Ochotona alpina*	4	+		1.2.3
	五、啮齿目 RODENTIA				
	（十）松鼠科 Sciuridae				
42	花鼠 *Tamias sibiricus*	3	+++	Ⅲ	1.2.3
43	松鼠 *Sciurus vulgaris*	3	++	Ⅲ	1.2.3
44	达乌尔黄鼠 *Citellus dauricus*	3.4	++		
	（十一）鼯鼠科 Pteromyidae				
45	小飞鼠 *Pteromys volans*	4	+	Ⅲ	2.3
	（十二）林跳鼠科 Zapodidae				
46	蹶鼠 *Sicista concolor*	4	+		2.3
	（十三）仓鼠科 Cricetidae				
47	黑线仓鼠 *Cricetulus barabensis*	2.3.4.5.6	+++		
48	大仓鼠 *Cricetulus triton*	3.5	++		
49	林旅鼠 *Myopus schisticolor*	4	+		
50	红背䶄 *Clethrionomys rutilus*	4	++		
51	棕背䶄 *Clethrionomys rufocanus*	4	+++		
52	普通田鼠 *Microtus arvalis*	3.4	+		
53	莫氏田鼠 *Microtus maximowiczii*	2.3	++		
54	东方田鼠 *Microtus fortis*	1.2.4	++		
55	麝鼠 *Ondatra zibethica*	1.2	+++	Ⅲ	1.2.3
56	东北鼢鼠 *Myospalax psilurus*	3	++		
	（十四）鼠科 Muridae				
57	巢鼠 *Micromys minutus*	2.3.4.5	+		
58	大林姬鼠 *Apodemus speciosus*	2.3.4	++		
59	黑线姬鼠 *Apodemus agrarius*	2.3.5	+++		

续表

序号	名称	栖息生境	数量	保护级别	经济价值
60	褐家鼠 Rattus norvegicus	2.3.4.5.6	+++		1
61	小家鼠 Mus musculus	2.3.4.5.6	++		
	六、偶蹄目 ARTIODACTYLA				
	（十五）猪科 Suidae				
62	野猪 Sus scrofa	3.4.5	++	Ⅲ c	1.2.3
	（十六）麝科 Moschuidae				
63	原麝 Moschus moschiferus	3.4	+	Ⅰ Bb	1.2.3
	（十七）鹿科 Cervidae				
64	马鹿 Cervus elaphus	3.4	+	Ⅱ	1.2.3
65	梅花鹿 Cervus nippon	4	O	Ⅰ a	1.2.3
66	狍 Capreolus capreolus	2.3.4	+++	Ⅲ	1.2.3
67	驼鹿 Alces alces	3.4	+	Ⅱ c	1.2.3

注：栖息生境：1. 水域；2. 沼泽；3. 草甸；4. 林地；5. 农田；6. 居民区。

数量："+++"优势种；"++"常见种；"+"稀有种；"O"绝迹或文献记载。

保护级别：Ⅰ. 国家Ⅰ级重点保护种类；Ⅱ. 国家Ⅱ级重点保护种类；Ⅲ. 列入《国家保护的有益的或者有重要经济、科学研究价值的陆生野生动物名录》种类；Ⅳ. 黑龙江省重点保护种类；

A. 列入 CITES 附录Ⅰ种类；B. 列入 CITES 附录Ⅱ种类；C. 列入 CITES 附录Ⅲ种类。

a. 列入 IUCN 红皮书极危种类；b. 列入 IUCN 红皮书濒危种类；c. 列入 IUCN 红皮书易危种类。

经济价值：1. 药用；2. 猎用；3. 观赏；4. 农林有益。

6.1.2 黑河市鸟类名录

序号	名称	栖息生境	数量	留居	区系	保护级别	经济价值
	一、䴙䴘目 PODICIPEDIFORMES						
	（一）䴙䴘科 Podicipedidae						
1	小䴙䴘 Tachybaptus ruficollis	W	+	S	C	Ⅲ c	1.2.4
2	赤颈䴙䴘 Podiceps grisegena	W	+	S	C	Ⅱ	2.4
3	凤头䴙䴘 Podiceps cristatus	W	+++	S	P	Ⅲ Ⅴ	2.4
4	角䴙䴘 Podiceps auritus	W	O	P	C	Ⅱ Ⅴ	2.4
	二、鹈形目 PELECANIFORMES						
	（二）鸬鹚科 Phalacrocoracidae						
5	普通鸬鹚 Phalacrocorax carbo	W	+++	S	C	Ⅲ	1.2.4
	三、鹳形目 CICONIIFORMES						
	（三）鹭科 Ardeidae						
6	苍鹭 Ardea cinerea	M	+++	S	C	Ⅲ Ⅴ	1.2.3.4
7	草鹭 Ardea purpurea	M	++	S	C	Ⅲ Ⅴ	2.3.4
8	大白鹭 Ardea alba	M	++	S	P	Ⅲ Ⅳ Ⅴ Ⅵ C	3.4
9	池鹭 Ardeola bacchus	M	O	S	C	Ⅲ	2.4
10	绿鹭 Butorides striatus	M	+	S	C	Ⅲ c	2.3.4
11	紫背苇鳽 Ixobrychus eurhythmus	M	+	S	C	Ⅲ	2.4
12	大麻鳽 Botaurus stellaris	M	++	S	C	Ⅲ Ⅴ	2.4
	（四）鹳科 Ciconiidae						
13	黑鹳 Ciconia nigra	M	O	S	P	Ⅰ Ⅴ Bc	2.3.4

续表

	名称	栖息生境	数量	留居	区系	保护级别	经济价值
14	东方白鹳 *Ciconia boyciana*	M	+	S	P	I III Ab	1.2.3.4
	（五）鹮科 Threskiornithidae						
15	白琵鹭 *Platalea leucorodia*	M	+	S	P	II V Bc	2.3.4
	四、雁形目 ANSERIFORMES						
	（六）鸭科 Anatidae						
16	大天鹅 *Cygnus cygnus*	W M	++	S	C	II V	1.2.3.4
17	小天鹅 *Cygnus columbianus*	W M	O	P	P	II V	2.3.4
18	鸿雁 *Anser cygnoides*	W M G L	+++	S	P	III IV V c	1.2.3.4
19	豆雁 *Anser fabalis*	W M G L	++	P	P	III IV V	1.2.3.4
20	白额雁 *Anser albifrons*	W M G L	+	P	C	II V c	1.2.3.4
21	小白额雁 *Anser erythropus*	W M G L	+	P	P	III IV V	2.3.4
22	灰雁 *Anser anser*	W M G L	++	S	P	III IV	1.2.3.4
23	赤麻鸭 *Tadorna ferruginea*	W M	+	S	P	III V	1.2.3.4
24	翘鼻麻鸭 *Tadorna tadorna*	W M	+	S	P	III	2.3.4
25	鸳鸯 *Aix galericulata*	W F	++	S	P	II c	1.2.3.4
26	赤颈鸭 *Anas penelope*	W M	++	P	P	III IV V C	2.3.4
27	绿眉鸭 *Anas americana*	W M	O	O	P		2.3.4
28	罗纹鸭 *Anas falcata*	W M	++	S	P	III V c	2.3.4
29	赤膀鸭 *Anas strepera*	W M	++	S	C	III V	2.3.4
30	花脸鸭 *Anas formosa*	W M	+	P	P	III IV V Cc	2.3.4
31	绿翅鸭 *Anas crecca*	W M	++	S	C	III V C	2.3.4
32	绿头鸭 *Anas platyrhynchos*	W M L	+++	S	C	III V	1.2.3.4
33	斑嘴鸭 *Anas poecilorhyncha*	W M L	+++	S	C	III	1.2.3.4
34	针尾鸭 *Anas acuta*	W	++	P	C	III V C	2.3.4
35	白眉鸭 *Anas querquedula*	W	++	S	P	III IV V VI C	2.3.4
36	琵嘴鸭 *Anas clypeata*	W M	++	S	C	III IV V VI C	2.3.4
37	红头潜鸭 *Aythya ferina*	W	++	S	P	III V	2.3.4
38	青头潜鸭 *Aythya baeri*	W	++	S	P	III IV V c	2.3.4
39	白眼潜鸭 *Aythya nyroca*	W	+	P	P	III C	2.3.4
40	凤头潜鸭 *Aythya fuligula*	W	+++	S	P	III V	2.3.4
41	斑背潜鸭 *Aythya marila*	W	+	P	P	III V	2.3.4
42	长尾鸭 *Clangula hyemalis*	W	O	P	C	III V	2.3.4
43	黑海番鸭 *Melanitta nigra*	W	O	P	C	III	2.3.4
44	斑脸海番鸭 *Melanitta fusca*	W	O	P	C	III V c	2.3.4
45	鹊鸭 *Bucephala clangula*	W F	++	P	P	III V	2.3.4
46	斑头秋沙鸭 *Mergus albellus*	W F	++	P	P	III IV V	2.3.4
47	红胸秋沙鸭 *Mergus serrator*	W F	+	P	P	III IV V	2.3.4
48	普通秋沙鸭 *Mergus merganser*	W F	++	S	C	III V	1.2.3.4
49	中华秋沙鸭 *Mergus squamatus*	W F	+	S	P	I b	2.3.4
	五、隼形目 FALCONIFORMES						
	（七）鹗科 Pandionidae						
50	鹗 *Pandion haliaetus*	W M G L	+	S	C	II Bc	1.2.3.4.5

续表

	名称	栖息生境	数量	留居	区系	保护级别	经济价值
	（八）鹰科 Accipitridae						
51	凤头蜂鹰 *Pernis ptilorhynchus*	G F L	＋	S	P	Ⅱ Bc	2.3.4.5
52	黑鸢 *Milvus migrans*	M F LR	＋	S	C	Ⅱ B	1.2.3.4.5
53	白尾海雕 *Haliaeetus albicilla*	WM F	＋	S	C	Ⅰ Ab	2.3.4.5
54	秃鹫 *Aegypius monachus*	G F	O	S	P	Ⅱ Bb	1.2.3.4.5
55	白腹鹞 *Circus spilonotus*	M G	＋＋＋	S	P	Ⅱ V Bc	2.3.4.5
56	白尾鹞 *Circus cyaneus*	M G	＋＋＋	S	C	Ⅱ V Bc	1.2.3.4.5
57	白头鹞 *Circus aeruginosus*	M G	＋	S	C	Ⅱ V Bc	1.2.3.4.5
58	鹊鹞 *Circus melanoleucos*	M G	＋＋	S	P	Ⅱ V Bc	2.3.4.5
59	日本松雀鹰 *Accipiter gularis*	F	＋	S	O	Ⅱ V B	2.3.4.5
60	雀鹰 *Accipiter nisus*	F	＋	S	P	Ⅱ B	1.2.3.4.5
61	苍鹰 *Accipiter gentilis*	F	＋	S	C	Ⅱ B	1.2.3.4.5
62	灰脸鵟鹰 *Butastur indicus*	G F	O	S	P	Ⅱ V Bb	2.3.4.5
63	普通鵟 *Buteo buteo*	M G L F	＋＋	S	C	Ⅱ Bc	1.2.3.4.5
64	大鵟 *Buteo hemilasius*	M G L F	＋	R	C	Ⅱ Bc	1.2.3.4.5
65	毛脚鵟 *Buteo lagopus*	G F L	＋＋	W	C	Ⅱ V Bc	2.3.4.5
66	乌雕 *Aquila clanga*	M G F	O	S	P	Ⅱ Bb	2.3.4.5
67	草原雕 *Aquila nipalensis*	M G	＋	S	C	Ⅱ Bc	2.3.4.5
68	金雕 *Aquila chrysaetos*	M G F	＋	R	C	Ⅰ Bc	1.2.3.4
	（九）隼科 Falconidae						
69	红隼 *Falco tinnunculus*	M G F	＋＋	R	C	Ⅱ Bc	2.3.4.5
70	阿穆尔隼 *Falco amurensis*	M G F	＋＋	S	P	Ⅱ B	2.3.4.5
71	灰背隼 *Falco columbarius*	M G L F	＋	P	P	Ⅱ V B	2.3.4.5
72	燕隼 *Falco subbuteo*	M G F	O	S	P	Ⅱ V B	2.3.4.5
73	矛隼 *Falco rusticolus*	G F	O	W	C	Ⅱ V Ac	2.3.4.5
74	游隼 *Falco peregrinus*	G F	O	P	C	Ⅱ Ac	2.3.4.5
	六、鸡形目 GALLIFORMES						
	（十）松鸡科 Tetraonidae						
75	黑琴鸡 *Lyrurus tetrix*	F	＋	R	P	Ⅱ c	2.3.4
76	黑嘴松鸡 *Tetrao parvirostris*	F	＋	R	P	Ⅰ b	2.3.4
77	花尾榛鸡 *Bonasa bonasia*	F	＋＋	R	P	Ⅱ c	1.2.3.4
	（十一）雉科 Phasianidae						
78	斑翅山鹑 *Perdix dauurica*	G F	＋＋	R	P	Ⅲ c	1.2.4
79	日本鹌鹑 *Coturnix japonica*	G	＋＋	S	C	Ⅲ V	1.2.4
80	环颈雉 *Phasianus colchicus*	G F	＋＋＋	R	P	Ⅲ	1.2.3.4
	七、鹤形目 GRUIFORMES						
	（十二）三趾鹑科 Turnicidae						
81	黄脚三趾鹑 *Turnix tanki*	M	O	S	C	Ⅳ V	1.2.4
	（十三）鹤科 Gruidae						
82	白鹤 *Grus leucogeranus*	M G	＋	P	P	Ⅰ Ab	2.3.4
83	白枕鹤 *Grus vipio*	M G	＋＋	S	P	Ⅱ V Ab	2.3.4

续表

	名称	栖息生境	数量	留居	区系	保护级别	经济价值
84	灰鹤 *Grus grus*	M G L	+	P	P	Ⅱ Ⅴ B	1.2.3.4
85	白头鹤 *Grus monacha*	M G	+	S	P	Ⅰ Ⅴ Ab	2.3.4
86	丹顶鹤 *Grus japonensis*	M G L	++	S	P	Ⅰ Ab	1.2.3.4
	（十四）秧鸡科 Rallidae						
87	普通秧鸡 *Rallus aquaticus*	M	+	S	C	Ⅲ Ⅴ	1.2.4
88	红胸田鸡 *Porzana fusca*	M	+	S	C	Ⅲ Ⅴ	2.3.4
89	斑胁田鸡 *Porzana paykullii*	M	+	S	P	Ⅲ	2.3.4
90	黑水鸡 *Gallinula chloropus*	M	++	S	C	Ⅲ Ⅳ Ⅴ	1.2.4
91	骨顶鸡 *Fulica atra*	W	+++	S	P	Ⅲ	2.3.4
	八、鸻形目 CHARADRIIFORMES						
	（十五）蛎鹬科 Haematopodidae						
92	蛎鹬 *Haematopus ostralegus*	M G	+	S	P	Ⅲ Ⅴ c	2.3.4
	（十六）反嘴鹬科 Recurvirostridae						
93	黑翅长脚鹬 *Himantopus himantopus*	M	+	S	C	Ⅲ Ⅴ	2.4
94	反嘴鹬 *Recurvirostra avosetta*	M	O	P	P	Ⅲ Ⅳ Ⅴ	2.4
	（十七）燕鸻科 Glareolidae						
95	普通燕鸻 *Glareola maldivarum*	M G	+	S	C	Ⅲ Ⅴ Ⅵ	2.4
	（十八）鸻科 Charadriidae						
96	凤头麦鸡 *Vanellus vanellus*	M G	+++	S	P	Ⅲ Ⅴ	2.4
97	灰头麦鸡 *Vanellus cinereus*	M G	++	S	P	Ⅲ	2.4
98	金鸻 *Pluvialis fulva*	M G	+	P	C	Ⅲ Ⅴ Ⅵ	2.4
99	灰鸻 *Pluvialis squatarola*	M G	O	P	P	Ⅲ Ⅴ Ⅵ	2.4
100	剑鸻 *Charadrius hiaticula*	M G	O	S	P		2.4
101	长嘴剑鸻 *Charadrius placidus*	M G	+	S	P	Ⅲ Ⅵ	2.4
102	金眶鸻 *Charadrius dubius*	M G	+	S	C	Ⅲ Ⅵ	2.4
103	环颈鸻 *Charadrius alexandrinus*	M G L	+	S	C	Ⅲ	2.4
104	蒙古沙鸻 *Charadrius mongolus*	M G	O	P	C	Ⅲ Ⅴ Ⅵ	2.4
105	东方鸻 *Charadrius veredus*	M G	O	O	C	Ⅲ	2.4
106	小嘴鸻 *Charadrius morinellus*	M G	O	O	C	Ⅲ	2.4
	（十九）鹬科 Scolopacidae						
107	丘鹬 *Scolopax rusticola*	M	+	S	P	Ⅲ Ⅳ Ⅴ	2.4
108	孤沙锥 *Gallinago solitaria*	M	+	S	P	Ⅲ Ⅳ Ⅴ b	2.4
109	针尾沙锥 *Gallinago stenura*	M	+++	S	P	Ⅲ Ⅴ	2.4
110	大沙锥 *Gallinago megala*	M	+	P	P	Ⅲ Ⅴ Ⅵ	2.4
111	扇尾沙锥 *Gallinago gallinago*	M	++	S	C	Ⅲ Ⅴ	2.4
112	半蹼鹬 *Limnodromus semipalmatus*	M	O	P	P	Ⅲ Ⅳ Ⅵ b	2.4
113	黑尾塍鹬 *Limosa limosa*	M	O	P	P	Ⅲ Ⅴ Ⅵ	2.4
114	中杓鹬 *Numenius phaeopus*	M G	O	P	P	Ⅲ Ⅴ Ⅵ	2.4
115	白腰杓鹬 *Numenius arquata*	M G	+	P	P	Ⅲ Ⅴ Ⅵ c	2.4
116	大杓鹬 *Numenius madagascariensis*	M G	+	S	P	Ⅲ Ⅳ Ⅴ Ⅵ c	1.2.4
117	鹤鹬 *Tringa erythropus*	M	+	S	P	Ⅲ Ⅴ	2.4

续表

	名称	栖息生境	数量	留居	区系	保护级别	经济价值
118	红脚鹬 Tringa totanus	M	+	S	P	Ⅲ Ⅴ Ⅵ	2.4
119	泽鹬 Tringa stagnatilis	M	+	P	P	Ⅲ Ⅴ Ⅵ	2.4
120	青脚鹬 Tringa nebularia	M	O	P	P	Ⅲ Ⅴ Ⅵ	2.4
121	白腰草鹬 Tringa ochropus	M	++	S	P	Ⅲ Ⅴ	1.2.4
122	林鹬 Tringa glareola	M	++	S	P	Ⅲ Ⅴ Ⅵ	2.4
123	翘嘴鹬 Xenus cinereus	M	O	S	P	Ⅲ	
124	矶鹬 Actitis hypoleucos	M	O	S	P	Ⅲ Ⅴ Ⅵ	2.4
125	翻石鹬 Arenaria interpres	M	O	P	C	Ⅲ Ⅴ	2.4
126	红腹滨鹬 Calidris canutus	M	O	P	P	Ⅲ Ⅴ Ⅵ	2.4
127	三趾滨鹬 Calidris alba	M	O	P	P	Ⅲ	2.4
128	红颈滨鹬 Calidris ruficollis	M	O	P	P	Ⅲ Ⅴ Ⅵ	2.4
129	青脚滨鹬 Calidris temminckii	M	O	P	P	Ⅲ Ⅴ	2.4
130	长趾滨鹬 Calidris subminuta	M	O	P	P	Ⅲ Ⅴ Ⅵ	2.4
	（二十）鸥科 Laridae						
131	普通海鸥 Larus canus	W G	+	P	C	Ⅲ Ⅴ	2.3.4.5
132	北极鸥 Larus hyperboreus	W G	+	P	C	Ⅲ	2.3.4.5
134	西伯利亚银鸥 Larus vegae	W G	++	S	C	Ⅲ Ⅴ	2.3.4.5
135	灰背鸥 Larus schistisagus	W G	+	O	P	Ⅲ Ⅴ c	2.3.4.5
136	红嘴鸥 Larus ridibundus	W G	+++	S	P	Ⅲ Ⅴ	1.2.4.5
137	小鸥 Larus minutus	W	O	P	P	Ⅱ	2.4
	（二十一）燕鸥科 Sterinidae						
138	普通燕鸥 Sterna hirundo	W	+++	S	C	Ⅲ Ⅴ Ⅵ	2.4
139	白额燕鸥 Sterna albifrons	W	++	S	C	Ⅲ Ⅴ Ⅵ	2.4
140	须浮鸥 Chlidonias hybrida	W	+	S	P	Ⅲ	2.4
141	白翅浮鸥 Chlidonias leucopterus	W	++	S	P	Ⅲ Ⅵ	2.4
	九、沙鸡目 PTEROCLIFORMES						
	（二十二）沙鸡科 Pteroclidae						
142	毛腿沙鸡 Syrrhaptes paradoxus	G L	++	W	P	Ⅲ c	1.2.3.4
	十、鸽形目 COLUMBIFORMES						
	（二十三）鸠鸽科 Columbidae						
143	岩鸽 Columba rupestris	F	+	R	P	Ⅲ	1.2.4
144	山斑鸠 Streptopelia orientalis	F	+++	S	C	Ⅲ	1.2.4
145	灰斑鸠 Streptopelia decaocto	F	O	O	O	Ⅲ	1.2.4
	十一、鹃形目 CUCULIFORMES						
	（二十四）杜鹃科 Cuculidae						
146	棕腹杜鹃 Cuculus hyperythrus	F	+	S	C	Ⅲ Ⅳ Ⅴ	2.4.5
147	四声杜鹃 Cuculus micropterus	F	+	S	O	Ⅲ	1.2.4.5
148	大杜鹃 Cuculus canorus	F	++	S	C	Ⅲ Ⅴ	1.2.4.5
149	东方中杜鹃 Cuculus optatus	F	+	S	C	Ⅲ Ⅴ Ⅵ	1.2.4.5
150	小杜鹃 Cuculus poliocephalus	F	+	S	O	Ⅲ Ⅳ Ⅴ	1.2.4.5

续表

名称	栖息生境	数量	留居	区系	保护级别	经济价值
十二、鸮形目 STRIGIFORMES						
（二十五）鸱鸮科 Strigidae						
151　领角鸮 *Otus lettia*	F L	+	R	C	Ⅱ Bc	2.4.5
152　红角鸮 *Otus sunia*	F L	+	S	C	Ⅱ Bc	2.3.4.5
153　雕鸮 *Bubo bubo*	F L	+	R	P	Ⅱ Bb	1.2.3.4.5
154　雪鸮 *Bubo scandiaca*	G F L	++	W	C	Ⅱ V B	2.4.5
155　毛腿渔鸮 *Ketupa blakistoni*	W F L	+	R	C	Ⅱ Bb	2.3.4.5
156　长尾林鸮 *Strix uralensis*	F L	++	R	C	Ⅱ Bc	2.4.5
157　乌林鸮 *Strix nebulosa*	F L	+	R	C	Ⅱ Bc	2.4.5
158　猛鸮 *Surnia ulula*	F L	+	W	C	Ⅱ Bc	2.4.5
159　花头鸺鹠 *Glaucidium passerinum*	F	O	R	P	Ⅱ Bc	2.4.5
160　纵纹腹小鸮 *Athene noctua*	F	O	R	P	Ⅱ B	2.3.4.5
161　鬼鸮 *Aegolius funereus*	F	O	O	C	Ⅱ Bb	2.3.4.5
162　鹰鸮 *Ninox scutulata*	F	+	S	C	Ⅱ B	2.3.4.5
163　长耳鸮 *Asio otus*	F L R	++	R	C	Ⅱ V B	1.2.4.5
164　短耳鸮 *Asio flammeus*	F L R	++	R	C	Ⅱ V B	2.4.5
十三、夜鹰目 CAPRIMULGIFORMES						
（二十六）夜鹰科 Caprimulgidae						
165　普通夜鹰 *Caprimulgus indicus*	F	+	S	C	Ⅲ Ⅳ V	1.4.5
十四、雨燕目 APODIFORMES						
（二十七）雨燕科 Apodidae						
166　白喉针尾雨燕 *Hirundapus caudacutus*	G F	O	S	O	Ⅲ Ⅳ V Ⅵ	4.5
167　白腰雨燕 *Apus pacificus*	G F	O	S	P	Ⅲ V Ⅵ	4.5
十五、佛法僧目 CORACIIFORMES						
（二十八）翠鸟科 Alcedinidae						
168　普通翠鸟 *Alcedo atthis*	W F	++	S	C	Ⅲ	1.4
169　蓝翡翠 *Halcyon pileata*	W F	O	P	O	Ⅲ Ⅳ b	
（二十九）佛法僧科 Coraciidae						
170　三宝鸟 *Eurystomus orientalis*	F	+	S	C	Ⅲ Ⅳ V c	4.5
十六、戴胜目 UPUPIFORMES						
（三十）戴胜科 Upupidae						
171　戴胜 *Upupa epops*	F R L R	++	S	C	Ⅲ	1.4.5
十七、䴕形目 PICIFORMES						
（三十一）啄木鸟科 Picidae						
172　蚁䴕 *Jynx torquilla*	F	++	S	P	Ⅲ	1.4.5
173　星头啄木鸟 *Picoides canicapillus*	F	O	R	O	Ⅲ	1.4.5
174　小星头啄木鸟 *Picoides kizuki*	F	+	R	P	Ⅲ Ⅳ c	4.5
175　小斑啄木鸟 *Picoides minor*	F	++	R	P	Ⅲ	1.4.5
176　棕腹啄木鸟 *Picoides hyperythrus*	F	O	S	P	Ⅲ Ⅳ c	1.4.5
177　白背啄木鸟 *Picoides leucotos*	F	++	R	P	Ⅲ Ⅳ V	1.4.5
178　大斑啄木鸟 *Picoides major*	F	++	R	P	Ⅲ	1.2.4.5

续表

	名称	栖息生境	数量	留居	区系	保护级别	经济价值
179	三趾啄木鸟 Picoides tridactylus	F	O	R	P	Ⅲ Ⅳ	4.5
180	黑啄木鸟 Dryocopus martius	F	+	R	P	Ⅲ Ⅳ	2.4.5
181	灰头绿啄木鸟 Picus canus	F	++	R	P	Ⅲ	2.4.5
	十八、雀形目 PASSERIFORMES						
	（三十二）百灵科 Alaudidae						
182	蒙古百灵 Melanocorypha mongolica	G L	++	S	P	Ⅲ c	2.4
183	短趾百灵 Calandrella cheleensis	G L	++	S	P		2.4
184	凤头百灵 Galerida cristata	G L	O	P	P	Ⅲ	
185	云雀 Alauda arvensis	G L	++	S	P	Ⅲ	1.2.4.5
186	角百灵 Eremophila alpestris	G L	O	P	P	Ⅲ V	2.4
	（三十三）燕科 Hirundinidae						
187	崖沙燕 Riparia riparia	G L	+++	S	C	Ⅲ V	1.5
188	家燕 Hirundo rustica	G R L	+++	S	C	Ⅲ Ⅳ V Ⅵ	1.5
189	金腰燕 Hirundo daurica	G R L	+++	S	C	Ⅲ Ⅳ V	1.5
190	毛脚燕 Delichon urbica	G R L	+++	S	C	Ⅲ V	1.5
	（三十四）鹡鸰科 Motacillidae						
191	山鹡鸰 Dendronanthus indicus	F	+	S	P	Ⅲ V c	4.5
192	白鹡鸰 Motacilla alba	M G F	++	S	P	Ⅲ V Ⅵ	1.4.5
193	黄鹡鸰 Motacilla flava	M G F	++	S	P	Ⅲ V Ⅵ	4.5
194	灰鹡鸰 Motacilla cinerea	M G F	++	S	P	Ⅲ Ⅵ	4.5
195	田鹨 Anthus richardi	M G F	+	P	C	Ⅲ V	1.4.5
196	树鹨 Anthus hodgsoni	F R	++	S	P	Ⅲ V	4.5
197	北鹨 Anthus gustavi	M G F	+	S	P	Ⅲ V	4.5
198	草地鹨 Anthus pratensis	M G F	+	S	C	Ⅲ V	1.4.5
199	红喉鹨 Anthus cervinus	G F	+	P	C	Ⅲ V	4.5
200	水鹨 Anthus spinoletta	M G R L	+	P	P	Ⅲ V	4.5
	（三十五）山椒鸟科 Campephagidae						
201	灰山椒鸟 Pericrocotus divaricatus	F	+	S	O	Ⅲ Ⅳ V	4.5
	（三十六）鹎科 Pycnonotidae						
202	栗耳短脚鹎 Hypsipetes amaurotis	F	O	O	O		4.5
	（三十七）太平鸟科 Bombycillidae						
203	太平鸟 Bombycilla garrulus	F	++	W	C	Ⅲ Ⅳ V	4.5
204	小太平鸟 Bombycilla japonica	F	+	P	P	Ⅲ Ⅳ V c	4.5
	（三十八）伯劳科 Laniidae						
205	荒漠伯劳 Lanius isabellinus	G F	O	P	P		4.5
206	红尾伯劳 Lanius cristatus	M L G F	++	S	P	Ⅲ V	1.4.5
207	灰伯劳 Lanius excubitor	G F	+	R	P	Ⅲ Ⅳ	4.5
208	楔尾伯劳 Lanius sphenocercus	L F	+	S	P	Ⅲ Ⅳ	4.5
	（三十九）黄鹂科 Oriolidae						
209	黑枕黄鹂 Oriolus chinensis	F	++	S	O	Ⅲ Ⅳ V	1.2.4.5

续表

	名称	栖息生境	数量	留居	区系	保护级别	经济价值
	（四十）椋鸟科 Sturnidae						
210	北椋鸟 *Sturnus sturnina*	G F	+	S	P	Ⅲ	2.4.5
211	灰椋鸟 *Sturnus cineraceus*	G F	++	S	P	Ⅲ	1.2.4.5
212	紫翅椋鸟 *Sturnus vulgaris*	G F	+	P	P	Ⅲ	2.4.5
	（四十一）鸦科 Corvidae						
213	北噪鸦 *Perisoreus infaustus*	F	++	R	P		1.2.5
214	松鸦 *Garrulus glandarius*	F	++	R	C		2.4.5
215	灰喜鹊 *Cyanopica cyanus*	G L F	++	R	P	Ⅲ Ⅳ	4.5
216	喜鹊 *Pica pica*	G L F	+++	R	P	Ⅲ	1.4.5
217	星鸦 *Nucifraga caryocatactes*	G L F R	++	R	P	Ⅳ	4.5
218	达乌里寒鸦 *Corvus dauuricus*	G L F R	++	R	P	Ⅲ Ⅴ	1.4.5
219	秃鼻乌鸦 *Corvus frugilegus*	G L F R	+	R	P	Ⅲ Ⅴ	1.4.5
220	小嘴乌鸦 *Corvus corone*	G L F R	+++	R	C		1.4.5
221	大嘴乌鸦 *Corvus macrorhynchos*	G L F R	++	R	C		1.4.5
222	渡鸦 *Corvus corax*	G L F R	+	R	C	Ⅲ	1.4.5
	（四十二）河乌科 Cinclidae						
223	褐河乌 *Cinclus pallasii*	W F	+	R	C	Ⅳ	1.5
	（四十三）鹪鹩科 Troglodytidae						
224	鹪鹩 *Troglodytes troglodytes*	F	O	R	P	Ⅳ	1.4.5
	（四十四）岩鹨科 Prunellidae						
225	领岩鹨 *Prunella collaris*	L F	+	P	P	Ⅳ	4.5
226	棕眉山岩鹨 *Prunella montanella*	L F	O	P	P		4.5
227	褐岩鹨 *Prunella fulvescens*	L F	+	P	P	Ⅳ	4.5
	（四十五）鸫科 Turdidae						
228	红尾歌鸲 *Luscinia sibilans*	F	++	S	P	Ⅲ Ⅴ	4.5
229	红喉歌鸲 *Luscinia calliope*	M F	+	S	P	Ⅲ Ⅴ	4.5
230	蓝喉歌鸲 *Luscinia svecica*	M F	++	S	P	Ⅲ	4.5
231	蓝歌鸲 *Luscinia cyane*	F	++	S	P	Ⅲ Ⅴ	4.5
232	红胁蓝尾鸲 *Tarsiger cyanurus*	F	+++	P	P	Ⅲ Ⅴ	4.5
233	北红尾鸲 *Phoenicurus auroreus*	R F	++	S	P	Ⅲ Ⅴ	4.5
234	红腹红尾鸲 *Phoenicurus erythrogastrus*	R F	O	S	P	Ⅲ Ⅴ	4.5
235	黑喉石䳭 *Saxicola torquata*	M G F	++	S	P	Ⅲ Ⅴ	4.5
236	白喉矶鸫 *Monticola gularis*	G L F	+	S	P		4.5
237	蓝矶鸫 *Monticola solitarius*	G L F	+	P	P		4.5
238	白眉地鸫 *Zoothera sibirica*	G L F	+	S	P	Ⅲ Ⅴ	4.5
239	虎斑地鸫 *Zoothera dauma*	G L F	+	S	P	Ⅲ Ⅳ Ⅴ	4.5
240	灰背鸫 *Turdus hortulorum*	G L F	++	S	P	Ⅲ Ⅴ	2.4.5
241	白眉鸫 *Turdus obscurus*	G L F	+	S	P		
242	白腹鸫 *Turdus pallidus*	G L F	+	S	P	Ⅲ Ⅴ	2.4.5
243	赤颈鸫 *Turdus ruficollis*	G L F	++	P	P		2.4.5
244	红尾鸫 *Turdus naumanni*	G L F	+	W	P		

续表

	名称	栖息生境	数量	留居	区系	保护级别	经济价值
245	斑鸫 Turdus eunomus	G L F	＋＋	W	P	Ⅲ V	2.4.5
	（四十六）鹟科 Muscicapidae						
246	灰纹鹟 Muscicapa griseisticta	F	＋	S	P	Ⅲ V c	4.5
247	乌鹟 Muscicapa sibirica	F	＋	P	P	Ⅲ V	4.5
248	北灰鹟 Muscicapa dauurica	F	＋＋	S	P	Ⅲ V	4.5
249	白眉姬鹟 Ficedula zanthopygia	F	＋	S	P	Ⅲ V	4.5
250	鸲姬鹟 Ficedula mugimaki	F	＋	P	P	Ⅲ V	4.5
251	红喉姬鹟 Ficedula parva	F	＋	S	P	Ⅲ	4.5
252	白腹蓝姬鹟 Cyanoptila cyanomelana	F	＋	S	P		4.5
	（四十七）鸦雀科 Paradoxornithidae						
253	棕头鸦雀 Paradoxornis webbianus	M	＋	R	C	Ⅲ	2.4.5
	（四十八）莺科 Sylviidae						
254	鳞头树莺 Urosphena squameiceps	F	O	S	P	Ⅲ V	4.5
255	短翅树莺 Cettia diphone	F	＋	S	P		4.5
256	斑胸短翅莺 Bradypterus thoracicus	F	O	P	P	Ⅲ Ⅳ c	4.5
257	中华短翅莺 Bradypterus tacsanowskius	M G	O	S	C	Ⅲ Ⅳ c	4.5
258	矛斑蝗莺 Locustella lanceolata	G F	O	S	P	Ⅲ V	4.5
259	小蝗莺 Locustella certhiola	M G	＋＋	O	P		4.5
260	北蝗莺 Locustella ochotensis	G F	O	S	P	Ⅲ V	
261	苍眉蝗莺 Locustella fasciolata	G F	O	S	P	Ⅲ Ⅳ V	4.5
262	黑眉苇莺 Acrocephalus bistrigiceps	M	＋＋＋	S	P	Ⅲ V	4.5
263	远东苇莺 Acrocephalus tangorum	M	＋	S	P		4.5
264	东方大苇莺 Acrocephalus orientalis	M	＋＋	S	C	Ⅳ V	4.5
265	厚嘴苇莺 Acrocephalus aedon	M	＋＋	S	P		4.5
266	褐柳莺 Phylloscopus fuscatus	F	＋＋	S	P	Ⅲ	4.5
267	巨嘴柳莺 Phylloscopus schwarzi	F	O	S	P	Ⅲ	4.5
268	黄腰柳莺 Phylloscopus proregulus	F	＋＋	S	P	Ⅲ	4.5
269	黄眉柳莺 Phylloscopus inornatus	F	＋＋	P	P	Ⅲ V	4.5
270	极北柳莺 Phylloscopus borealis	F	＋	P	P	Ⅲ V Ⅵ	4.5
271	黄腹柳莺 Phylloscopus affinis	F	O	P	P	Ⅲ V	4.5
272	淡脚柳莺 Phylloscopus tenellipes	F	O	P	P	Ⅲ V	4.5
273	冕柳莺 Phylloscopus coronatus	F	＋＋	S	P	Ⅲ V	4.5
274	暗绿柳莺（Phylloscopus trochiloides）	F	＋＋	S	P		4.5
275	斑背大尾莺 Megalurus pryeri	M G	＋＋	S	P	Ⅲ b	4.5
	（四十九）戴菊科 Regulidae						
276	戴菊 Regulus regulus	F	＋	S	P	Ⅲ	4.5
	（五十）绣眼鸟科 Zosteropidae						
277	红胁绣眼鸟 Zosterops erythropleurus	F	＋	S	C	Ⅲ	4.5
	（五十一）攀雀科 Remizidae						
278	中华攀雀 Remiz consobrinus	F	＋	S	C	Ⅲ	4.5

续表

	名称	栖息生境	数量	留居	区系	保护级别	经济价值
	（五十二）长尾山雀科 Aegithalidae						
279	银喉长尾山雀 Aegithalos caudatus	F	++	R	P	Ⅲ Ⅳ	4.5
	（五十三）山雀科 Paridae						
280	沼泽山雀 Parus palustris	M F	++	R	P	Ⅲ	4.5
281	北褐头山雀 Parus montanus	M F	+	R	P	Ⅲ	4.5
282	煤山雀 Parus ater	F	+	R	P	Ⅲ	4.5
283	大山雀 Parus major	F	++	R	C	Ⅲ	1.4.5
284	灰蓝山雀 Parus cyanus	M F	+	R	P	Ⅲ Ⅳ	4.5
	（五十四）䴓科 Sittidae						
285	普通䴓 Sitta europaea	F	++	R	P		1.4.5
286	黑头䴓 Sitta villosa	F	O	O	P		1.4.5
	（五十五）旋木雀科 Certhiidae						
287	欧亚旋木雀 Certhia familiaris	F	O	R	P	Ⅳ	4.5
	（五十六）雀科 Passeridae						
288	〔树〕麻雀 Passer montanus	L F R	+++	R	C	Ⅲ V	1.2.5
	（五十七）燕雀科 Fringillidae						
289	苍头燕雀 Fringilla coelebs	L F	+	W	P	Ⅳ	
290	燕雀 Fringilla montifringilla	L F	++	P	P	Ⅲ V	4.5
291	粉红腹岭雀 Leucosticte arctoa	F	++	W	P	Ⅲ V	4.5
292	松雀 Pinicola enucleator	F	+	W	P	Ⅲ	4.5
293	普通朱雀 Carpodacus erythrinus	F	+	S	P	Ⅲ V	4.5
294	北朱雀 Carpodacus roseus	F	+	W	P	Ⅲ V	4.5
295	红交嘴雀 Loxia curvirostra	F	+	R	P	Ⅲ V	4.5
296	白翅交嘴雀 Loxia leucoptera	F	+	R	P	Ⅲ V	4.5
297	白腰朱顶雀 Carduelis flammea	F G	++	W	P	Ⅲ V	4.5
298	极北朱顶雀 Carduelis hornemanni	F G	+	W	P	Ⅲ	
299	黄雀 Carduelis spinus	F G	++	R	P	Ⅲ V	4.5
300	金翅雀 Carduelis sinica	F G	++	R	P	Ⅲ	4.5
301	红腹灰雀 Pyrrhula pyrrhula	F	++	W	P	Ⅲ V	4.5
302	灰腹灰雀 Pyrrhula griseiventris	F	++	W	P	Ⅲ	4.5
303	锡嘴雀 Coccothraustes coccothraustes	F	++	R	P	Ⅲ V	4.5
304	黑尾蜡嘴雀 Eophona migratoria	F	+	S	P	Ⅲ V	1.4.5
305	黑头蜡嘴雀 Eophona personata	F	+	S	P	Ⅲ	1.4.5
306	长尾雀 Uragus sibiricus	F	++	R	P	Ⅲ	4.5
	（五十八）鹀科 Emberizidae						
307	黄鹀 Emberiza citrinella	F	O	O	P		4.5
308	白头鹀 Emberiza leucocephala	F	++	P	P	Ⅲ V	4.5
309	三道眉草鹀 Emberiza cioides	G	++	R	P	Ⅲ	
310	红颈苇鹀 Emberiza yessoensis	M G	+++	S	P	Ⅲ c	4.5
311	白眉鹀 Emberiza tristrami	F	+	S	P	Ⅲ Ⅳ	4.5
312	小鹀 Emberiza pusilla	G	+	P	C	Ⅲ V	4.5

续表

序号	名称	栖息生境	数量	留居	区系	保护级别	经济价值
313	黄眉鹀 Emberiza chrysophrys	G	+	P	P	Ⅲ	4.5
314	田鹀 Emberiza rustica	G L F	++	P	P	Ⅲ	4.5
315	黄喉鹀 Emberiza elegans	G L	+++	S	P	Ⅲ V	4.5
316	黄胸鹀 Emberiza aureola	M G L	+++	S	P	Ⅲ V	1.4.5
317	栗鹀 Emberiza rutila	G L	++	S	P	Ⅲ	4.5
318	灰头鹀 Emberiza spodocephala	M G L	+++	S	P	Ⅲ V	1.4.5
319	苇鹀 Emberiza pallasi	M G	++	P	P	Ⅲ V	4.5
320	芦鹀 Emberiza schoeniclus	M	+++	S	P	Ⅲ V	4.5
321	铁爪鹀 Calcarius lapponicus	G L	+	W	P	Ⅲ V	2.4.5
322	雪鹀 Plectrophenax nivalis	G L	+	W	C	Ⅲ Ⅳ V	2.4.5

注：栖息生境：W. 水域；M. 沼泽；F. 森林、灌丛；R. 居民区；G. 草甸；L. 农田、荒地。

数量："＋＋＋"优势种；"＋＋"常见种；"＋"稀有种；O. 数量极少或偶见。

留居：S. 夏候鸟；R. 留鸟；W. 冬候鸟；P. 旅鸟；O. 迷鸟或文献记录种类。

区系：P. 古北种；O. 东洋种；C. 广布种。

保护级别：Ⅰ. 国家Ⅰ级重点保护种类；Ⅱ. 国家Ⅱ级重点保护种类；Ⅲ. 列入《国家保护的有益的或者有重要经济、科学研究价值的陆生野生动物名录》种类；Ⅳ. 黑龙江省重点保护种类；Ⅴ.《中日保护候鸟及栖息环境协定》共同保护鸟类；Ⅵ.《中澳保护候鸟及栖息环境协定》共同保护鸟类。

A. 列入 CITES 附录Ⅰ种类；B. 列入 CITES 附录Ⅱ种类；C. 列入 CITES 附录Ⅲ种类。

a. 列入 IUCN 红皮书极危种类；b. 列入 IUCN 红皮书濒危种类；c. 列入 IUCN 红皮书易危种类。

经济价值：1. 药用；2. 猎用；3. 羽用；4. 观赏；5. 农林益鸟。

6.1.3 黑河市两栖爬行类名录

序号	名称	栖息生境	数量	保护级别	经济价值
	两栖纲 AMPHIBIA				
	一、有尾目 CAUDATA				
	（一）小鲵科 Hynobiidae				
1	极北鲵 Salamandrella keyserlingii	1.2	+	Ⅲ c	1.4
	二、无尾目 ANURA				
	（二）蟾蜍科 Bufonidae				
2	中华蟾蜍 Bufo gargarizans	1.2.3	++	Ⅲ	1.4
3	花背蟾蜍 Bufo raddei	1.2.3	+++	Ⅲ	1.4
	（三）雨蛙科 Hylidae				
4	东北雨蛙 Hyla ussuriensis	1.2.3	++		1.4
	（四）蛙科 Ranidae				
5	黑龙江林蛙 Rana amurensis	1.2.3	+++	Ⅲ c	1.2.4
6	东北林蛙 Rana dybowskii	1.2.4	+	Ⅲ c	1.2.4
7	黑斑侧褶蛙 Pelophylax nigromaculata	1.2.3	++	Ⅲ	1.2.4
	爬行纲 REPTILIA				
	一、龟鳖目 TESTUDOFORMES				
	（一）鳖科 Trionychidae				
1	鳖 Pelodiscus sinensis	2	+	Ⅲ	1.2.3
	二、蜥蜴目 LACERTIFORMES				

第6章 附 录

续表

序号	名称	栖息生境	数量	保护级别	经济价值
	（二）蜥蜴科 Lacertidae				
2	丽斑麻蜥 *Eremias argus*	3.4	+	Ⅲ	1.4
3	黑龙江草蜥 *Takydromus amurensis*	3.4	++	Ⅲ	1.4
4	胎生蜥蜴 *Zootoca vivipara*	3.4	+	Ⅲ	4
	三、蛇目 SERPENTIFORMES				
	（三）游蛇科 Colubridae				
5	黄脊游蛇 *Coluber spinalis*	3.4	+	Ⅲ Ⅳ	1.3.4
6	白条锦蛇 *Elaphe dione*	3.4	++	Ⅲ	1.3.4
7	红点锦蛇 *Elaphe rufodorsata*	3.4	+	Ⅲ	1.3.4
8	棕黑锦蛇 *Elaphe schrenckii*	4	+	Ⅲ c	1.3.4
9	东亚腹链蛇 *Amphiesma vibakari*	3.4	++	Ⅲ	1.3.4
10	虎斑颈槽蛇 *Rhabdophis tigrinus*	3.4	++	Ⅲ	1.3.4
	（四）蝰科 Viperidae				
11	中介蝮 *Gloydius intermedius*	3.4			1.3.4
12	乌苏里蝮 *Gloydius ussuriensis*	3.4	+	Ⅳ	1.3.4
13	岩栖蝮 *Gloydius saxatilis*	4	+	Ⅲ Ⅳ c	1.3.4

生境：1. 沼泽；2. 水域；3. 草甸；4. 林地。

数量："+++"优势种；"++"常见种；"+"稀有种。

保护级别：Ⅰ. 国家Ⅰ级重点保护种类；Ⅱ. 国家Ⅱ级重点保护种类；Ⅲ. 列入《国家保护的有益的或者有重要经济、科学研究价值的陆生野生动物名录》种类；Ⅳ. 黑龙江省重点保护种类。

a. 列入 IUCN 红皮书极危种类；b. 列入 IUCN 红皮书濒危种类；c. 列入 IUCN 红皮书易危种类。

经济价值：1. 药用；2. 食用；3. 观赏；4. 农林有益。

6.1.4 黑河市鱼类名录

序号	名称	食性	数量	区系	保护级别	经济价值
	圆口纲 CYCLOSTOMATA					
	一、七鳃鳗目 PETROMYZONIFORMES					
	（一）七鳃鳗科 Petromyzonidae					
1	雷氏七鳃鳗 *Lampetra reissneri*	1	+	1	a	Oê
2	日本七鳃鳗 *Lampetra japonica*	1	+		c	Oê
	鱼纲 PISCES					
	一、鲟形目 ACIPENSERIFORMES					
	（一）鲟科 Acipenseridae					
1	史氏鲟 *Acipenser schrenckii*	1	+	1		+++ê
2	鳇 *Huso dauricus*	1	+	1	b	+++ê
	二、鲑形目 SALMONIFORMES					
	（二）鲑科 Salmonidae					+
3	大麻哈鱼 *Oncorhynchus keta*	1	+	1		+++ê
4	哲罗鱼 *Hucho taimen*	1	+	4	b	+++
5	细鳞鱼 *Brachymystax lenok*	1	+	4	b	+++
6	乌苏里白鲑 *Coregonus ussuriensis*	1	+	2		+++

续表

	名称	食性	数量	区系	保护级别	经济价值
	（三）茴鱼科 Thymallidae					
7	黑龙江茴鱼 *Thymallus arcticus grubii*	1	+	4		++
	（四）胡瓜鱼科 Osmeridae					
8	日本公鱼 *Hypomesus japonicas*	1	+	2		O
9	池沼公鱼 *Hypomesus olidus*	1	+	2		O
	（五）银鱼科 Salangidae					
10	大银鱼 *Protosalanx hyalocranius*					
	（六）狗鱼科 Esocidae					
11	黑斑狗鱼 *Esox reicherti*	1	+	3		++
	三、鲤形目 CYPRINIFORMES					
	（七）鲤科 Cyprinidae					
12	马口鱼 *Opsariichthys bidens*	1	+	5		+
13	青鱼 *Mylopharyngodon piceus*	1	++	5		++ê
14	草鱼 *Ctenopharyngodon idellus*	2	+	5		++ê
15	真鱥 *Phoxinus phoxinus*	3	+	3		+
16	湖鱥 *Phoxinus percnurus*	3	+	3		+
17	花江鱥 *Phoxinus czekanowskii*	3	+	3		+
18	拉氏鱥 *Phoxinus lagowskii*	3	+	4		+
19	瓦氏雅罗鱼 *Leuciscus waleckii*	3	+	3		++
20	拟赤梢鱼 *Pseudaspius leptocephalus*	3	++	1		++
21	赤眼鳟 *Squaliobarbus curriculus*	3	+			+ê
22	鳡 *Elopichthys bambusa*	1	+	5		++ê
23	鲌 *Hemiculter leucisculus*	3	++	5		++ê
24	鲌贝氏 *Hemiculter bleekeri*	3	+	5		+
25	兴凯鲌 *Hemiculter lucidus*	3	++	5		++
26	红鳍原鲌 *Cultrichthys erythropterus*	1	+	5		++ê
27	翘嘴鲌 *Culter alburnus*	1	++	5		+++ê
28	蒙古鲌 *Culter mongolicus*	1	++	5		+++
29	鳊 *Parabramis pekinensis*	2	+	5		+
30	鲂 *Megalobrama skolkovii*	2	+	5		++ê
31	银鲴 *Xenocypris argentea*	3	+++	5		++
32	细鳞鲴 *Xenocypris microlepis*	3	++	5		++
33	黑龙江鳑鲏 *Rhodeus sericeus*	2	+	1		Oê
34	大鳍鱊 *Acheilognathus macropterus*	3	+			+
35	兴凯鱊 *Acheilognathus chankaensis*	3	+			+ê
36	东北鳈 *Sarcocheilichthys lacustris*	1	+	5		+ê
37	克氏鳈 *Sarcocheilichthys czerskii*	1	+	5		+
38	犬首鮈 *Gobio cynocephalus*	1	+			O
39	大头鮈 *Gobio macrocephalus*	1	+	1		O
40	细体鮈 *Gobio tenuicorpus*	1	+	1		O
41	高体鮈 *Gobio soldatovi*	1	+	1		O

续表

	名称	食性	数量	区系	保护级别	经济价值
42	唇䱻 *Hemibarbus labeo*	1	++	5		++ê
43	花䱻 *Hemibarbus maculatus*	1	++	5		++
44	条纹似白鮈 *Paraleucogobio strigatus*	3	+	5		O
45	麦穗鱼 *Pseudorasbora parva*	3	+	1		+
46	平口鮈 *Ladislavia taczanowskii*	3	+	3		O
47	银鮈 *Squalidus argentatus*	1	+			
48	棒花鱼 *Abbottina rivularis*	3	++	5		+
49	突吻鮈 *Rostrogobio amurensis*	3	+	3		O
50	蛇鮈 *Saurogobio dabryi*	1	+	5		O
51	鲤 *Cyprinus carpio*	3	+++	1		+++ê
52	银鲫 *Carassius auratus*	3	++	1		++ê
53	鳙 *Aristichthys nobilis*	3	++			++ê
54	鲢 *Hypophthalmichthys molitrix*	2	++			++ê
	（八）鳅科 Cobitidae					
55	北鳅 *Lefua costata*	2	+			O
56	北方须鳅 *Barbatula nudus*	3	+	4		O
57	花斑副沙鳅 *Parabotia fasciata*	1	+	6		O
58	黑龙江花鳅 *Cobitis lutheri*	2	++	3		+ê
59	北方花鳅 *Cobitis granoci*	2	+	3		O
60	黑龙江泥鳅 *Misgurnus mohoity*	2	+++	1		+++ê
61	北方泥鳅 *Misgurnus bipartitus*	2	+	1		O
62	大鳞副泥鳅 *Paramisgurnus dabryanus*	2	+			O
	四、鲇形目 SILURIFORMES					
	（九）鲇科 Siluridae					
63	怀头鲇 *Silurus soldatovi*	1	+	1		++
64	鲇 *Silurus asotus*	1	++	1		+++ê
	（十）鲿科 Bagridae					
65	黄颡鱼 *Pelteobagrus fulvidraco*	1	++	6		++ê
66	光泽黄颡鱼 *Pelteobagrus nitidus*	1	+	6		O
67	乌苏里拟鲿 *Pseudobagrus ussuriensis*	1	+	6		O
	五、鳕形目 GADIFORMES					
	（十一）鳕科 Gadidae					
68	江鳕 *Lota lota*	1	++	2		++
	六、刺鱼目 GASTEROSTEIFORMES					
	（十二）刺鱼科 Gasterosteidae					
69	中华多刺鱼 *Pungitius sinensis*	1	+	1		O
	七、鲈形目 PERCIFORMES					
	（十三）鮨科 Serranidae					
70	鳜 *Siniperca chuatsi*	1	+	5		++ê
	（十四）鲈科 Percidae					
71	梭鲈 *Lucioperca lucioperca*	1	+			+

名称	食性	数量	区系	保护级别	经济价值
（十五）塘鳢科 Eleotridae					
72 葛氏鲈塘鳢 *Perccottus glehni*	1	++	6		++
73 黄鲉鱼 *Hypseleotris swinhonis*	1	+	6		O
（十六）鰕虎鱼科 Gobiidae					
74 林氏吻鰕虎鱼 *Rhinogobius lindbergi*	1	+	6		O
（十七）斗鱼科 Belontiidae					
75 圆尾斗鱼 *Macropodus chinensis*	1	+	6		O
（十八）鳢科 Channidae					
76 乌鳢 *Channa argus*	1	+	6		++ê
八、鲉形目 SCORPAENIFORMES					
（十九）杜父鱼科 Cottidae					
77 黑龙江中杜父鱼 *Mesocottus haitej*	1	+	4		+ê
78 杂色杜父鱼 *Cottus poecilopus*	1	+	4		O

注：食性：1. 肉食性鱼类；2. 植食性鱼类；3. 杂食性鱼类。

数量："+++"优势种；"++"常见种；"+"稀有种。

区系：1. 上第三纪区系类群；2. 北极淡水区系类群；3. 北方平原区系类群；4. 北方山区区系类群；5. 江河平原区系类群；6. 亚热带平原区系类群。

保护级别：a. 列入IUCN红皮书极危种类；b. 列入IUCN红皮书濒危种类；c. 列入IUCN红皮书易危种类。

经济价值："+++"大；"++"较大；"+"小；"O"无；"ê"药用。

6.2 黑河市珍稀濒危脊椎动物名录

6.2.1 黑河市珍稀濒危哺乳类名录

序号	名称	栖息生境	数量	保护级别	经济价值
	一、食虫目 INSECTIVORA				
	（一）猬科 Erinaceidae				
1	达乌尔猬 *Hemiechinus dauricus*	3.4	+	Ⅲ c	1.3.4
	二、食肉目 CARNIVORA				
	（二）犬科 Canidae				
2	狼 *Canis lupus*	2.3.4	+	Ⅲ B	1.2.3
3	赤狐 *Vulpes vulpes*	3.4	++	Ⅲ c	1.2.3
	（三）熊科 Ursidae				
4	黑熊 *Selenarctos thibetanus*	2.3.4	+	Ⅱ Ac	1.2.3
5	棕熊 *Ursus arctos*	2.3.4	O	Ⅱ Ab	1.2.3
	（四）鼬科 Mustelidae				
6	紫貂 *Martes zibellina*	4	+	Ⅰ c	2.3.4
7	青鼬 *Martes flavigula*	4	+	Ⅱ C	2.3.4
8	貂熊 *Gulo gulo*	4	+	Ⅰ c	2.3
9	白鼬 *Mustela erminea*	3.4	+	Ⅲ C	1.2.3.4
10	伶鼬 *Mustela nivalis*	3.4	+	Ⅲ	2.3.4
11	黄鼬 *Mustela sibirica*	3.4	+++	Cc	1.2.3.4

续表

序号	名称	栖息生境	数量	保护级别	经济价值
12	水獭 *Lutra lutra*	1.2	+	Ⅱ Ab	1.2.3
	（五）猫科 Felidae				
13	猞猁 *Lynx lynx*	4	+	Ⅱ Bc	1.2.3
14	豹猫 *Felis bengalensis*	4	+	Ⅲ Bc	1.2.3
	三、兔形目 LAGOMORPHA				
	（六）兔科 Leporidae				
15	雪兔 *Lepus timidus*	3.4	+++	Ⅱ c	1.2.3
	四、啮齿目 RODENTIA				
	（七）麝科 Moschuidae				
16	原麝 *Moschus moschiferus*	3.4	+	Ⅰ Bb	1.2.3
	（八）鹿科 Cervidae				
17	马鹿 *Cervus elaphus*	3.4	+	Ⅱ	1.2.3
18	驼鹿 *Alces alces*	3.4	+	Ⅱ c	1.2.3

注：生境：1. 水域；2. 沼泽；3. 草甸；4. 林地；5. 农田；6. 居民区。

数量："+++"优势种；"++"常见种；"+"稀有种；"O"绝迹或文献记载。

保护级别：Ⅰ. 国家Ⅰ级重点保护种类；Ⅱ. 国家Ⅱ级重点保护种类；Ⅲ. 黑龙江省重点保护种类。

A. 列入 CITES 附录Ⅰ种类；B. 列入 CITES 附录Ⅱ种类；C. 列入 CITES 附录Ⅲ种类。

a. 列入 IUCN 红皮书极危种类；b. 列入 IUCN 红皮书濒危种类；c. 列入 IUCN 红皮书易危种类。

经济价值：1. 药用；2. 猎用；3. 观赏；4. 农林有益。

6.2.2 黑河市珍稀濒危鸟类名录

序号	名称	栖息生境	数量	留居	区系	保护级别	经济价值
	一、䴙䴘目 PODICIPEDIFORMES						
	（一）䴙䴘科 Podicipedidae						
1	赤颈䴙䴘 *Podiceps grisegena*	W	+	S	C	Ⅱ	2.4
2	角䴙䴘 *Podiceps auritus*	W	O	P	C	Ⅱ V	2.4
	二、鹳形目 CICONIIFORMES						
	（二）鹭科 Ardeidae						
3	大白鹭 *Ardea alba*	M	++	S	P	Ⅲ V Ⅵ C	3.4
	（三）鹳科 Ciconiidae						
4	黑鹳 *Ciconia nigra*	M	O	S	P	Ⅰ V Bc	2.3.4
5	东方白鹳 *Ciconia boyciana*	M	+	S	P	Ⅰ Ab	1.2.3.4
	（四）鹮科 Threskiornithidae						
6	白琵鹭 *Platalea leucorodia*	M	+	S	P	Ⅱ V Bc	2.3.4
	三、雁形目 ANSERIFORMES						
	（五）鸭科 Anatidae						
7	大天鹅 *Cygnus cygnus*	WM	++	S	C	Ⅱ V	1.2.3.4
8	小天鹅 *Cygnus columbianus*	WM	O	P	P	Ⅱ V	2.3.4
9	鸿雁 *Anser cygnoides*	WMGL	+++	S	C	Ⅲ V c	1.2.3.4
10	豆雁 *Anser fabalis*	WMGL	++	P	P	Ⅲ V	1.2.3.4
11	白额雁 *Anser albifrons*	WMGL	+	P	C	Ⅱ V c	1.2.3.4

续表

	名称	栖息生境	数量	留居	区系	保护级别	经济价值
12	小白额雁 Anser erythropus	W M G L	+	P	P	Ⅲ V	2.3.4
13	灰雁 Anser anser	W M G L	++	S	P	Ⅲ	1.2.3.4
14	鸳鸯 Aix galericulata	W F	++	S	P	Ⅱ c	1.2.3.4
15	赤颈鸭 Anas penelope	W M	++	S	P	Ⅲ V C	2.3.4
16	花脸鸭 Anas formosa	W M	+	P	P	Ⅲ V Bc	2.3.4
17	白眉鸭 Anas querquedula	W	++	S	P	Ⅲ V Ⅵ C	2.3.4
18	琵嘴鸭 Anas clypeata	W M	++	S	C	Ⅲ V Ⅵ C	2.3.4
19	青头潜鸭 Aythya baeri	W	++	S	P	Ⅲ V c	2.3.4
20	斑头秋沙鸭 Mergus albellus	W F	++	P	P	Ⅲ V	2.3.4
21	红胸秋沙鸭 Mergus serrator	W F	+	P	C	Ⅲ V	2.3.4
22	中华秋沙鸭 Mergus squamatus	W F	+	S	P	Ⅰ b	2.3.4
	四、隼形目 FALCONIFORMES						
	（六）鹗科 Pandionidae						
23	鹗 Pandion haliaetus	W M G L	+	S	C	Ⅱ Bc	1.2.3.4.5
	（七）鹰科 Accipitridae						
24	凤头蜂鹰 Pernis ptilorhynchus	G F L	+	S	P	Ⅱ Bc	2.3.4.5
25	黑鸢 Milvus migrans	M F L R	+	S	C	Ⅱ B	1.2.3.4.5
26	白尾海雕 Haliaeetus albicilla	W M F	+	S	C	Ⅰ Ab	2.3.4.5
27	秃鹫 Aegypius monachus	G F	O	S	P	Ⅱ Bb	1.2.3.4.5
28	白腹鹞 Circus spilonotus	M G	+++	S	P	Ⅱ V Bc	2.3.4.5
29	白尾鹞 Circus cyaneus	M G	+++	S	C	Ⅱ V Bc	1.2.3.4.5
30	白头鹞 Circus aeruginosus	M G	+	S	C	Ⅱ V Bc	1.2.3.4.5
31	鹊鹞 Circus melanoleucos	M G	++	S	P	Ⅱ V Bc	2.3.4.5
32	日本松雀鹰 Accipiter gularis	F	+	S	O	Ⅱ V B	2.3.4.5
33	雀鹰 Accipiter nisus	F	+	S	P	Ⅱ B	1.2.3.4.5
34	苍鹰 Accipiter gentilis	F	+	S	C	Ⅱ B	1.2.3.4.5
35	灰脸鵟鹰 Butastur indicus	G F	O	S	P	Ⅱ V Bb	2.3.4.5
36	普通鵟 Buteo buteo	M G L F	++	S	C	Ⅱ Bc	1.2.3.4.5
37	大鵟 Buteo hemilasius	M G L F	+	S	C	Ⅱ Bc	1.2.3.4.5
38	毛脚鵟 Buteo lagopus	G F L	++	W	C	Ⅱ V Bc	2.3.4.5
39	草原雕 Aquila nipalensis	M G	+	S	C	Ⅱ Bc	2.3.4.5
40	乌雕 Aquila clanga	M G F	O	W	P	Ⅱ Bb	2.3.4.5
41	金雕 Aquila chrysaetos	M G F	+	S	C	Ⅰ Bc	1.2.3.4
	（八）隼科 Falconidae						
42	红隼 Falco tinnunculus	M G F	++	S	C	Ⅱ Bc	2.3.4.5
43	阿穆尔隼 Falco amurensis	M G F	++	S	P	Ⅱ B	2.3.4.5
44	灰背隼 Falco columbarius	M G L F	+	S	P	Ⅱ V B	2.3.4.5
45	燕隼 Falco subbuteo	M G F	O	S	P	Ⅱ V B	2.3.4.5
46	矛隼 Falco rusticolus	G F	O	W	C	Ⅱ V Ac	2.3.4.5
47	游隼 Falco peregrinus	G F	O	P	C	Ⅱ Ac	2.3.4.5

续表

	名称	栖息生境	数量	留居	区系	保护级别	经济价值
	五、鸡形目 GALLIFORMES						
	（九）松鸡科 Tetraonidae						
48	黑琴鸡 *Lyrurus tetrix*	F	+	R	P	Ⅱ c	2.3.4
49	黑嘴松鸡 *Tetrao parvirostris*	F	+	R	P	Ⅰ b	2.3.4
50	花尾榛鸡 *Bonasa bonasia*	F	++	R	P	Ⅱ c	1.2.3.4
	六、鹤形目 GRUIFORMES						
	（十）三趾鹑科 Turnicidae						
51	黄脚三趾鹑 *Turnix tanki*	M	O	S	C	Ⅲ V	1.2.4
	（十一）鹤科 Gruidae						
52	白鹤 *Grus leucogeranus*	M G	+	P	P	Ⅰ Ab	2.3.4
53	白枕鹤 *Grus vipio*	M G	++	S	P	Ⅱ V Ab	2.3.4
54	灰鹤 *Grus grus*	M G L	+	S	P	Ⅱ V B	1.2.3.4
55	白头鹤 *Grus monacha*	M G	+	P	P	Ⅰ V Ab	2.3.4
56	丹顶鹤 *Grus japonensis*	M G L	++	S	P	Ⅰ Ab	1.2.3.4
	七、鸻形目 CHARADRIIFORMES						
	（十二）蛎鹬科 Haematopodidae						
57	反嘴鹬 *Recurvirostra avosetta*	M	O	P	P	Ⅲ V	2.4
	（十三）鹬科 Scolopacidae						
58	丘鹬 *Scolopax rusticola*	M	+	S	P	Ⅲ V	2.4
59	孤沙锥 *Gallinago solitaria*	M	+	S	P	Ⅲ V b	2.4
60	半蹼鹬 *Limnodromus semipalmatus*	M	O	P	P	Ⅲ Ⅵ b	2.4
61	大杓鹬 *Numenius madagascariensis*	M G	+	S	P	Ⅲ V Ⅵ c	1.2.4
	（十四）鸥科 Laridae						
62	小鸥 *Larus minutus*	W	O	P	P	Ⅱ	2.4
	八、鹃形目 CUCULIFORMES						
	（十五）杜鹃科 Cuculidae						
63	小杜鹃 *Cuculus poliocephalus*	F	+	S	O	Ⅲ V	1.2.4.5
64	棕腹杜鹃 *Cuculus hyperythrus*	F	+	S	C	Ⅲ V	2.4.5
	九、鸮形目 STRIGIFORMES						
	（十六）鸱鸮科 Strigidae						
65	领角鸮 *Otus lettia*	F L	+	R	C	Ⅱ Bc	2.4.5
66	普通角鸮 *Otus sunia*	F L	+	S	C	Ⅱ Bc	2.3.4.5
67	雕鸮 *Bubo bubo*	F L	+	R	P	Ⅱ Bb	1.2.3.4.5
68	雪鸮 *Nyctea scandiaca*	G F L	++	W	C	Ⅱ V B	2.4.5
69	毛腿鱼鸮 *Ketupa blakistoni*	W F L	+	R	C	Ⅱ Bb	2.3.4.5
70	长尾林鸮 *Strix uralensis*	F L	++	R	C	Ⅱ Bc	2.4.5
71	乌林鸮 *Strix nebulosa*	F L	+	R	C	Ⅱ Bc	2.4.5
72	猛鸮 *Surnia ulula*	F L	+	W	C	Ⅱ Bc	2.4.5
73	鹰鸮 *Ninox scutulata*	F	+	R	C	Ⅱ B	2.3.4.5
74	花头鸺鹠 *Glaucidium passerinum*	F	O	R	P	Ⅱ Bc	2.4.5

续表

	名称	栖息生境	数量	留居	区系	保护级别	经济价值
75	纵纹腹小鸮 Athene noctua	F	O	R	P	ⅡB	2.3.4.5
76	鬼鸮 Aegolius funereus	F	O	O	C	ⅡBb	2.3.4.5
77	长耳鸮 Asio otus	F L R	++	R	C	ⅡVB	1.2.4.5
78	短耳鸮 Asio flammeus	F L R	++	R	C	ⅡVB	2.4.5
	十、夜鹰目 CAPRIMULGIFORMES						
	（十七）夜鹰科 Caprimulgidae						
79	普通夜鹰 Caprimulgus indicus	F	+	S	C	ⅢV	1.4.5
	十一、佛法僧目 CORACIIFORMES						
	（十八）佛法僧科 Coraciidae						
80	三宝鸟 Eurystomus orientalis	F	+	S	C	ⅢV c	4.5
	（十九）翠鸟科 Alcedinidae						
81	蓝翡翠 Halcyon pileata	W F	O	O	O	ⅢV b	
	十二、䴕形目 PICIFORMES						
	（二十）啄木鸟科 Picidae						
82	小星头啄木鸟 Picoides kizuki	F	+	R	P	Ⅲ c	4.5
83	白背啄木鸟 Picoides leucotos	F	++	R	P	ⅢV	1.4.5
84	三趾啄木鸟 Picoides sridactylus	F	O	R	P	ⅢV	4.5
85	棕腹啄木鸟 Picoides hyperythrus	F	O	R	P	ⅢV c	1.4.5
86	黑啄木鸟 Dryocopus martius	F	+	R	P	ⅢV	2.4.5
	十三、雀形目 PASSERIFORMES						
	（二十一）黄鹂科 Oriolidae						
87	黑枕黄鹂 Oriolus chinensis	F	++	S	O	ⅢV	1.2.4.5
	（二十二）燕雀科 Fringillidae						
88	雪鹀 Plectrophenax nivalis	G L	+	W	C	ⅢV	2.4.5

注：栖息生境：W．水域； M．沼泽； F．森林、灌丛；R．居民区；G．草甸；L．农田、荒地。

数量："+++"优势种；"++"常见种；"+"稀有种；"O"数量极少或偶见。

留居：S．夏候鸟； R．留鸟； W．冬候鸟； P．旅鸟； O．迷鸟或文献记录种类。

区系：P．古北种； O．东洋种； C．广布种。

保护级别：Ⅰ．国家Ⅰ级重点保护种类；Ⅱ．国家Ⅱ级重点保护种类；Ⅲ．黑龙江省重点保护种类；Ⅴ．《中日保护候鸟及栖息环境协定》共同保护鸟类；Ⅵ．《中澳保护候鸟及栖息环境协定》共同保护鸟类。

A．列入 CITES 附录Ⅰ种类；B．列入 CITES 附录Ⅱ种类；C．列入 CITES 附录Ⅲ种类。

a．列入 IUCN 红皮书极危种类；b．列入 IUCN 红皮书濒危种类；c．列入 IUCN 红皮书易危种类。

ⅰ．野生绝迹；ⅱ．国内绝迹；ⅲ．濒危；ⅳ．易危；ⅴ．稀有；ⅵ．未定《中国濒危动物红皮书》。

经济价值：1．药用；2．猎用；3．羽用；4．观赏；5．农林益鸟。

6.2.3　黑河市珍稀濒危两栖爬行类名录

序号	名称	栖息生境	数量	保护级别	经济价值
	两栖纲 AMPHIBIA				
	一、有尾目 CAUDATA				
	（一）小鲵科 Hynobiidae				
1	极北鲵 Salamandrella keyserlingii	1.2	+	c	1.4

续表

序号	名称	栖息生境	数量	保护级别	经济价值
	二、无尾目 ANURA				
	（二）蛙科 Ranidae				
2	东北林蛙 *Rana dybowskii*	1.2.4	＋	c	1.2.4
	爬行纲 REPTILIA				
	一、龟鳖目 TESTUDOFORMES				
	（一）鳖科 Trionychidae				
1	东北鳖 *Pelodiscus sinensis*	2	＋	C	1.2.3
	二、蜥蜴目 LACERTIFORMES				
	（二）蜥蜴科 Lacertidae				
2	胎生蜥蜴 *Zootoca vivipara*	3.4	＋	Ⅲ	4
	三、蛇目 SERPENTIFORMES				
	（三）游蛇科 Colubridae				
3	棕黑锦蛇 *Elaphe schrenckii*	4	＋	Ⅲ c	1.3.4
	（四）蝰科 Viperidae				
4	岩栖蝮 *Gloydius saxatilis*	4	＋	Ⅲ c	1.3.4

注：栖息生境：1. 沼泽；2. 水域；3. 草甸；4. 林地。
数量："＋＋＋"优势种；"＋＋"常见种；"＋"稀有种。
保护级别：Ⅲ. 黑龙江省重点保护种类。
A. 列入 CITES 附录Ⅰ种类；B. 列入 CITES 附录Ⅱ种类；C. 列入 CITES 附录Ⅲ种类。
a. 列入 IUCN 红皮书极危种类；b. 列入 IUCN 红皮书濒危种类；c. 列入 IUCN 红皮书易危种类。
经济价值：1. 药用；2. 食用；3. 观赏；4. 农林有益。

6.2.4 黑河市珍稀濒危鱼类名录

序号	名称	食性	数量	区系	保护级别	经济价值
	圆口纲 CYCLOSTOMATA					
	一、七鳃鳗目 PETROMYZONIFORMES					
	（一）七鳃鳗科 Petromyzonidae					
1	雷氏七鳃鳗 *Lampetra reissneri*	1	＋	1	a	Oê
2	日本七鳃鳗 *Lampetra japonica*	1	＋		c	Oê
	鱼纲 PISCES					
	一、鲟形目 ACIPENSERIFORMES					
	（一）鲟科 Acipenseridae					
1	施氏鲟 *Acipenser schrenckii*	1	＋	1		＋＋＋ê
2	鳇 *Huso dauricus*	1	＋	1	b	＋＋＋ê
	二、鲑形目 SALMONIFORMES					
	（二）鲑科 Salmonidae					＋
3	大麻哈鱼 *Oncorhynchus keta*	1	＋	1		＋＋＋ê
4	哲罗鱼 *Hucho taimen*	1	＋	4	b	＋＋＋
5	细鳞鱼 *Brachymystax lenok*	1	＋	4	b	＋＋＋
6	乌苏里白鲑 *Coregonus ussuriensis*	1	＋	2		＋＋＋

续表

	名称	食性	数量	区系	保护级别	经济价值
	（三）茴鱼科 Thymallidae					
7	黑龙江茴鱼 *Thymallus arcticus grubii*	1	＋	4		＋＋
	三、鲈形目 PERCIFORMES					
	（四）鲈科 Percidae					
8	梭鲈 *Lucioperca lucioperca*	1	＋			＋

注：食性：1. 肉食性鱼类；2. 植食性鱼类；3. 杂食性鱼类。

数量："＋＋＋"优势种；"＋＋"常见种；"＋"稀有种。

区系：1. 上第三纪区系类群；2. 北极淡水区系类群；3. 北方平原区系类群；4. 北方山区区系类群；5. 江河平原区系类群；6. 亚热带平原区系类群。

保护级别：a. 列入 IUCN 红皮书极危种类；b. 列入 IUCN 红皮书濒危种类；c. 列入 IUCN 红皮书易危种类。

经济价值："＋＋＋"大；"＋＋"较大；"＋"小；"O"无；"ê"药用。

主要参考文献

费梁，叶昌媛，江建平．2010．中国两栖动物彩色图鉴．成都：四川科学技术出版社．

国家环境保护局，中国科学院植物研究所．1987．中国珍稀濒危保护植物名录．生物学通报，（7）：23-28．

国家重点保护野生植物名录（第一批和第二批）．中国植物主题数据库网站．http://www.plant.csdb.cn/[2017-12-9]．

黑龙江省野生动物保护条例．1996年8月31日黑龙江省第八届人民代表大会常委会第二十三次会议通过，1996年10月1日起实施．

黑龙江省野生药材资源保护条例．2005年8月1日施行．

黑龙江中医药大学，黑龙江省黑河市林业局．2013．黑河野生药用植物．哈尔滨：东北林业大学出版社．

汪松．1998．中国濒危动物红皮书·兽类．北京：科学出版社．

王兆明，等．1996．黑河地区志．北京：三联书店出版社．

野生药材资源保护管理条例，1987年10月30日国务院发布．

乐佩琦，陈宜瑜．1998．中国濒危动物红皮书·鱼类．北京：科学出版社．

张荣祖．2004．中国动物地理．北京：科学出版社．

赵尔宓．1998．中国濒危动物红皮书·两栖类和爬行类．北京：科学出版社．

郑光美，王岐山．1998．中国濒危动物红皮书·鸟类．北京：科学出版社．

周以良．1994．中国小兴安岭植被．北京：科学出版社．

周以良，等．1997．中国东北植被地理．北京：科学出版社．

朱家柟，等．2001．拉汉英种子植物名称．2版．北京：科学出版社．

Коллектив авторов. 2009. Красная книга Амурской области редкие и находящиеся под угрозой исчезновения виды животных,растений и грибов（阿穆尔地区珍稀濒危物种红皮书"动物、植物和真菌"）. Благовещенск. Издательство БГПУ.

中文名索引

A

阿穆尔隼	103
凹舌兰	211

B

白背啄木鸟	151
白额雁	062
白腹鹞	084
白鹤	115
白眉鸭	069
白琵鹭	055
白头鹤	119
白头鹞	087
白尾海雕	081
白尾鹞	086
白鼬	168
白枕鹤	116
斑头秋沙鸭	073
半蹼鹬	126
豹猫	173
北重楼	209

C

苍鹰	091
草苁蓉	203
草原雕	098
赤狐	161
赤颈䴙䴘	050
赤颈鸭	066
穿龙薯蓣	210
刺五加	195

D

达乌尔猬	159

大白鹭	052
大花杓兰	213
大鸨	095
大麻哈鱼	029
大杓鹬	127
大天鹅	057
丹顶鹤	121
貂熊	166
雕鸮	133
东北鳖	043
东北林蛙	040
东北杓兰	217
东方白鹳	054
豆雁	061
短耳鸮	146

E

鹗	077
二叶兜被兰	226
二叶舌唇兰	229

F

反嘴鹬	122
防风	196
凤头蜂鹰	078
浮叶慈姑	207

G

孤沙锥	125
广布红门兰	227
鬼鸮	144

H

黑鹳	053
黑龙江茴鱼	034

黑琴鸡	109
黑熊	162
黑枕黄鹂	155
黑啄木鸟	154
黑嘴松鸡	111
红角鸮	132
红松	181
红隼	101
红胸秋沙鸭	074
鸿雁	060
胡桃楸	185
花脸鸭	068
花头鸺鹠	142
花尾榛鸡	112
黄檗	193
黄脚三趾鹑	114
黄耆	191
黄芩	201
黄鼬	170
鳇	027
灰背隼	104
灰鹤	118
灰脸鵟鹰	093
灰雁	064

J

极北鲵	038
尖叶火烧兰	218
角盘兰	223
角䴙䴘	051
桔梗	204
金雕	100

L

蓝翡翠	149

中文名索引

狼	160
雷氏七鳃鳗	023
裂唇虎舌兰	219
伶鼬	169
领角鸮	131
龙胆	198

M

马鹿	176
毛脚鵟	096
毛腿渔鸮	136
矛隼	107
猛鸮	140
密花舌唇兰	230

P

琵嘴鸭	070
平贝母	208
萍蓬草	184
普通鵟	094
普通夜鹰	147

Q

秦艽	200
青头潜鸭	072
青鼬	165
蜻蜓兰	233
丘鹬	124
雀鹰	090
鹊鹞	088

R

日本七鳃鳗	024
日本松雀鹰	089

S

三宝鸟	148
三花龙胆	199
三趾啄木鸟	152
杓兰	212
猞猁	172
史氏鲟	026
手参	221
绶草	231
水曲柳	202
水獭	171
梭鲈	035

T

胎生蜥蜴	044
秃鹫	083
驼鹿	178

W

乌雕	099
乌林鸮	138
乌苏里白鲑	032
五味子	183

X

细鳞鱼	031
线叶十字兰	222
小白额雁	063
小斑叶兰	220
小杜鹃	129
小鸥	128
小天鹅	059

小星头啄木鸟	150
兴安杜鹃	189
雪兔	174
雪鸮	157
雪鹀	134

Y

岩栖蝮	047
燕隼	106
羊耳蒜	224
野大豆	190
鹰鸮	141
游隼	108
鸢	080
鸳鸯	065
原麝	175

Z

长耳鸮	145
长尾林鸮	137
沼兰	225
哲罗鱼	030
中华秋沙鸭	075
朱兰	228
紫点杓兰	215
紫貂	164
紫椴	186
棕腹杜鹃	130
棕腹啄木鸟	153
棕黑锦蛇	046
棕熊	163
纵纹腹小鸮	143
钻天柳	188

拉丁名索引

A

Acanthopanax senticosus	195
Accipiter gentilis	091
Accipiter gularis	089
Accipiter nisus	090
Acipenser schrenckii	026
Aegolius funereus sibiricus	144
Aegypius monachus	083
Aix galericulata	065
Alces alces	178
Anas clypeata	070
Anas formosa	068
Anas penelope	066
Anas querquedula	069
Anser albifrons	062
Anser anser	064
Anser cygnoides	060
Anser erythropus	063
Anser fabalis	061
Aquila chrysaetos	100
Aquila clanga	099
Aquila rapax	098
Asio flammeus	146
Asio otus	145
Astragalus membranaceus	191
Athene noctua	143
Aythya baeri	072

B

Bonasa bonasia	112
Boschniakia rossica	203
Brachymystax lenok	031
Bubo bubo	133
Butastur indicus	093
Buteo buteo	094
Buteo hemilasius	095
Buteo lagopus	096

C

Canis lupus	160
Caprimulgus indicus	147
Cervus elaphus	176
Chosenia arbutifolia	188
Ciconia boyciana	054
Ciconia nigra	053
Circus aeruginosus	087
Circus cyaneus	086
Circus melanoleucos	088
Circus spilonotus	084
Coeloglossum viride	211
Coregonus ussuriensis	032
Cuculus fugax	130
Cuculus poliocephalus	129
Cygnus columbianus	059
Cygnus cygnus	057
Cypripedium calceolus	212
Cypripedium guttatum	215
Cypripedium macranthum	213
Cypripedium ventricosum	217

D

Dendrocopos hyperythrus	153
Dendrocopos kizuki	150
Dendrocopos leucotos	151
Dioscorea nipponica	210
Dryocopus martius	154

E

Egretta alba	052
Elaphe schrenckii	046
Epipactis thunbergii	218
Epipogium aphyllum	219
Eurystomus orientalis	148

F

Falco amurensis	103
Falco columbarius	104
Falco peregrinus	108
Falco rusticolus	107
Falco subbuteo	106
Falco tinnunculus	101
Fraxinus mandshurica	202
Fritillaria ussuriensis	208

G

Gallinago solitaria	125
Gentiana macrophylla	200
Gentiana scabra	198
Gentiana triflora	199
Glaucidium passerinum	142
Gloydius saxatilis	047
Glycine soja	190
Goodyera repens	220
Grus grus	118
Grus japonensis	121
Grus leucogeranus	115
Grus monacha	119
Grus vipio	116
Gulo gulo	166
Gymnadenia conopsea	221

H

Habenaria linearifolia	222
Halcyon pileata	149

Haliaeetus albicilla	081	*Mustela nivalis*	169	**R**		
Herminium monorchis	223	*Mustela sibirica*	170			
Hucho taimen	030			*Rana dybowskii*	040	
Huso dauricus	027	**N**		*Recurvirostra avosetta*	122	
		Neottianthe cucullata	226	*Rhododendron dauricum*	189	
J		*Ninox scutulata*	141			
		Numenius madagascariensis	127	**S**		
Juglans mandshurica	185	*Nuphar pumilum*	184	*Sagittaria natans*	207	
		Nyctea scandiaca	134	*Salamandrella keyserlingii*	038	
K				*Saposhnikovia divaricata*	196	
		O		*Schisandra chinensis*	183	
Ketupa blakistoni	136	*Oncorhynchus keta*	029	*Scolopax rusticola*	124	
		Orchis chusua	227	*Scutellaria baicalensis*	201	
L		*Oriolus chinensis*	155	*Spiranthes sinensis*	231	
Lampetra japonica	024	*Otus lettia*	131	*Strix nebulosa*	138	
Lampetra reissneri	023	*Otus sunia*	132	*Strix uralensis*	137	
Larus minutus	128			*Surnia ulula*	140	
Lepus timidus	174	**P**				
Limnodromus semipalmatus	126	*Pandion haliaetus*	077	**T**		
Liparis japonica	224	*Paris verticillata*	209	*Tetrao parvirostris*	111	
Lucioperca lucioperca	035	*Pelodiscus sinensis*	043	*Thymallus arcticus*	034	
Lutra lutra	171	*Pernis ptilorhynchus*	078	*Tilia amurensis*	186	
Lynx lynx	172	*Phellodendron amurense*	193	*Tulotis fuscescens*	233	
Lyrurus tetrix	109	*Picoides sridactylus*	152	*Turnix tanki*	114	
		Pinus koraiensis	181			
M		*Platalea leucorodia*	055	**U**		
Malaxis monophyllos	225	*Platanthera chlorantha*	229	*Ursus arctos*	163	
Martes flavigula	165	*Platanthera hologlottis*	230	*Ursus thibetanus*	162	
Martes zibellina	164	*Platycodon grandiflorus*	204			
Mergus albellus	073	*Plectrophenax nivalis*	157	**V**		
Mergus serrator	074	*Podiceps auritus*	051	*Vulpes vulpes*	161	
Mergus squamatus	075	*Podiceps grisegena*	050			
Mesechinus dauricus	159	*Pogonia japonica*	228	**Z**		
Milvus migrans	080	*Prionailurus bengalensis*	173	*Zootoca vivipara*	044	
Moschus moschiferus	175					
Mustela erminea	168					

俄文名索引

А

Азиатский бекасовидный веретенник	126
Амурский Кобчик	103
Амурский осетр	026
Амурский полоз	046
Астрагал китайский	191

Б

Бархат амурский, или Феллодендрон амурский	193
Башмачок крупноцветковый, Венерин башмачок крупноцветковый	213
Башмачок настоящий, Венерин башмачок настоящий	212
Белая сова	134
Белолобый Гусь	062
Белоспинной дятел	151
Белый крохаль	073
Беркут	100
Болотный лунь	087
Большая Белая Цапля	052
Большой канюк	095
Большой козодой	147
Большой кроншнеп	127
Большой подорлик	099
Бородатая неясыть	138
Бородатка японская или Погония японская	228
Бошнякия русская	203
Бровник одноклубневый	223
Бурный медведь	163

В

Вальдшнеп	124
Венерин башмачок вздутый, Венерин башмачок вздутоцветковый	217
Венерин башмачок пятнистый, Башмачок капельный	215
Волк	160
Воробьиный сыч	142
Вороний глаз мутовчатый	209
Восточный болотный лунь	084
Выдра	171

Г

Глянцелистник японский	224
Гнездоцветка клобучковая	226
Горечавка крупнолистная	200
Горечавка трёхцветковая	199
Горечавка шероховатая	198
Горностай	168
Горный дупель	125
Гудайера ползучая	220
Гуменник	061

Д

Да ульд ёж	159
Дальневосточная лягушка	040
Дальневосточная ручьевая минога	023
Дальневосточная черепаха	043
Дальневосточный Аист	054
Даурский журавль	116
Дербник	104
Диоскорея ниппонская	210
Длиннохвостая	137
Домовый сыч	143

Ж

Живородящая ящерица	044

З

Заяц - беляк	174
Зеленый итати	165

И

Иглоногая сова	141

К

Кабарга	175
Калуга	027
Каменный Глухаръ	111
Карликовый дятел	150
Кета	029
Клоктун	068
Кокушник длиннорогий	221
Колонок	170
Колпица	055
Корейский кедр, Сосна корейская	181
Красная лисица	161
Красношейная Поганка	051
Кречет	107
Кубышка малая	184

Л

Ласка	169
Лебедь кликун	057
Ленок	031
Лимонник китайский	183
Липа амурская	186
Лось	178
Лунь	086
Любка зелёноцветная	229
Любка цельногубая	230

М

Малая кукушка	129
Малая чайка	128
Малый Лебедь	059
Мандаринка	065

Мохноногий курганник	096
Мохноногий сыч	144
Мякотница однолистная	225

Н

Надбородник безлистный	219
Нырок (чернеть) Бэра	072

О

Обыкновенная Свиязь	066
Обыкновенный канюк	094
Одинокий	166
Олень	176
Орех маньчжурский	185
Орлан - белохвост	081
Оцелот	173
Ошейниковая совка	131
Ошейниковый зимородок	149

П

Пегий лунь	088
Перепелятник	090
Пискулька	063
Поводник линейнолистный	222
Пололепестник зелёный	211
Полотная сова	146
Понерорхис малоцветковый	227
Пустельга	101
Пуночка	157

Р

Рододендрон даурский	189
Рыбный Филин	136
Рыжебрюхий дятел	153
Рысь	172
Рябчик	112
Рябчик Уссурийский	208

С

Сапожниковия растопыренная	196

Сапсан	108
Свободноягодник колючий	195
Серое лицо канюки	093
Серощекая Поганка	050
Серый Гусь	064
серый журавль	118
Сибирский углозуб	038
Сибирский хариус, Хариус	034
Скопа	077
Скрученник китайский	231
Соболь	164
Соя	190
Сплюшка	132
Средний крохаль	074
Степной орел	098
Стервятник	083
Стерх	115
Стрелоли́ст пла́вающий, Стрелолист альпи́йский	207
Судак	035
Сухонос	060

Т

Таймень	030
Тетерев	109
Трехпалый дятел	152
Трёхпёрстка	114
Тулотис буреющий	233

У

Уссурийский (японский) журавль	121
Уссурийский Сига	032
Ушастая сова	145

Ф

Филин	133

Х

Хохлатый осоед	078

Ч

Чеглок	106
Чернобровый гадюка	047
Черноголовая иволга	155
Чёрный Аист	053
Черный дятел	154
Чёрный журавль	119
Чёрный коршун	080
Черный медведь	162
чешуйчатый крохаль	075
Чирок трескунок	069
Чозения; Чозения толокнянколистная.	188

Ш

Шилоклювка	122
Ширококолокольчик крупноцветковый	204
Ширококрылая кукушка	130
Широконоска	070
Широкорот	148
Шлемник байкальский	201

Э

Эпипактис или Дремлик Тунберга	218

Я

Японская минога	024
Японский перепелятник	089
Ясень маньчжурский	202
Ястребиная сова	140
Ястреб-тетеревятник	091

后　　记

在我 55 周岁生日到来之际，恰逢《黑河市珍稀濒危野生动植物》一书即将付梓，诸位同仁历时三载的辛勤付出，几经编撰修改终成书稿，感慨万千，甚感欣慰。

佛家讲"缘分"，道家讲"随缘"，冥冥之中似乎万物皆有缘。我与黑河这个边境城市的缘分源于1996~1999 年开展的第一次全国陆生野生动物资源调查及 2012~2014 年开展的第二次全国陆生野生动物资源调查。前后 15 年两次外业调查让我走遍了黑河市所辖 1 区 2 市 3 县，春夏秋冬中雨雪兼程、寒来暑往中风餐露宿、白山黑水中忘我追寻，使我从陌生到熟悉并深深爱上了这片苍莽沃野。林场食堂的粗茶淡饭、村民炕上的不分你我，更让我与黑河的有识之士结下了深厚的友谊；尤其让我有机会读到了《阿穆尔地区珍稀濒危物种红皮书》。同时了解到黑河市与布拉戈维申斯克在生态环境及野生动植物保护常规交流中的差距。15 年间不断加速的社会发展和人类活动影响，使我见证了生态环境的剧变和自然资源的枯竭，众多原本普通的物种也大都变得稀有，甚至濒危，立足黑河这片仍然保持着神秘感的黑土地，我们确实应该考虑给后人留下些什么。

纵观历史，我们有些研究工作是多么的功利，多么不注重基础研究，更谈不上基础研究中资料的持续积累，这势必可能造成与之相关的高端研究沦为"墙上芦苇"。放眼国外，我们与其他国家的生物学基础研究工作差距悬殊，必须引起足够的关注，亡羊补牢为时未晚。

为早日结束黑河市与阿穆尔州常规交流中有些基础资料的不对等，以弥补我们在相关基础资料积累中的缺憾，才启动了《黑河市珍稀濒危野生动植物》的编撰工作。需要申明，本书乃用心之作，绝非功利之举。按当下科技评价的标准来说更谈不上有多少"影响因子"。但本书意义非同一般，能经得住历史的检验，必将影响深远。

1. 感谢国家林业局先后两次对陆生野生动物资源调查的资助，本书可以作为其资助成果的特色副产品之一。

2. 感谢黑河市林业局主要领导的远见卓识，尤其是对哈尔滨师范大学的信任和厚爱，力举此项目成行，功不可没，令人钦佩。

3. 感谢哈尔滨师范大学各级领导在人员、时间及财务等方面的有效协调及全力支持。

4. 感谢我的学生、助手、同事、家人和朋友，如果没有你们多年来的无私付出，就不可能有我今天的研究成果，更不可能有这本书的面世。

5. 更要特别感谢无偿为本书提供珍贵照片的杨克杰、郭玉民、周繇、聂延秋、杨旭东、刘志远、付建国、王小平、韩雪松、钟平华、张卫华、马雪峰、周海翔、孙阍等朋友，哈尔滨师范大学斯拉夫语学院张金忠教授译写俄文前言，是他们的无私帮助和鼎力支持才使本书更加充实、更近完美。

"路漫漫其修远兮，吾将上下而求索"。本书虽然由我国最知名的科学出版社出版，但限于作者的水平，肯定还有不尽如人意之处，我等同仁一定逐步加以完善。老骥仍伏枥，壮心犹不已，定当在生物学基础研究中勇于追寻、不断探索，去争取更丰硕的成果。

赵文阁

2016 年 11 月 20 日于哈尔滨